자동차정비기능장 실기(필답형)

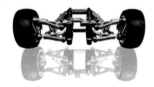

Master Craftsman
Motor Vehicles Maintenance

예문사

✚ 기능장 실기공부를 어떻게 해야 하는가?

구슬도 꿰어야 보배가 된다. 지식도 조직적이어야 한다. 여기저기 산재해 놓으면 유사시 쓸 수가 없다. 중요한 것은 밑줄도 긋고 자투리 시간에 쪽지를 꺼내 메모도 해야 한다.
기능장 1차 시험은 그 중에 답이 있었지만, 2차 시험은 백지에 직접 써야 한다. 기능장 실기공부는 근본을 확실히 이해하지 못하면 절대로 답안지를 작성할 수 없다. 기능장 실기시험은 문제의 본질을 확실히 이해하고 문제에 대한 답이 눈을 감고도 술술 나올 수 있어야 한다.

✚ 인간의 뇌세포

인간의 뇌에는 약 200억 개의 뇌세포가 있다고 한다. 이 뇌세포 하나하나를 컴퓨터의 Byte와 비교한다면 인간 두뇌의 용량은 20GB(또는 20,000MB)에 해당하는 숫자라고 한다. 그러면 요즘 개인용 컴퓨터 RAM의 용량을 64MB로 본다면 인간의 두뇌는 PC보다 20,000/64 = 312배 정도의 용량을 가지고 있다고 생각할 수 있다.
그래서 우리 인간은 거의 무한대에 가까운 정보 저장능력을 가지고 있다는 데에 동의하리라고 믿는다. 그리고 우리 모두는 두뇌에 이렇게 무한대의 정보를 저장할 수 있는 세포를 한 두 개도 아니고 200억 개씩이나 가지고 있는 것이다.
이런데도 "나는 머리가 나빠서 안 된다." 혹은 "나는 기억력이 없어서 소용없어."하고 자신을 비하시키고 격하시키면서 스스로를 바보로 만들어 버릴 것인가? 사람들이 이렇게 말하는 이유는 단 한 가지 있다. 그건 "나는 게을러서 공부하기 싫어."하는 말을 다른 구실을 붙여서 둘러대는 것에 불과하다. 게을러서 하지 않겠다는 데야 당할 장사가 없다. 어차피 모든 사람이 기능장이 될 수는 없는 일이니까.

✚ 뇌세포를 죽이는 방법

사람이 뇌세포를 죽이는 방법에는 3가지 방법이 있다고 한다.
첫째는 마약에 중독되는 것이다. 마약에 중독되어 계속 마약을 복용하다 보면 결국은 뇌세포가 모두 파괴되어 사람이 죽음에 이른다고 한다.
둘째로 뇌세포를 죽이는 방법은 폭음하는 것이다. 술을 과음하고 난 이튿날 아침에 머리가 아픈 경험을 해본 분들이 많이 있으리라 생각한다. 즉 술 마시고 나서 머리가 아프나는 것은 다시 말해 뇌세포들이 괴로워서 비명을 지르고 있다고 생각하면 된다.

그런데 앞의 두 가지 경우보다도 일반적으로 사람의 뇌세포를 죽이는 가장 흔한 방법은 머리를, 즉 뇌세포를 쓰지 않는 것이다. 인체는 본능적으로 쓰지 않는 세포에는 산소와 영양분을 보내지 않는다. 따라서 오랫동안 쓰지 않는 뇌세포에는 산소와 영양이 공급되지 않으므로 그 세포들은 죽어갈 수밖에 없다.

결국 머리는 쓸수록 좋아진다는 말이다.

이제 어떻게 하면 뇌세포를 죽이고, 또 어떻게 하면 살리는지 그 방법을 알았으니 열심히 공부해서 머리도 좋게 만들고, 기능장 시험에서도 좋은 결과를 얻을 수 있도록 최선을 다해 주기 바란다.

✚ 실력은 어떻게 향상되는가?

가정에서 콩나물 시루에 매일 물을 부어가면서 콩나물을 키우는 것을 본 적이 있을 것이다. 콩나물 시루에 매일 아침 저녁으로 한 양동이씩 물을 준다고 해도 그 한 양동이의 물은 전부 시루 밑으로 새어나가 버리지만 그래도 콩나물은 자란다.

공부하는 것과 실력이 향상된다고 하는 것은 바로 이런 것이다. 시루에 물을 붓는 것이 공부하는 것이라면 실력은 콩나물이 자라듯이 향상되는 것이다.

인간의 망각은 반복으로 극복할 수 있다. 에빙하우스라는 심리학자는 인간의 망각과 기억의 관계를 다음과 같이 설명했다.

반복하는 횟수가 많아질수록 공부하는 양이 적어도 된다. 다시 말해서 여러분이 어떤 책을 1번 공부하는 데 7달이 걸렸다고 하면 7번째 반복할 때는 1달도 안 걸린다는 것이다. 필자의 경험으로는 500페이지 정도의 공학서적을 공부할 때 10번 정도 반복하면 10번째에는 대개 1주일도 안 걸린다.

아무리 기억력이 나쁜 사람이라고 하더라도 자신의 이름은 잊어버리지는 않을 것이다. 그 이유는 평생 동안 자신의 이름을 수만 번 반복해서 사용했기 때문이다. 사람의 기억력이 좋다 또는 나쁘다는 것은, 몇 번을 반복해야 망각곡선이 수평으로 되느냐? 하는 차이다. 어떤 사람은 4번만 반복해도 될 것이고, 어떤 사람은 6번, 또는 7번 이상을 반복해야 할 것이다. 그러나 횟수가 많아질수록 공부하는 정도가 적어도 되니 몇 번 더 반복하는 것은 별로 문제가 되지 않는다.

그러나 머리가 좋고 기억력이 좋다고 좋아할 것만은 못 된다. 머리가 좋고 기억력이 좋아서 빨리 이해하고 외운 사람은 빨리 잊어버리고, 기억력이 나빠서 오랫동안 이해하고 외운 사람은 더 오래 기억한다. 그래서 세상은 공평한 것이다.

이 책의 구성 포인트

▶ 최근 21년간 출제되었던 문제들을 엄선하여 횟수별로 실었다.
▶ 저자 직강 고품질 인터넷 동영상 교육서비스

앞으로도 계속 독자의 편에서 수정 및 보완하여 명실공히 자동차정비기능장이 되는 최고의
수험준비서로 거듭날 것을 약속드리며 참고자료를 제공하여 주신 각 회사에 진심으로 감사드린다.
아무쪼록 독자 여러분들에게 합격의 영광이 있기를 바라며 본서가 출판되기까지 많은 협조를
아끼지 않으신 도서출판 예문사 직원들에게 진심으로 감사드린다.

저 자

무료 동영상 이렇게 시청하세요! ▶ ⏸ ⏭

- 인터넷에서 [예문사]를 검색하여 홈페이지에 접속합니다.

- 동영상 강의는 다운받을 수 없으며, 홈페이지에서만 시청이 가능합니다.

- PC, 휴대폰, 태블릿 등을 이용해 시청이 가능합니다.

- 강좌 제공 범위는 도서마다 다르므로 확인이 필요합니다.

STEP 1 회원가입 하기

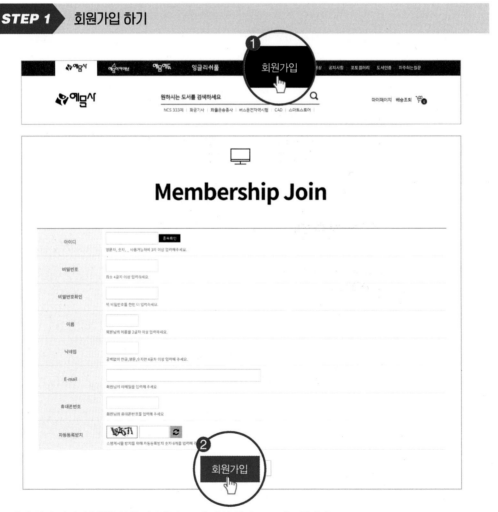

1. 메인 화면 상단의 [회원가입] 버튼을 누르면 가입 화면으로 이동합니다.

2. 입력을 완료하고 아래의 [회원가입] 버튼을 누르면 **인증절차 없이 가입**이 됩니다.

STEP 2 시리얼 번호 확인 및 등록

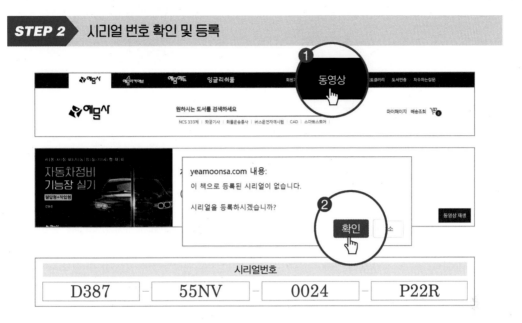

1. 로그인 후 화면 메인 화면 상단의 [동영상]을 누른 후 **수강할 강좌를 선택**합니다.

2. 시리얼 등록 안내 팝업창이 뜨면 [확인]을 누른 뒤 **시리얼 번호를 입력**합니다.

STEP 3 등록 후 시청하기

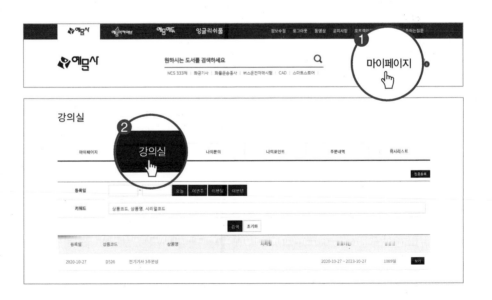

1. 시리얼 번호 입력 후 [마이페이지]를 클릭합니다.

2. 등록된 동영상 강의는 [강의실]에서 확인할 수 있습니다.

출제기준

직무분야	기계	중직무분야	자동차	자격종목	자동차정비기능장	적용기간	2022.01.01 ~ 2024.12.31

○ 직무내용 : 자동차정비에 관한 최상급의 숙련기능을 가지고, 현장지도 및 감독을 수행하며, 경영층과 생산계층을 유기적으로 결합시켜주는 현장의 관리자로서의 역할에 대한 직무이다.

○ 수행준거
1. 자동차 정비실무에 관한 지식 및 안전기준을 바탕으로 성능을 분석하고 시험성적서를 작성할 수 있다.
2. 자동차의 정비용 장비 및 공구를 사용해 자동차 엔진을 분해 측정하고 고장을 진단할 수 있고 규정된 엔진의 성능 상태로의 정비를 수행할 수 있다.
3. 자동차의 정비용 장비 및 공구를 사용해 자동차 섀시장치를 분해·측정·검사할 수 있고 규정된 섀시의 성능 상태로의 정비를 수행할 수 있다.
4. 자동차의 정비용 장비 및 공구를 사용해 자동차 전기전자장치를 분해·측정·검사할 수 있고 규정된 성능 상태로의 정비를 수행할 수 있다.
5. 자동차의 정비용 장비 및 공구를 사용해 친환경자동차를 측정·검사할 수 있고 규정된 성능 상태로의 정비를 수행할 수 있다.
6. 자동차 차체 및 보수도장에 관한 실무지식으로 수리작업 내용을 분석하고 작업 및 지시를 할 수 있다.

필기검정방법	복합형	시험시간	7시간 30분 정도(필답형 1시간 30분, 작업형 6시간 정도)

과목명	주요항목	세부항목	세세항목
자동차 정비 실무	1. 자동차 일반사항	1. 자동차 정비 안전 및 장비 관련 사항 이해하기	1. 정비 공정 수립 및 안전사항을 적용할 수 있다. 2. 자동차규칙을 준수할 수 있다. 3. 정비 관련 시험기와 장비 보수 및 유지 관리할 수 있다.
	2. 자동차 실무에 관한 사항	1. 엔진 실무에 관한 사항 이해하기	1. 가솔린엔진을 이해할 수 있다. 2. 디젤 및 LPG엔진을 이해할 수 있다. 3. 엔진 전자제어장치를 이해할 수 있다. 4. 흡배기 및 과급장치를 이해할 수 있다. 5. 배출가스 제어장치를 이해할 수 있다.
		2. 섀시 실무에 관한 사항 이해하기	1. 동력전달장치를 이해할 수 있다. 2. 현가 및 조향장치를 이해할 수 있다. 3. 제동장치를 이해할 수 있다. 4. 주행 및 종합 진단을 이해할 수 있다.
		3. 전기전자장치 실무에 관한 사항 이해하기	1. 전기전자에 관한 사항을 이해할 수 있다. 2. 각종 편의 및 보안장치를 이해할 수 있다. 3. 등화회로 및 계기장치를 이해할 수 있다.
		4. 차체수리 및 보수도장 실무에 관한 사항 이해하기	1. 차체수리에 대하여 이해할 수 있다. 2. 보수도장에 대하여 이해할 수 있다. 3. 도료에 대하여 이해할 수 있다.

과목명	주요항목	세부항목	세세항목
자동차 정비 실무	3. 엔진정비 작업	1. 엔진 정비·검사하기	1. 가솔린엔진을 정비할 수 있다. 2. 디젤엔진을 정비할 수 있다. 3. LPG엔진을 정비할 수 있다.
		2. 연료장치 정비·검사하기	1. 가솔린 연료장치를 정비할 수 있다. 2. 디젤 연료장치를 정비할 수 있다. 3. LPG 연료장치를 정비할 수 있다.
		3. 배출가스장치 및 전자제어 장치 정비·검사하기	1. 가솔린 배출가스장치를 정비할 수 있다. 2. 디젤 배출가스장치를 정비할 수 있다. 3. LPG 배출가스장치를 정비할 수 있다. 4. 가솔린 전자제어장치를 정비할 수 있다. 5. 디젤 전자제어장치를 정비할 수 있다. 6. LPG 전자제어장치를 정비할 수 있다.
		4. 엔진 부수장치 정비하기	1. 윤활장치를 정비할 수 있다. 2. 냉각장치를 정비할 수 있다. 3. 과급장치를 정비할 수 있다. 4. 기타 장치를 정비할 수 있다.
	4. 새시정비 작업	1. 동력전달 장치 정비·검사하기	1. 클러치 및 수동변속기를 정비할 수 있다. 2. 자동변속기/무단변속기를 정비할 수 있다. 3. 드라이브라인를 정비할 수 있다. 4. 동력배분장치를 정비할 수 있다.
		2. 조향 및 현가장치 정비·검사하기	1. 조향장치를 정비할 수 있다. 2. 현가장치를 정비할 수 있다.
		3. 제동 및 주행 장치 정비하기	1. 제동장치를 정비할 수 있다. 2. 주행장치 및 타이어를 정비할 수 있다. 3. 제동 및 주행장치에 대한 종합정비를 할 수 있다.
	5. 전기전자 장치정비 작업	1. 엔진 관련 전기전자장치 정비·검사하기	1. 시동장치를 정비할 수 있다. 2. 점화장치를 정비할 수 있다. 3. 충전장치를 정비할 수 있다.
		2. 차체 관련 전기전자장치 정비·검사하기	1. 등화회로 및 계기장치를 정비할 수 있다. 2. 공기조화장치를 정비할 수 있다. 3. 각종 편의 및 보안장치를 정비할 수 있다. 4. 통신라인을 정비할 수 있다.
		3. 친환경자동차 정비하기	1. 고전압배터리를 정비할 수 있다. 2. 구동장치를 정비할 수 있다. 3. 전력통합제어장치를 정비할 수 있다.

기능장종목(선택분야)	시험기간	수검번호	성명	형별	감독위원 확 인 란
자동차정비기능장	1시간 30분			A/B	

☆☆수검자 유의사항☆☆

1. 시험문제지 총면수, 문제번호순서, 인쇄상태 등을 확인한다.

2. 수검번호, 성명은 답안지 매장마다 기재한다.

3. 답안 작성 시 반드시 **흑색 또는 청색 필기구**(연필류 제외) 중 동일한 색의 필기구만을 계속 사용하여야 하며, 기타의 필기구를 사용한 답안은 0점 처리된다.

4. 답안을 정정할 때에는 반드시 **정정부분을 두 줄로 긋고, 감독위원의 정정날인을 받아야 한다.**

5. 답란에는 문제와 관련 없는 불필요한 낙서나 특이한 기록사항 등 부정의 목적이 있었다고 판단될 경우에는 모든 득점이 0점 처리된다.

6. 계산문제는 반드시 답란에 명시된 **계산식(또는 계산과정)과 답을 기재하여야 하며**, 계산과정이 없는 답은 0점 처리된다.

7. 계산과정에서 소수가 발생되면 문제의 요구사항에 따르고, 명시가 없으면 소수점 이하 **셋째 자리에서 반올림하여 둘째 자리까지만 구하여 답한다.**

8. 문제의 요구사항에서 단위가 주어졌을 경우에는 답에서 생략되어도 좋으나 그렇지 아니한 경우는 답란에 **단위가 없으면 틀린 답**으로 처리된다.

9. 문제에서 요구한 가짓수(항수) 이상을 답란에 표기한 경우에는 **답란 기재 순으로 요구한 가짓수(항수)만 채점**한다.

10. 시험의 전 과정(필답형, 작업형)을 응시치 않은 경우 채점대상에서 제외시킨다.

11. 부정 또는 불공정한 방법으로 시험을 치른 자는 부정행위자로 처리되어 당해 검정을 중지 또는 무효로 하고 3년간 국가기술자격검정 응시자격이 정지된다.

Contents

제4장 | 차체수리 및 보수도장

02 실전 다지기

기출예상문제 및 해설

Master Craftsman
Motor Vehicles Maintenance

자동차정비기능장 실기(필답형)

01

기본 다지기

Master Craftsman
Motor Vehicles Maintenance
자동차정비기능장 실기(필답형)

CHAPTER **01**

자동차 기관 정비

SUBJECT 01 정비 입문 기초사항

01 기본 다지기

01 정비공장에 급유, 윤활유 창고를 설치 시 안전대책 사항

> **해답** ① 위치의 입지조건
> ② 화재 안전대책
> ③ 유류창고의 면적 확보
> ④ 적절한 재고량 유지
> ⑤ 환경영향대책

02 자동차 정비공장에서 화재가 발생하여 불을 끄고 있다. 불을 끄기 위한 소화원리 3요소

> **해답** ① 제거소화
> ② 질식소화
> ③ 냉각소화

03 작업효율 및 작업시간 단축을 위한 준비사항 5가지

> **해답** ① 작업에 필요한 수공구 및 계측장비 준비
> ② 정확한 진단으로 작업예상시간 및 완료시간 예측
> ③ 숙련된 작업자
> ④ 정리 정돈된 작업장
> ⑤ 안전에 필요한 보호구 및 안전장치 착용

01 흡배기 밸브 간극이 크거나 작을 시 기관에 미치는 영향

해답 ① 비정상적인 혼합비 형성
② 비정상적인 연소
③ 출력저하
④ 엔진의 과열
⑤ 소음발생

02 주흡기밸브의 열려 있는 각도는 228°이고 보조흡기밸브가 열려 있는 각도는 (㉮)이며 배기밸브는 (㉯)에 열려 (㉰)에 닫히기 때문에 배기밸브가 열려 있는 각도는 (㉱)이다. 이 엔진의 밸브 오버랩은 (㉲)이다.

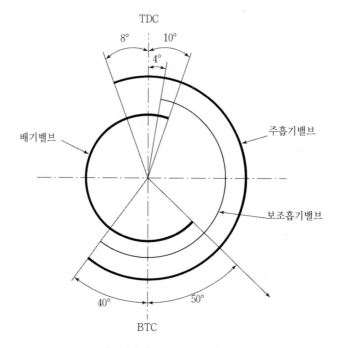

해답 ㉮ 216°   ㉯ 하사점 전 50°   ㉰ 상사점 후 10°
㉱ 240°   ㉲ 18°

03 밸브의 서징현상과 방지법에 대하여 설명

해답 1) 밸브 서징현상

캠에 의한 밸브의 개폐횟수가 밸브스프링 고유진동과 같든가 또는 그 정수배가 되었을 때 밸브 스프링은 캠에 의한 강제진동과 스프링 자체의 고유진동이 공진하여 캠에 의한 작동과 상관없이 진동을 일으키는 현상

2) 방지법
① 부등피치의 스프링 사용
② 고유진동수가 다른 2중 스프링을 사용
③ 부등피치 원추형 스프링 사용

04 크랭크축 엔드플레이가 기관에 미치는 영향 3가지

해답 ① 피스톤의 측압 과대
② 크랭크축 리테이너 오일실 파손
③ 커넥팅로드의 휨 발생
④ 기관소음 발생

05 다기통 가솔린 엔진 설계 시 점화순서를 결정할 때 고려해야 할 사항 3가지

해답 ① 인접한 실린더와 연속하여 폭발이 되지 않도록 한다.
② 한 개의 메인 저널에 연속 하중이 걸리지 않도록 한다.
③ 흡입 공기 및 혼합기의 분배가 균일하도록 한다.
④ 크랭크축에 비틀림 진동이 발생하지 않도록 한다.
⑤ 연소간격이 일정하도록 한다.
※ 동력중첩, 저널 위치, 흡입 통로, 엔진진동

06 크랭크축의 검사방법을 육안검사를 제외하고 3가지

① 자기탐상법
② 염색탐상법
③ 방사선 투과법

07 실린더 헤드의 기계적 특성과 관련된 구비조건 3가지(단, 실린더 헤드의 필요조건이 아님)

해답 ① 열에 의한 변형이 적을 것
② 내압에 잘 견딜 수 있는 강성과 강도가 있을 것
③ 열전도가 좋고 주조나 가공이 쉬울 것

08 실린더 헤드의 손상 원인을 쓰시오.

해답 ① 엔진의 이상연소에 의한 과열
② 냉각수의 동결에 의한 수축
③ 헤드볼트의 조임 토크 불량

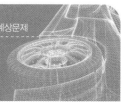

SUBJECT

분류별 기출 예상문제

03 냉각 및 윤활장치

01 기본 다지기

01 엔진의 과열로 기계적인 손상이 미치는 곳 3가지

해답 ① 실린더 헤드 변형 및 균열, 밸브 손상, 헤드 개스킷 손상
② 실린더 벽의 긁힘, 피스톤 및 링의 고착
③ 엔진 베어링 손상, 크랭크축 저널 긁힘
④ 커넥팅 로드 변형

02 엔진이 과열하는 원인 5가지

해답 ① 냉각팬 작동불량
② 라디에이터 코어 막힘
③ 써모스타트 불량(닫힘상태로 고착)
④ 윤활유 부족
⑤ 배기밸브 및 배기매니폴드 막힘

03 라디에이터(방열기)관련으로 엔진 과열 시 관련 원인 3가지

해답 ① 코어 막힘(20% 이상)
② 코어 파손(냉각수 누수)
③ 냉각핀 손상, 전면부 이물질 부착(통기성 불량)
④ 오버플로 호스 막힘
⑤ 압력식 캡 불량(비등점 하강)

04 엔진 오일의 5가지 작용

해답 ① 윤활작용   ② 냉각작용
③ 밀봉작용   ④ 응력분산작용
⑤ 방청작용

① 가솔린

---

01 노킹을 확인하는 방법과 제어방법

해답 ① 노킹확인 : 노크센서를 이용해 진동을 감지해서 ECU에 입력
② 제어방법 : 노킹발생시 점화시기를 지각시킨다.

---

02 노킹소리가 발생될 때 노킹을 운전자가 쉽게 확인할 수 있는 방법 5가지 설명(부품의 이상은 제외)

해답 ① 까르륵거리는 소음의 발생
② 배기소음의 불규칙
③ 출력 부족
④ 엔진의 과열
⑤ 엔진 경고등 점등

---

03 자동차 기관에서 노킹 검출방법 3가지

해답 ① 실린더 압력측정
② 엔진 블록의 진동측정
③ 폭발의 연속음 측정

---

04 가솔린 기관에서 노크 발생 시 예상되는 피해 개소 5가지

해답 ① 피스톤, 링　　　② 실린더 벽
③ 헤드 개스킷　　　④ 크랭크 축 메인, 핀 베어링
⑤ 헤드밸브

05 노크발생시 나타나는 증상 5가지(기관부품은 제외)

해답
① 엔진 과열
② 배기음 불규칙
③ 소음 발생
④ 배기색 변색
⑤ 출력 저하

06 연료압력을 측정하는 순서

해답
① 연료펌프 전원 차단 후, 연료파이프 라인에 남아있는 연료압력을 해제(시동 후 스스로 정지할 때까지 가동)시켜 연료가 흘러나오지 않게 한다.
② 배터리 ⊖터미널을 탈거 후 공급 파이프 측에서 연료고압 호스를 분리시킨다.
③ 고압호스 사이에 연료압력 게이지를 설치한다.
④ 배터리 ⊖터미널을 장착한다.
⑤ 배터리 전압을 연료펌프 구동터미널에 인가하여 연료펌프를 작동시키고 나서 압력 게이지에서 연료 누설이 되지 않는지 점검한다.
⑥ 엔진 시동을 걸고 공회전시킨다.
⑦ 진공호스가 압력 레귤레이터에 연결되어 있을 때 연료 압력을 측정한다.

07 점화플러그의 열가를 설명하고 (   )에 들어갈 점화플러그를 쓰시오.

(①)플러그는 저속에서 자기청정온도에 달하고, 열 방산능력이 나빠 차속이 낮은 저속용기관에 사용한다. 또한 (②)플러그는 열 방산능력이 뛰어나 고속회전의 전극소모가 심한기관에서 사용한다. 열가의 외관상 차이는 수열면적과 방열경로의 장단(長短)이다. 즉, (③)플러그는 수열면적이 작고, 단열경로가 짧게 되어 있으며, (④)의 플러그는 수열면적이 크고, 단열 경로가 길게 되어 있다.

해답 점화플러그의 열가 : 점화플러그의 열 방산정도를 나타낸 것
① 열형
② 냉형
③ 냉형
④ 열형

08 가솔린 기관의 연소실에서 화염 전파속도에 영향을 미치는 요인 5가지

해답
① 난류(스월, 스쿼시)
② 공연비
③ 연소실 온도
④ 연소실 압력
⑤ 잔류가스의 비율
⑥ 점화시기

01 디젤기관의 노크 방지대책 4가지

해답 ① 착화성이 좋은 연료 사용
② 착화지연 기간 단축
③ 실린더 내의 압력과 온도 상승
④ 흡입온도를 높게
⑤ 흡입압력을 높게
⑥ 연소실 내의 공기 와류 발생
⑦ 분사초기에 분사량을 적게

02 디젤기관의 연료분사펌프에 설치되어 있는 딜리버리 밸브의 역할

해답 ① 노즐 후적 방지
② 연료 역류 방지
③ 가압된 연료 송출

03 디젤기관에서 분사노즐 분사시험을 할 때 분사노즐에 요구되는 조건 5(3)가지

해답 ① 연료의 무화   ② 분산도   ③ 분사압력
④ 관통도   ⑤ 후적상태(금지)

04 디젤기관에서 연료 소비가 과대할 경우 분사노즐에서 점검해야 할 항목 3가지

해답 ① 노즐의 개변압력 점검
② 후적 여부 점검
③ 동와셔 불량에 의한 누유 여부 점검
④ 접속부의 누유 여부 점검

05 다음과 같이 디젤 분사펌프를 전부하 시험하였을 때 평균분사량, +불균율, −불균율, 수정해야 할 실린더는?

실린더 번호	1	2	3	4	5	6
분사량(cc)	60	58	62	58	63	59

해답 일반적으로 전부하 시는 3~4% 이내,

평균분사량$= \dfrac{60+58+62+58+63+59}{6} = 60\text{cc}$

$+$불균율$(\%) = \dfrac{최대분사량-평균분사량}{평균분사량} \times 100 = \dfrac{63-60}{60} \times 100 = 5\%$

$-$불균율$(\%) = \dfrac{평균분사량-최소분사량}{평균분사량} \times 100 = \dfrac{60-58}{60} \times 100 = 3.3\%$

전부하시 불균율의 한계는 $60 \times (0.97 \sim 1.03) = 58.2 \sim 61.8$

따라서 한계값을 벗어나는 2, 3, 4, 5번 실린더를 수정해야 한다.

06 디젤기관에서 연료 분사시기가 빠를 때의 영향

해답 ① 엔진이 과열한다.
② 출력저하 · 진동이 발생한다.
③ 실화, 회전이 고르지 않다.
④ 연소음이 커진다.
⑤ 연료소모량이 증가한다.
⑥ 노킹이 발생한다.
⑦ 엔진 각부가 조기 마모한다.
⑧ 냉각수 온도가 상승한다.
⑨ 배기가스 온도가 상승한다.

07 디젤연료 분사율에 영향을 주는 인자 4가지

해답 ① 기관의 속도
② 연료의 압력
③ 분사노즐의 니들밸브 모양
④ 연료분사 행정길이

08 디젤엔진의 연소향상을 위한 첨가제

해답 ① 초산에틸   ② 초산아밀
　　③ 아초산에틸   ④ 아초산아밀

09 디젤엔진의 운전정지 기본원리 3가지(전자제어 엔진 제외)

해답 ① 연료공급 차단
　　② 흡입공기 차단
　　③ 압축해제－디콤프 장치(de compression device)

10 전자 제어 디젤기관의 기본 분사량 및 보조량 제어에 사용되는 입력센서 5가지

해답 ① AFS   ② CAS   ③ NO.1 TDC 센서
　　④ 연료압력센서   ⑤ WTS   ⑥ ATS

11 디젤기관에서 후연소기간이 길어지는 원인 5가지

해답 ① 연료의 질 불량
　　② 압축압력이 낮을 때
　　③ 분사시기가 맞지 않을 때
　　④ 흡기 및 기관의 온도가 낮을 때
　　⑤ 분사노즐이 불량할 때
　　⑥ 연료의 분사 압력이 낮을 때

③　　LPG

01 엔진의 연료에 의한 가속불량 원인 3가지(단, 봄베, 베이퍼라이저 정상)

해답 ① LPG 조성이 불량할 경우
　　② 연료 필터가 막혀 공급되는 LPG량이 불충분할 경우
　　③ 액상 솔레노이드밸브 작동이 불완전할 경우

02 LPG 엔진의 믹서에 의한 엔진 출력 부족 원인 5가지

해답 ① 믹서 출력밸브 제어장치 고장
② 공회전 조정 불량
③ 파워밸브 작동 불량
④ 파워제트가 막힘
⑤ 메인노즐이 막힘

03 LPG 믹서의 주요 구성품 3가지

해답 ① 메인 듀티 솔레노이드 : 산소센서의 입력신호에 따라 ECU에서 연료량을 듀티로 제어해서
공기와 연료의 혼합비 조절
② 슬로우 듀티 솔레노이드 : 슬로우 연료라인으로 공급되는 연료량을 듀티로 제어해서 연료
공급량 제어
③ 아이들 스피드 컨트롤(ISC) 밸브 : 공회전속도제어, 시동시, 공회전시, 전기부하시, 변속
부하시의 공회전 보정

04 베이퍼라이저에 의한 LPG 자동차의 아이들 부조현상 원인 5가지

해답 ① 베이퍼라이저 각 밸브의 밀착불량
② IAS 조정 불량, 마모
③ 2차 밸브 레버 불량
④ 타르 퇴적
⑤ 1, 2차 다이어프램 파손

05 LPG 차량의 엔진 부조 원인에 대해서 3가지(연료계통, 베이퍼라이저는 정상)

해답 ① 공기 유입에 의한 경우(진공호스가 빠졌거나 절손되었을 경우)
② 점화장치에 의한 경우(점화플러그 불량, 점화시기 부적절, 고압 케이블 소손)
③ 기타의 경우(EGR 밸브 밀착 불량)

06 LPG차량에서 액·기상 솔레노이드 밸브의 작동을 설명

해답 ① 액상 솔레노이드밸브
냉각수온이 일정온도(약 18℃) 이상 올라가면 엔진 ECU의 제어에 의해 액상 솔레노이드
밸브가 열리면서 액체 상태의 LPG를 베이퍼라이저에 공급한다.

② 기상 솔레노이드밸브

초기 시동시[냉간시] 냉각수온이 일정온도(약 18℃) 이하에서 작동하여 베이퍼라이저에 기체상태의 연료를 공급하여 시동성을 좋게 하고 베이퍼라이저에서의 기화잠열에 의한 빙결을 방지한다.

07 LPG를 사용시 장점과 단점 각 3가지

해답 1) 장점
① 연소효율이 좋고 윤활유의 오염이 적다.
② 대기오염이 적으며 위생적이다.
③ 연료비가 경제적이다.

2) 단점
① 연소실의 온도가 높다.
② 역화가 발생할 수 있다.
③ 가스누설 시 폭발의 위험이 있다.

08 LPI 관련구성 부품 5가지(믹서부분은 제외)

해답 ① 연료펌프
② 인젝터
③ 인터페이스 박스
④ 펌프 드라이버
⑤ 연료압력조절기

1 흡배기장치

01 가변흡기장치의 작동조건

해답 ① 저속영역에서는 가늘고 긴 흡기관 흡기맥동을 충분히 이용하고,
② 고속영역에서는 굵고 짧은 흡기관으로 흡입저항이 감소되도록 한다.
③ 시동 OFF 시에는 가변흡기밸브를 열었다 닫아주어 밸브 내 이물질을 제거한다.

02 가변흡기 시스템의 원리와 특징을 설명

해답 1) 원리
각 실린더로 공급되는 흡기다기관의 일부를 고속용과 저속용 2개의 통로로 분리하여 각각 관직경 또는 관길이를 부압이나 스텝모터를 이용하여 기관회전수에 맞게 변환하는 시스템이다.
2) 특징
① 4밸브기관에서 저속성능의 저하를 방지하고 저ㆍ중속 토크 및 연비 향상에 도움을 준다.
② 고속영역에서는 흡기관의 길이를 짧게 하여 공기를 빠르게 유입시키고,
③ 저속영역에서는 흡기관의 길이를 길게 하여 공기를 느리게 유입시키는 방식으로
④ 공기유량을 가변적으로 조절하여 RPM에 관계없이 고른 출력을 낸다.

03 PCV 호스에 균열이 생겼을 때 엔진에 미치는 영향 3가지

해답 ① 공회전 부조
② 엔진 정지
③ RPM이 높거나 낮아짐
④ 출력 부족
⑤ 유해배출가스 증가

04 기관의 흡기 행정 시에 실린더 내에 생성되는 와류 형상

해답 ① 스월(Swirl) : 흡입시 생성되는 선회 와류
② 스쿼시(Squash) : 압축 상사점 부근에서 연소실 벽과 피스톤 윗면과의 압축에 의하여 생성되는 와류
③ 텀블(Tumble) : 피스톤 하강시 흡입되는 공기가 실린더 내에서 세로방향으로 강한 에너지를 가지며 생성되는 와류

05 터보차저의 효과 4가지

해답 터보과급기의 장점(동일 배기량에서)
① 출력 증가   ② 연료소비율 향상
③ 착화지연시간 단축   ④ 고지대 일정 출력 유지
⑤ 저질 연료 사용 가능   ⑥ 냉각손실 감소

06 EGR 밸브의 점검순서를 실차상태와 단품으로 구별해서 기술(진공식일 경우)

해답 1) 실차 상태
① 엔진 워밍업
② 스로틀 보디에 진공펌프 설치
③ 탈거한 진공호스 막음
④ 엔진 냉간 · 열간 시에 점검

엔진 냉각수 온도	진 공	엔진상태	정상상태
냉간	진공을 가함	공회전	진공이 해제됨
열간	$0.07kg/cm^2$	공회전	진공이 유지됨
	$0.23kg/cm^2$	공회전이 불규칙함	진공이 유지됨

※ 열간시 진공 수치는 현대 소나타일 경우이며 차종에 따라 다소 다르다.

2) 단품 상태
① 다이어프램의 고착, 카본누적 점검
② 핸드진공펌프를 EGR밸브로 연결
③ 진공을 가하면서 공기의 밀폐도 점검
④ EGR 통로에서 공기를 불면서 진공도 시험

07 배기가스 재순환장치인 EGR밸브의 기능에 대해 간략히 설명하고 EGR밸브가 작동되지 않아야 하는 조건 3가지

해답 1) 기능

배기가스의 일부를 엔진의 혼합가스에 재순환시켜 가능한 출력감소를 최소로 하면서 연소온도를 낮추어 NOx의 배출량을 감소시킨다.

2) 작동하지 않는 조건
① 엔진의 냉각수 온도가 (65℃ 미만 시) 낮을 때
② 아이들링 시(공전 시)
③ 급가속 시(스로틀이 최대 열림 시)

---

② 유해가스

---

01 자동차 증가 시 지구환경에 미치는 영향 3가지

해답 ① CO_2의 증가로 인한 지구온난화 현상 발생
② 대기오존층 파괴
③ 이상기후 현상

02 배출가스 중의 유해물질 저감장치 5가지

해답 ① 증발가스 제어장치
② 블로바이가스 환원장치
③ EGR 제어장치
④ 촉매 컨버터 장치
⑤ 점화시기 제어장치
⑥ 공연비 제어장치
⑦ 2차 공기분사장치

03 가솔린 기관의 배출가스 제어장치 3가지

해답 ① 크랭크 케이스 배출가스 제어장치 : 블로바이 가스가 대기로 방출하지 못하도록 로커커버에 장착된 PCV밸브를 통해 서지탱크에 흡입하여 연소실에서 재연소되게 한다.

② 증발가스 제어장치 : 연료탱크에서 발생된 증발가스를 캐니스터에 포집한 후 퍼지 컨트롤 솔레노이드 밸브의 진공호스를 거쳐 흡기관을 통해 연소실에서 연소되게 한다.

③ 배기가스 제어장치

ⓐ MPI장치 : 공기, 연료 혼합비 조절장치

ⓑ 3원촉매장치 : 적당한 조건(온도, 산소공급)에서 반응물질(Pt, Rh, Pd)이 산화, 환원반응을 일으키도록 돕는 일종의 반응 촉진제로서 배기가스 중에 포함되어 있는 유해물질인 CO와 HC를($CO \rightarrow CO_2$로 $HC \rightarrow H_2O$와 CO_2로) 산화시키고 NOx는 N_2와 O_2로 환원시킨다.

ⓒ EGR장치 : 연소 후 배출되는 배기가스 속의 질소혼합물을 감소시키기 위해 실린더의 배기 포트에서 스로틀 보디 부분에 위치한 흡기다기관 포트로 재순환시켜 가능한 출력 감소를 최소하면서 최고 연소 온도를 낮추어 NOx의 배출량을 감소시킨다.

04 전자제어 가솔린엔진에서 배기가스 저감장치 5가지

해답 ① PCV(포지티브 크랭크 케이스 벤틸레이션 밸브)

② 캐니스터

③ PCSV(퍼지 컨트롤 솔레노이드 밸브)

④ MPI 장치(공기/연료혼합비 조절장치)

⑤ 3원촉매

⑥ 배기가스 재순환장치(EGR, 서머 밸브)

05 2차 공기 공급장치

해답 ① 엔진이 Warming-up되기 이전에는 농후한 혼합비가 요구되므로

② 이 기간에 일정량의 공기를 배기 포트나 촉매 컨버터 앞에 분사하여 주면 촉매의 활성화 시간이 단축될 뿐만 아니라 이로 인하여 CO와 HC의 수준이 현저히 감소된다.

06 3원 촉매장치의 고장 발생 원인

해답 ① 엔진이 실화했을 때

② 충격을 받았을 때

③ 농후한 혼합비의 연속일 때
④ 이상연소로 인해 급격히 온도가 상승할 때
⑤ 엔진오일이 지속적으로 연소될 때
⑥ 유연 휘발유를 사용했을 때

07 전자제어가솔린 엔진에서 실린더 온도 및 회전속도 변화에 따른 배출가스(CO, HC, NOx)의 특성

종류 엔진 상태	CO	HC	NOx	비고
저온일 때	CO 발생	HC 증가	NOx 감소	
고온일 때	−	−	NOx 증가	
가속할 때	CO 발생	HC 증가	NOx 대량 증가	
감속할 때	CO 증가	HC 증가	−	

① 엔진 고온시 : CO 감소, HC 감소, NOx 증가
② 엔진 저온시 : CO 증가, HC 증가, NOx 감소
③ 엔진 감속시 : CO 증가, HC 증가, NOx 감소
④ 엔진 가속시 : CO 증가, HC 증가, NOx 증가

08 가솔린 기관에서 다음 각 항목들이 NOx 의 발생에 미치는 영향(온도의 영향, 가감속의 영향, 행정체적의 영향, 행정/내경비의 영향, 밸브 오버랩의 영향)

해답 ① 온도의 영향 : 연소에 의한 온도가 높을수록(열손실이 적을수록) NOx가 증가한다.
② 가감속의 영향 : 가속은 NOx가 증가하고 감속은 NOx가 감소한다.
③ 행정체적의 영향 : 행정체적이 증가하거나 감소하면 NOx가 증가하거나 감소한다.
④ 행정/내경비의 영향 : 장 행정 엔진은 NOx가 증가하고 단 행정 엔진은 감소한다.
⑤ 밸브 오버랩의 영향 : 밸브오버랩이 작아지면 NOx가 증가하고 커지면 감소한다.

09 운행자동차 정기검사방법 중 배기가스 검사 전 확인해야 할 준비사항 5가지

해답 ① 배기관에 시료 채취관이 충분히 삽입될 수 있는 구조인지 여부 확인
② 경유차의 경우 가속페달을 최대로 밟았을 때 원동기의 회전속도가 최대 출력 시의 회전속도 초과 확인
③ 정화용 촉매, 매연 여과장치 및 기타 육안검사가 가능한 부품의 장착상태를 확인
④ 조속기, 정화용 촉매 등 배출가스 관련 장치의 봉인 훼손 여부 확인
⑤ 배출가스가 배출가스 정화장치 이전으로 유입 또는 최종 배기구 이전에서 유출되는지 확인

10 엔진 시동이 안 걸리거나 부조 발생시 배출가스 제어장치의 고장원인 5가지

해답 ① P.C.V 밸브의 결함
② P.C.S.V, 연결 진공호스의 결함
③ 3원촉매, 산소센서의 결함
④ EGR 밸브, 연결 진공호스의 결함
⑤ 서머 밸브, 연결 진공호스의 결함

11 매연시험기를 사용할 때 주의점

해답 ① 측정기에 강한 충격, 진동을 주지 않는다.
② 채취부 본체에 규정압력의 공기를 사용한다.
③ 오염도를 채취하는 시간 외에는 전원스위치를 끈다.
④ 검출부위 광전소자는 사용하지 않을 때는 덮어둔다.
⑤ 여과지, 표준여과지는 직사광선, 먼지, 습기, 오염이 없는 곳에 보관한다.
⑥ 측정기를 수리했을 경우는 표준여과지로 교정한다.
⑦ 카본 제거 및 영점조정을 한다.

12 매연측정기를 유지 관리하여 사용할 때 중요사항 3가지

해답 ① 압축공기의 수분배출과 일정압력을 유지
② 표준지와 여과지 관리 철저
③ 카본 제거 및 영점 조정

13 CO, HC 측정기 사용방법

해답 ① 전원을 ON하고 각 미터의 선택 스위치(CO, HC)를 선택
② 흡입 채취관을 배기 다기관 끝에 30cm 정도 삽입
③ 공회전 상태에서 미터상의 지침이 안정 상태일 때의 판독
④ 배기 다기관으로부터 흡입 채취관을 떼어내고 깨끗한 공기 퍼지
⑤ 미터의 지침이 0점에 돌아오는지 확인

SUBJECT

06 전자제어장치

01 기본 다지기

---

1 제어시스템

01 기본분사량을 결정하는 가장 기본적인 2가지 센서

> 해답 ① AFS
> ② CAS

02 컴퓨터 제어에서 듀티제어 기술

> 해답 1Cycle에서 전원이 ON, OFF 되는 값을 변화시켜 솔레노이드를 제어하는 방식
> 듀티값이 크거나 작다 → 솔레노이드 ON시간이 길거나 짧다.(일하는 시간이 많거나 적다.)

03 듀티 파형을 도시하고 듀티를 설명

> 해답 1. 듀티 파형 그림

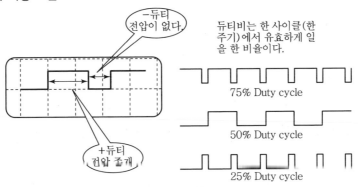

듀티비는 한 사이클(한 주기)에서 유효하게 일을 한 비율이다.

75% Duty cycle

50% Duty cycle

25% Duty cycle

듀티비는 한 사이클(한 주기)에서 유효하게 일을 한 비율이다.

2. 듀티율이 높다는 의미

듀티 제어에는 ⊟제어와 ⊞제어가 있는데 대부분 자동차에서는 ⊟제어를 많이 사용하고 있다. 듀티율이 높다는 것은 제어하는 양이 많다는 것을 말하며 그만큼 작동하는 시간과 비례한다고 보면 된다.

04 자동차에서 듀티제어 부품 2가지를 쓰시오.

해답 ① LPG 엔진의 믹서 : 메인 듀티 솔레노이드 밸브, 슬로우 듀티 솔레노이드 밸브
② 자동변속기 : 댐퍼 클러치 솔레노이드 밸브(DCCSV)
　　　　　　　 압력조절 솔레노이드 밸브(PCSV)
　　　　　　　 시프트 컨트롤 솔레노이드 밸브(SCSV)

05 점화계통과 배터리가 정상일 때 엔진 시동이 되지 않는 원인 3가지

해답 ① 연료가 부족
② CAS, ECU 등 연료분사 제어장치 불량
③ 연료장치 불량(펌프, 필터, 인젝터)
④ 타이밍벨트 장착 불량
⑤ 낮은 실린더 압축압력
⑥ 흡기 막힘

06 전자제어 가솔린 엔진이 온간시 시동이 안 걸리는 원인

해답 ① 점화코일의 열화
② 파워 TR의 열화
③ 연료 부족 및 베이퍼록 발생
④ ECU의 접지불량으로 인한 전압강하
⑤ 전기배선의 열화

07 전자제어엔진에서 크랭킹은 가능하나 시동이 불량한 원인 5가지(단 점화계통은 이상 없다.)

해답 ① 연료가 불량(연료 부족 및 베이퍼록 발생)
② CAS, ECU 등 연료분사 제어장치 불량(ECU의 접지불량으로 인한 전압강하)
③ 연료장치 불량(펌프, 필터, 인젝터)
④ 타이밍벨트 장착 불량
⑤ 낮은 실린더 압축압력
⑥ 흡기 막힘

08 시동불량과 부조 시 배출가스 제어장치 관련 사항

해답 ① EGR 밸브불량
② 촉매변환기 불량
③ PCSV 불량
④ PCV 불량
⑤ 산소센서불량

09 전기적 원인으로 시동이 불량하거나 꺼질 경우(단, 연료계통 이상 없음)

해답 ① 부정확한 점화시기
② 점화코일 결함
③ 파워 트랜지스터 결함
④ 하이텐션 코드 결함
⑤ 스파크 플러그 결함
⑥ 점화 와이어링 결함

10 가솔린 엔진 공전 시 부조 원인(센서 및 점화장치 이상 무)

해답 ① 흡기관의 개스킷 불량으로 인한 공기 유입
② EGR밸브의 공전 시 열림 고장(밀착 불량)
③ PCSV 진공호스의 누설 및 호수 빠짐
④ PCV 진공호스의 누설 및 호수 빠짐
⑤ 인젝터의 막힘/연료계통의 불량요소 등

11 공전시 아이들 – 업이 되는 경우

해답 ① 에어컨 스위치 ON시
② 변속레버가 "D" 위치에 있을 때
③ 안개등, 헤드라이트 점등 시
④ 파워 스티어링 작동 시
⑤ 냉각팬, 콘덴서 팬 작동 시

12 엔진 종합시험기(Tune up Tester) 사용시 안전수칙 5가지

해답 ① 손, 머리, 타이밍라이트, 시험기 배선 등이 팬, V벨트에 닿지 않도록 한다.
② 화상에 주의한다.(배기 메니폴드, 배기 파이프, 촉매 컨버터, 라디에이터)
③ 시험 중 2차 전압계통의 구성부품을 만질 때는 절연 플라이어를 사용한다.
④ 시험자동차는 주차브레이크를 당기고 고임목을 설치한다.
⑤ 시험자동차의 수동변속기 자동차는 기어를 중립에, 자동변속기 자동차는 기어를 P위치에 넣는다.
⑥ 촉매 컨버터를 부착한 자동차는 크랭킹 시험이나 실린더 파워밸런스 시험시 최단시간에 완료한다.(장시간 사용시 촉매 컨버터 과열 손상 우려)

13 전자제어 엔진에서 연료 컷의 목적

해답 ① HC 감소
② 연료소비량 감소
③ 촉매과열방지

14 일반적으로 MPI 엔진을 점검할 때 주의사항 5가지

해답 ① ECU 회로를 단락(쇼트)시키지 않는다.
② 점화장치의 고전압에 감전되지 않도록 주의한다.
③ 연료장치점검시 누설에 의한 화재가 발생하지 않도록 주의한다.
④ 전자제어장치를 점검할 때에는 배터리의 접지 케이블을 탈거한다.
⑤ 센서 점검시 배터리 전원을 인가하지 않는다.

15 커먼레일 연료분사상태에서 주 분사로 급격한 압력상승을 억제하기 위하여 예비분사량을 결정하는 요소 2가지

해답 ① 냉각수 온도(WTS)
② 흡입공기량(AFS)

16 가솔린 엔진의 공연비 피드백의 필요성

해답 ① 이론공연비로 제어되므로 삼원촉매가 최적으로 작동할 수 있게 한다.
② 삼원촉매가 최적으로 제어되면 유해배기가스(CO, HC, NO_x)를 무해한 가스로 잘 변환시켜 주므로 배기가스의 오염을 감소시킨다.

17 산소센서 피드백이 해제되는 조건 5가지

해답 ① 급감속시
② 급가속시
③ 냉각수온이 낮은 경우
④ 산소센서 불량
⑤ 연료 컷 상태

18 전자제어 엔진의 흡기계량방식

해답 1) 직접 계량방식
① 베인식
② 칼만 와류식
③ 열선식
④ 열막식

2) 간접 계량방식
MAP센서식

② 센서 점검

01 산소센서 결함시 엔진에 미치는 영향 5가지

해답 ① CO, HC의 배출량 증가
② 연료소비량 증가
③ 공회전시 엔진회전 불안정
④ 주행 중 갑자기 엔진 정지
⑤ 주행 중 가속력 저하

02 산소센서 점검시 주의사항 3가지

해답 ① 엔진의 정상작동온도에서 점검(배기가스온도 300℃ 이상)
② 출력전압 측정 시 일반 아날로그 테스터 사용금지
③ 출력전압 쇼트 금지
④ 내부저항 측정 금지

03 산소센서 결함시 엔진에 미치는 영향

해답 ① CO, HC 배출량이 증가한다.
② 연료소비가 증가한다.
③ 공연비 피드백 제어가 불량해진다.
④ 주행 중 엔진의 작동이 정지한다.
⑤ 주행 중 가속력이 떨어진다.

04 산소센서와 TPS 동시파형에서 산소센서 파형을 분석하는 요령

해답 ① 아이들 시 TPS 전압은 0.2~0.3V 출력되며 산소센서는 0.1~0.9V까지 주기적으로 움직인다.
② 급가속 시 TPS 전압은 4.0~4.3V까지 상승하며 산소센서는 0.8~0.9V를 유지한다. (농후)
③ 감속 직후 TPS 전압은 0.2~0.3V를 가리키며 산소센서는 0.2~0.3V를 유지한다. (희박)
④ 감속 후 일정 시간이 지나면 산소센서는 0.1~0.9V까지 움직이며 피드백을 시작한다.

05 산소센서의 기능과 점검 시 주의사항

해답 1) 기능
배기가스 중의 산소농도를 대기 중의 산소와 비교해 농도 차이가 크면 1V에 가까운 전압이, 농도 차이가 작으면 0V에 가까운 전압이 출력된다. 이 전압을 이용해 ECU에서는 공연비 피드백 제어를 실시하게 된다.

2) 점검시 주의사항
① 엔진의 정상작동 온도에서 점검(배기가스온도 300℃ 이상)
② 출력전압 측정 시 일반 아날로그 테스터 사용금지
③ 출력전압 쇼트 금지
④ 내부저항 측정 금지

06 질코니아 산소센서와 인젝터의 작동을 오실로 스코프로 검출하였다. 조건에 맞는 답을 하시오.

① 산소센서는 혼합비가 농후할 때 출력전압은 어떻게 변하는가?
② 혼합비가 농후할 때 인젝터 작동시간은 어떻게 변하는가?
③ 산소센서는 혼합비가 희박할 때 출력전압은 어떻게 변하는가?
④ 혼합비가 희박할 때 인젝터 작동시간은 어떻게 변하는가?

[해답] ① 1V 가까이 출력된다.
② 연료량을 줄이기 위해 작동시간이 감소된다.
③ 0V 가까이 출력된다.
④ 분사량을 늘이기 위해 작동시간을 증가한다.

07 산소센서(질코니아 산소센서, 티타니아 산소센서)특징

[해답]

항목	질코니아	티타니아
원리	이온 전도성	전자 전도성
출력	기전력 변화	저항치 변화
감지	질코니아 표면	티타니아 내부
내구성	불리	양호
응답성	불리	유리
가격	유리	불리
특징	배기가스와 표준가스 분리	배기가스 중 소자 삽입
공연비	조정이 용이하다.	조정이 어렵다.
진한 혼합비 특성	1V 가까이 출력	0V 가까이 출력
희박 혼합비 특성	0V 가까이 출력	5V 가까이 출력

08 커먼레일 압력센서의 설명과 기능

[해답] 커먼레일방식의 디젤엔진에서 고압연료의 압력감지를 하여 ECU에 입력신호를 보내는 센서이며 ECU는 이 신호를 받아 연료량, 분사시기를 조정하는 신호로 이용한다.

09 MAP(Manifold Absolute Pressure)센서 형식의 흡입공기량 센서(AFS)에서 ㉮부분의 파형을 보고 왜 이런 현상이 나오는지 설명

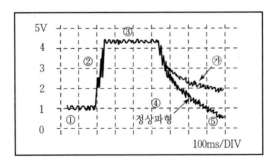

해답 흡입메니폴드에서 진공누설이 있다.

10 에어 플로우 센서에서 클린 버닝을 하는 원인과 방법

해답 ① 원인 : 핫와이어에 묻어있는 이물질을 제거하여 센서의 감도를 좋게 하기 위함
② 방법 : 운행 후 엔진 정지시 순간적으로 높은 전류를 와이어에 흘려보내 이물질을 태운다.

11 전자제어 가솔린엔진을 무부하 IDLE 상태에서 급격히 5,000rpm 정도까지 상승시킨 후 가속페달을 놓았을 AFS의 불량 여부를 판정하기 위해서 파형의 어떤 부분을 주의해서 점검해야 하는지 그림으로 그려 표시하고 설명(단, HOT－WIRE 방식의 AFS임)

해답 ① 아이들시 파형이 안정되어 있는지 확인한다.

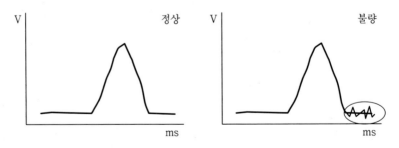

② 가속 중에 파형의 단차가 발생되는지 확인한다.

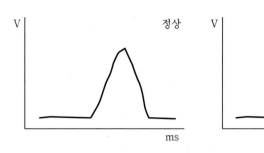

12 크랭크각 센서가 고장시 기관에 나타날 수 있는 엔진의 현상 4가지(단, 부품의 손상이나 연료소비량, 소음 및 충격, 배기가스에 대한 사항은 제외)

해답 ① 점화시기 불량　　　　② 열료분사시기 불량
　　　③ 공기량 계측불량　　　　④ 시동불량
　　　⑤ 주행 중 시동 꺼짐　　　⑥ 가속불량
　　　⑦ 출력 부족

13 전자제어엔진에서 점화시기를 제어하는 ECU 입력요소 5가지

해답 ① AFS　　　　　　② CAS
　　　③ TPS　　　　　　④ WTS
　　　⑤ 노크센서

14 TPS의 기능 및 고장시 엔진에 나타나는 증상 3가지

해답 1) 기능
　　　스로틀 밸브의 개도를 검출하여 ECU로 알려준다.

　　　2) 고장시 증상
　　　　① 공회전시 엔진 부조현상이 있거나 주행 가속력 서하
　　　　② 연료소모가 많다.
　　　　③ 공회전 또는 주행 중 갑자기 시동이 꺼진다.
　　　　④ 매연이 많이 배출된다.

15 다음은 전자제어 차량의 냉각수온센서회로이다. ECU 내부의 고정 저항값은 1KΩ이고 냉각수 온도가 20℃일 때 냉각수온센서의 저항을 측정하니 2.5KΩ이다. 이때 신호 전압 검출점에서 가해지는 전압을 계산

해답 ① 회로 내의 합성저항

$R = 1,000 + 2,500 = 3,500\,\Omega$

② 회로에 흐르는 전류

$I = \dfrac{E}{R} = \dfrac{5}{3,500} = 1.428^{-03}\,A$

③ 냉각 수온센서 저항 2.5kΩ일 때

신호전압 $E = IR = 1.428^{-03} \times 2,500 = 3.57\,V$

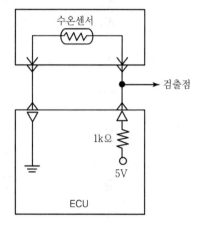

검출점

수온센서

1kΩ

5V

ECU

---

[3] **액추에이터**

01 스텝모터와 공회전속도조절 서보 하니스의 각 부분 점검결과 이상이 없는데 스텝 수가 규정에 맞지 않는 원인 5가지(하니스 제외)

해답 ① 공회전속도의 조절불량
② 스로틀 밸브에 카본 누적
③ 흡기매니폴드 개스킷 틈의 공기누설
④ EGR 밸브 시트의 헐거움
⑤ 스텝모터 베어링 고착

02 가솔린 전자 제어식 인젝터 점검방법

해답 ① 코일 저항 점검
② 니들밸브 접촉면, 고착상태 점검
③ 인젝터 작동음 점검
④ 분사시간 점검
⑤ CO, HC 점검

03 인젝터 파형에서 연료분사구간과 불량 인젝터를 찾고 그 원인 3가지 서술

해답
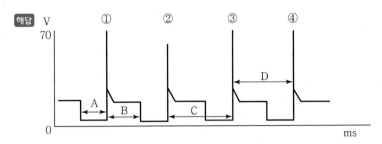

1) 연료분사 구간 : A
2) 불량 인젝터 : ②
3) 원인
    ① 파워 TR의 성능저하
    ② 접속불량
    ③ 인젝터의 열화

04 전자제어 가솔린엔진에서 연료압력은 정상이나 인젝터가 작동하지 않는 이유 5가지

해답 ① ECU 불량   ② CAS 불량
      ③ TDC 센서 불량   ④ 인젝터 관련회로 불량
      ⑤ 인젝터 니들밸브 불량

05 전압제어식 인젝터 파형을 그리고 파형을 구성하는 기본 명칭 쓰기

해답
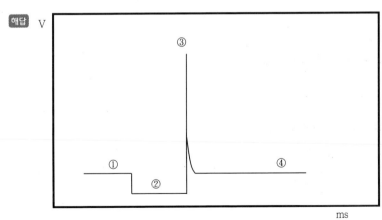

① 전원전압   ② 접지전압(연료 분사구간)
③ 서지전압   ④ 전원전압

06 연료압력조절기는 이상이 없는데 연료 압력이 낮은 원인

해답 ① 연료펌프의 공급압력이 누설됨
② 연료필터의 막힘
③ 연료탱크의 연료량 부족
④ 연료라인의 베이퍼록 발생
⑤ 연료라인의 누유

07 전자제어 가솔린 엔진에서 연료 압력이 낮아지는 원인 3가지

해답 ① 연료 잔량 부족
② 연료펌프 및 체크밸브 불량
③ 연료압력 조절밸브의 밀착 불량
④ 컨트롤 릴레이 불량
⑤ 연료 필터 막힘
⑥ 베이퍼록 발생

08 전자제어 점화장치의 파워 TR 고장시 나타나는 결과

해답 ① 엔진시동 불가
② 공회전시 엔진부조현상
③ 공회전 또는 주행 중 시동 꺼짐
④ 주행시 가속성능 저하
⑤ 연료소모가 많다.

01 P－V선도에서 알 수 있는 내용 3가지

해답 ① 일량
② 평균유효압력
③ 열효율

02 2,000rpm, 축토크 14kg－m, 1분당 연료 120cc 소비, 비중 0.74, 연료소비율 계산(gf/PS－h)

해답 연료소비율 $= \dfrac{\text{연료의 중량(체적} \times \text{비중)}}{\text{마력} \times \text{시간}}$

$PS = \dfrac{RT}{716} = \dfrac{2,000 \times 14}{716} = 39.116\,PS$

$\dfrac{120 \times 0.74 \times 60}{39.11} = 136.23\,g_f/PS-h$

03 다음 엔진성능곡선도에서 확인할 수 있는 내용을 설명하시오.

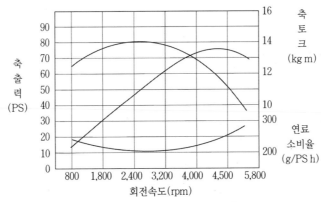

[자동차용 가솔린기관의 성능곡선]

해답 rpm에 따라 축 토크, 축 출력, 연료 소비율의 상관관계를 알 수 있음

04 100PS를 발생하는 엔진이 시간당 30kg의 연료를 소비하였다면 이때의 열효율은?(저위발열량은 10,500kcal/kg)

해답 $\eta = \dfrac{\text{실제일로 변한 열에너지}}{\text{기관에 공급된 열에너지}} \times 100(\%)$

$= \dfrac{632.3 \times BPS}{B \times C} \times 100(\%)$

여기서, BPS : 제동마력

B : 매 시간당 연료소비량(kg/h)

C : 연료의 저위발열량(kcal/kg)

632.3 : 1마력의 1시간당의 열량(kcal)

$\eta = \dfrac{632.3 \times 100}{B \times C} = \dfrac{632.3 \times 100}{30 \times 10,500} \times 100 = 20.07\%$

05 오토 사이클에서 각 점의 온도($T_1 = 90℃$, $T_2 = 300℃$, $T_3 = 900℃$, $T_4 = 500℃$)가 그림과 같다면 이 사이클의 열효율은 얼마인가?

해답 $\eta = \dfrac{\text{출력}}{\text{입력}} = \dfrac{Q_1 - Q_2}{Q_1} = 1 - \dfrac{Q_2}{Q_1}$

여기서, 공급열량 Q_1은 정적가열 ②~③과정에서 방출열량 Q_2은 정적방열 ④~①과정이다.

$Q = GC(T_2 - T_1)$에서

$\eta_0 = 1 - \dfrac{T_4 - T_1}{T_3 - T_2} = 1 - \dfrac{500 - 90}{900 - 300} = 0.3167$

∴ 약 32%

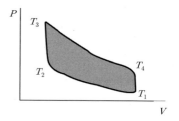

06 2행정 사이클 4실린더 엔진의 실린더 내경이 78mm, 행정이 80mm일 때 2,500rpm의 속도로 회전하고 있다면 이 엔진의 크랭크축에서 발생하는 회전력은 얼마인가?(단, 지시평균 유효압력은 10kg/cm², 기계효율 η_m은 85%이다.)

해답 $IPS = \dfrac{10 \times 0.785 \times 7.8^2 \times 0.8 \times 2,500 \times 4}{75 \times 60} = 84.92PS$

$BPS = IPS \times \eta_m = 84.92 \times 0.85 = 72.18PS$

$T = \dfrac{716 \times BPS}{R} = \dfrac{716 \times 72.17}{2,500} = 20.67\text{m} \cdot \text{kg}$

07 총 배기량 1,600cc 4행정기관의 도시 평균 유효압력 16kgf/cm², 회전수 4,000rpm일 때 도시마력을 구하시오. (단, 소수점에서 반올림)

해답 $IPS = \dfrac{P_{me} \cdot V_s \cdot R}{75 \times 60 \times 2 \times 100}$

$IPS = \dfrac{16 \times 1,600 \times 4,000}{75 \times 60 \times 2 \times 100} = 113.77$

도시마력 : 114PS

08 어느 엔진의 기계효율이 83%, 냉각손실이 30%, 배기손실이 35%일 때 정미열효율과 마찰동력손실을 %로 구하시오.

해답 ① 정미열효율＝도시열효율×기계효율

도시열효율＝연료의 에너지－(냉각손실＋배기손실)

$\qquad = 100 - (30 + 35)$

$\qquad = 35\%$

∴ 정미열효율＝35%×0.83＝29.05%

② 마찰동력손실＝도시열효율－정미열효율

$\qquad = 35\% - 29.05\% = 5.95\%$

09 점화시기 10~13°, 3,000rpm, 점화시기 조정구간 계산(화염 전파시간은 1/600초)

해답 $It = \dfrac{360° \times \text{rpm} \times t}{60} = 6Rt$

여기서, It : 점화시기(분사시기/각도)

rpm : 기관 회전수

t : 점화(분사) 지연시간(초)

점화시기(각도)는 6×3,000×1/600 ＝ 30°

그러므로 30－10° ＝ 20°, 30－13° ＝ 17°

조정구간은 17~20°

10 공회전(600rpm)상태, 최초 점화시기가 5°, 1,800rpm에서의 점화 진각도 계산

> **해답** $It = \dfrac{360° \times \text{rpm} \times t}{60} = 6Rt$
>
> ① 600rpm일 때 점화 지연시간
> $5° = 6 \times 600\text{rpm} \times t$
> $t = 0.00139\text{sec} = 1.39\text{ms}$
> ② 1,800rpm일 때 점화 진각도
> $It = 6 \times 1,800\text{rpm} \times 0.00139$
> $It \fallingdotseq 15°$

11 6기통, 800rpm, 화염 전파시간 4ms, 점화시기 계산

> **해답** $It = \dfrac{360° \times \text{rpm} \times t}{60} = 6Rt$
>
> 점화시기(각도)는 $6 \times 800 \times 0.004 = 19.20°$

12 실린더 직경이 80mm, 행정이 83mm, 실린더수가 6개일 때 1실린더당 흡입되는 공기량 계산(단, 공기의 비중량은 1.293kg/m³이다.)

> **해답** ① 계산식 : $V = \dfrac{\pi D^2}{4} LN = \dfrac{\pi 8^2}{4} \times 8.3 \times 6 = 2502\text{cc}$
>
> ② 공기중량 : $G = 2502 \times 10^{-6} \times 1.293 \times \dfrac{1}{6} = 5.392 \times 10^{-4}\text{kg}$

CHAPTER **02**

자동차 새시 정비

SUBJECT 01 동력전달장치

01 기본 다지기

01 클러치가 끊기지 않는 때 클러치 본체의 고장원인 5가지

해답
① 클러치 스프링의 장력 과대
② 클러치 디스크 허브와 스플라인부의 섭동 불량
③ 릴리스 레버의 조정 불량
④ 릴리스 베어링의 파손
⑤ 클러치 디스크의 런아웃 과대

02 클러치 페달을 밟았을 때 소음이 발생되는 원인 3가지

해답
① 클러치 페달의 유격이 적다.
② 클러치 디스크 페이싱의 마멸이 심하다.
③ 릴리스 베어링의 마멸 또는 손상, 오일 부족
④ 클러치 어셈블리 및 릴리스 베어링의 조립불량

03 주행 중 클러치가 미끄러지는 원인 5가지

해답
① 디스크 페이싱의 재질불량, 과대마모, 오일부착
② 압력 스프링이 파손되었을 때
③ 클러치 페달의 유격이 작거나 없을 때
④ 클러치 페달의 조작기구가 원활하지 못할 경우
⑤ 플라이 휠 및 압력판의 표면경화

04 정지상태에서 수동 변속기 차량의 클러치 슬립 점검방법

해답
① 클러치가 운전온도에 도달하게 한다.
② 평탄한 곳, 정지상태에서 클러치 페달을 밟고 톱 기어를 넣은 후 주차 브레이크를 당긴다.
③ 클러치 페달을 밟은 상태에서 엔진을 고속으로 상승시킨다.

④ 민첩하고 충격적이지 않게 클러치 페달에서 발을 뗀다.
⑤ 이때 엔진의 속도가 급속히 낮아져 엔진이 정지하면 클러치는 정상이다.
⑥ 만약 엔진이 정지하지 않으면 클러치 슬립상태이므로 점검·수리한다.

05 다이어프램 형식 클러치의 특징 3가지

해답 ① 회전시 평형상태가 양호하며 압력판에서의 압력이 균일하게 작용한다.
② 고속회전시 원심력에 의한 스프링의 압력변화가 적다.
③ 클러치 판이 마모되어도 압력판을 미는 힘의 변화량이 적다.
④ 릴리스 레버가 없으므로 레버 높이가 일정하기 때문에 조정이 불필요하다.
⑤ 클러치 페달의 답력이 적게 든다.
⑥ 구조 및 조작이 간편하다.

06 수동식 변속기에서 클러치는 이상 없는데 변속이 원활하지 않는 원인 3가지

해답 ① 변속레버 조절 불량
② 변속기 내부, 싱크로 메시 기구의 불량
③ 변속 링크(볼 조인트) 불량
④ 인터록의 불량

07 수동변속기 차량의 주행 중 기어 빠짐의 예상되는 원인 3가지

해답 ① 변속레버, 링크 휨
② 시프트 레일 마모
③ 시프트 포크 휨
④ 록킹 볼 마모
⑤ 록킹 스프링 피로

08 수동변속기 변속시 소음의 원인

해답 ① 클러치를 완전히 밟지 않음
② 클러치 오일 부족
③ 클러치 마스터실린더 불량
④ 클러치 릴리스실린더 불량
⑤ 변속케이블 조정불량 또는 느슨해짐
⑥ 클러치 디스크 또는 압력판이 많이 닳음
⑦ 변속기 내부 싱크로나이저 장치 또는 기어 손상

09 수동변속기의 변속 시 트랜스 액슬의 떨림 및 소음에 관련한 사항

해답 ① 싱크로 메시 기구 불량
② 기어 마모
③ 싱크로 나이즈링 마모
④ 종감속장치의 링기어와 피니언 기어의 접촉불량

10 전자제어 자동변속기에서 토크컨버터 내의 댐퍼클러치(혹은 록업 클러치)가 작동하지 않는 구간 3가지

해답 ① 1단 주행시
② ATF가 일정온도 이하시
③ 브레이크 페달을 밟았을 때
④ 엔진 rpm 신호가 입력되지 않았을 때
⑤ 발진 및 후진시
⑥ 변속시
⑦ 감속시
⑧ 엔진브레이크 작동시
⑨ 고부하 급가속시

11 자동변속기의 라인 압력 시험방법

해답 ① 자동변속기 워밍업
② 앞바퀴 공회전 준비
③ 진단장비 설치
④ 오일압력 게이지를 설치
⑤ 엔진 공회전속도를 점검
⑥ 다양한 위치와 조건에서 오일 압력을 점검

12 자동변속기의 라인압력이 높거나 낮은 원인 5가지

해답 ① 오일 필터의 막힘
② 레귤레이터 밸브오일압력의 조정이 불량
③ 레귤레이터 밸브가 고착
④ 밸브보디의 조임부가 풀림
⑤ 오일펌프 배출압력이 부적당

13 자동변속기의 밸브보디에 장착된 감압밸브에 대하여 서술

해답 ① 위치 : 하부밸브보디
② 역할 : 라인압력을 근원으로 하여 항상 라인압력보다 낮은 압력으로 조절, PCSV 및 DCCSV로부터 제어압력을 만들어 압력제어밸브와 댐퍼클러치 제어밸브를 작동시킨다.

14 전자제어 자동변속기에서 감압밸브(리듀싱밸브)와 릴리프밸브의 기호

해답

[감압밸브(상시열림)]　　　　　　　[릴리프밸브(상시닫음)]

15 매뉴얼 밸브, 시프트 밸브, 유압제어 밸브를 설명

해답 ① 매뉴얼 밸브 : 유압밸브보디에 들어 있는 매뉴얼 밸브는 운전자가 셀렉터 레버를 조작하여 그 위치를 결정한다. 매뉴얼 밸브에는 주 작동압력이 작용한다.
② 시프트 밸브 : 솔레노이드 시프트 밸브를 ON-OFF시켜 유압식 시프트 밸브에 유압을 공급 또는 차단하는 방법을 사용하여 각 단의 변속요소들을 연결, 분리 또는 고정한다.
③ 유압제어 밸브 : 기관부하에 따라 주 작동압력을 제어한다. TCU에 의해 듀티로 작동되며 해당클러치에 유압을 공급하고 해제하는 역할을 한다.

16 자동변속기 1, 2 변속시 충격 발생시 원인(변속기 내부)

해답 ① 펄스제너레이터 A불량
② 밸브보디 불량
③ 세컨드브레이크 불량
④ 로우엔리버스 브레이크 압력 불량
⑤ 유압 컨트롤 밸브 불량

17 자동변속기 테스트 방법 – 자동변속기에서 스톨시험의 목적과 시험방법을 설명, 또한 오토 미션에서 성능시험방법 3가지

해답 1) 목적
　　① 엔진의 구동력시험
　　② 토크 컨버터의 동력전달기능시험
　　③ 클러치의 미끄러짐 점검
　　④ 브레이크 밴드의 미끄러짐 점검

2) 시험방법
　　① 엔진을 워밍업시킨다.
　　② 뒷바퀴 양쪽에 고임목을 받친다.
　　③ 엔진 타코메타를 연결한다.
　　④ 주차 브레이크를 당기고, 브레이크 페달을 완전히 밟는다.
　　⑤ 선택 레버를 D에 위치시킨 다음 액셀러레이터 페달을 완전히 밟고 엔진 rpm을 측정한다.(5초 이내)
　　⑥ ⑤항의 테스트를 R에서도 동일하게 실시한다.
　　⑦ 규정값 : 2,000~2,400rpm

3) 오토미션 성능시험방법
　　① 스톨테스트
　　② 라인압력시험
　　③ 타임래그시험

18 4단 자동변속기의 압력점검 요소 5가지

해답 ① 언더 드라이브 클러치 압력(UD)
　　② 리버스 클러치 압력
　　③ 오버 드라이브 클러치 압력(OD)
　　④ 세컨드 브레이크 압력(2ND)
　　⑤ 로우 엔 리버스 브레이크 압력(LR)
　　⑥ 토크 컨버터 원웨이 클러치 압력(OWC)

19 자동변속기에서 전진은 되나 후진이 되지 않는 원인 2가지

해답 ① 프런트 클러치, 혹은 피스톤의 작동불량
　　② 로우 리버스 브레이크 혹은 피스톤의 작동불량

20 스톨테스트, 타임래그테스트, 주행테스트 준비사항

해답 ① 변속기오일 점검
② 변속레버 링크기구 점검
③ 스로틀 케이블 점검
④ 킥다운 케이블 점검
⑤ 기관 작동상태 점검

21 변속기를 탈착할 때 주의해야 할 안전사항 3가지

해답 ① 잭으로 올린 다음 스탠드로 반드시 받쳐준다.
② 차체 밑에서 작업할 때는 보안경을 쓴다.
③ 주차 브레이크를 작동시킨다.
④ 필요시 고임목을 고인다.
⑤ 작업과정에서 요구하지 않는 한 키 스위치를 OFF한다.
⑥ Auto Transmission일 경우 특정한 경우 외에는 셀렉터 레버를 PARK에 둔다.

22 자동변속기 성능시험을 하기 전에 점검해야 할 사항 3가지

해답 ① 자동변속기 오일량 점검
② 변속레버 링크기구의 점검 및 조정
③ 엔진 작동상태 및 엔진 공전속도 점검
④ 자동변속기 오일 누유 점검

23 자동 변속 장치에서 크리프(Creep) 현상의 필요성 3가지

해답 ① 원활한 발진
② 타이어 마모방지
③ 언덕길에서 주차브레이크를 잡지 않았을 때 뒤로 밀림 방지
④ 정지, D렌지에서 차체의 진동저감

24 킥다운 스위치의 작동방법에 대해서 설명

해답 가속페달을 끝까지 밟으면 킥다운 스위치가 작동하여 모듈레이터 압력이 급격히 증가하게 된다. 킥다운 스위치가 작동하면 일정속도 범위 내에서는 강제적으로 다운 시프트 되어 작동한다.

25 킥다운에 대하여 기술(스로틀 개도 및 구동력 포함)

해답 ① 급가속을 얻기 위해 액셀러레이터 페달을 끝까지 밟으면 현재의 기어 단수보다 한 단계
낮은 기어로 선택되면서 순간적으로 강력한 가속력을 얻을 수 있다.
② 이때, 기어 변환에 따라 차량이 주춤거리는 현상이 있을 수 있으나, 이것은 가속력을 얻기
위한 정상적인 현상이다.

26 킥다운의 정의 설명

해답 주행 중 가속을 위해 가속페달을 힘껏 밟아 전(FULL)스로틀 플랩이 부근까지 작동시 강제적
으로 다운시프트되는 현상

27 오토미션에서 히스테리시스 현상

해답 변속점 부근에서 주행할 경우 업시프트와 다운 시프트가 빈번히 일어나는 현상이며 이를 방지
하기 위하여 7~15km/h 정도 차이를 두어 변속한다.

28 추진축 자재이음에서 진동원인

해답 ① 추진축의 휨
② 슬립 이음의 결합 불량
③ 유니버설 조인트 베어링 마모, 볼트 이완
④ 정적, 동적 평형 불량
⑤ 센터 베어링의 마모

29 차동장치 및 후차축 소음 발생 원인 4가지

해답 (베어링, 윤활장치는 정상)
① 사이드기어와 액슬축의 스플라인의 마모
② 액슬축의 휨
③ 링기어의 런 아웃 불량
④ 종감속 기어의 접촉상태 불량
⑤ 종감속기어의 백래시 과대

30 자동차 동력전달장치에서 차동제한장치(LSD)의 특징 4가지

해답 ① 눈길, 미끄러운길 등에서 미끄러지지 않으며 구동력이 증대
② 코너링 및 횡풍이 강할 때 주행 안전성 유지
③ 진흙길, 웅덩이에 빠졌을 때 탈출 용이
④ 경사로에서 주정차 용이
⑤ 급가속시 차량 안전성 유지

31 구동륜(타이어)이 슬립을 일으키는 요소 5가지

해답 ① 타이어 트레드 패턴
② 타이어 트레드 홈 깊이
③ 타이어의 재질
④ 타이어의 공기압력
⑤ '노면과의 마찰계수

32 속도계 시험기 취급시 주의사항(사용 전 준비) 5가지

해답 ① 공기 공급 압력 7~8kg/cm² 유지
② 측정차의 타이어 규정압력 유지
③ 타이어, 롤러의 이물질을 제거
④ 리프트를 상승시켜 차량이 롤러 중심에 직각 되게 진입
⑤ 리프트를 내리고 전륜 타이어 앞에 고임목을 설치
⑥ 테스트시 핸들은 고정

33 자동차 검사시 속도계 지시오차 측정조건 4가지

해답 ① 공기 압축기를 가동시켜 압력이 7~8kg/cm²가 되게 한다.
② 측정차의 타이어를 규정압력으로 한다.
③ 타이어/롤러의 이물질을 제거한다.(특히 타이어에 박힌 돌)
④ 리프트를 상승시켜 차량이 롤러 중심에 직각 되게 진입한다.(운전자 1명)
⑤ 리프트를 내리고 전륜 타이어 앞에 고임목을 설치한다.
⑥ 테스트시 핸들을 움직여서는 안 된다.

34 자동차가 주행 중 받는 모멘트의 종류를 3가지

해답 ① 요잉모멘트　　　② 롤링모멘트　　　③ 피칭모멘트

02 현가장치

01 쇽업 쇼바의 역할 3가지

해답 ① 상하 바운싱시 충격흡수
② 롤링 방지
③ 충격흡수 기능

02 자동차의 와인드 업 진동에 대한 대응책 3가지(서스펜션을 중심으로)

해답 ① 링크 부시, 멤버 마운트의 스프링 상수, 쇼크업소버의 감쇠력 향상
② 링크 부시, 멤버 마운트의 스프링 상수, 쇼크업소버의 보디 측 부착위치 등 레이아웃의 튜닝에 의해 공진 주파수 상쇄
③ 토크 로드에 의한 피칭 진동의 억제나 링크 부시나 멤버 마운트의 고감쇠 고무의 설정 등에 의한 진동 레벨의 저감

03 노말(NORMAL) 차고점검 및 조정방법

해답 ① 평탄한 곳에 차량을 주차
② 리어 차고 센서의 장착거리 확인
③ 공차상태에서 NORMAL 높이로의 조절을 위해 엔진을 3분 정도 가동
④ NORMAL 높이로 조정이 끝나면 "NORM" 지시등이 점등

04 ECS 구성품 중에서 지시등, 속도센서, 전자제어유닛(모듈) 외의 8가지 구성품

해답 ① 조향 휠 각속도 센서 ② 스로틀 포지션 센서
③ 브레이크 스위치 ④ 모드 선택 스위치
⑤ 차고센서 ⑥ G 센서
⑦ 압력스위치 ⑧ 액튜에이터

05 ECS의 HARD, SOFT의 선택이 잘 안 될 경우에 점검부분(단, 입력 요소는 양호)

해답 ① 액추에이터
② 에어 컴프레셔
③ 솔레노이드밸브(F, R)

06 ECS에서 프리뷰 센서의 기능

해답 타이어 전방에 돌기나 단차가 있을 때 초음파에 의해 이것을 검출

07 ECS에 대하여 설명

해답 [Electronic Control Suspension System : 전자제어 현가장치]운전자의 스위치 선택, 주행
조건 및 노면상태에 다라 자동차의 높이와 스프링의 상수 및 완충 능력이 ECU에 의해 자동으
로 조절되는 현가장치이다.(이 내용이 반드시 포함되어야 좋은 점수를 얻을 수 있음)승차감,
조향성 및 안전성을 향상시켜 안전하고 안락한 운행이 가능함

08 ECS의 공압식 액티브 리어압력센서의 역할과 출력전압이 높을 시 승차감이 나빠지는 이유
설명

해답 1) 리어압력센서의 역할
뒤쪽 쇼크업소버 내의 공기압력을 감지하는 역할을 한다.
자동차 뒤쪽의 무게를 감지하여 무게에 따라 뒤 쇼크업소버의 공기스프링에 급·배기를
할 때 급기시간과 배기시간을 다르게 한다.

2) 출력전압이 높을 시 승차감이 나빠지는 이유
출력전압이 높은 경우 자세를 제어할 때 뒤쪽 제어를 금하기 때문에 승차감이 나빠진다.

SUBJECT 03 조향장치

01 주행 중 스티어링 휠의 떨림현상의 원인

해답 ① 타이어 휠 밸런스 불량
② 브레이크 디스크 동적 · 정적 불균형
③ 등속조인트 변형
④ 프런트 허브 베어링 불량
⑤ 타이어 편마모

02 동력조향장치에서 핸들 무거움의 원인 3가지

해답 ① 펌프 구동벨트가 미끄러지거나 손상되었다.
② 오일량이 부족하다.
③ 유압호스가 비틀렸거나 손상되었다.
④ 오일펌프의 압력이 부족하거나 오일펌프 자체의 고장이 있다.
⑤ 제어밸브가 고착되었다.

03 자동차 조향륜의 옆미끄러짐량(사이드슬립) 측정조건(준비사항)과 측정방법 각각 3가지

해답 1) 측정조건
① 지시계의 지침이 0을 가리키고 있는지 확인한다.(전원 OFF)
② 전원스위치를 ON하고 약 1분 후 지침이 0위치에 있는지 확인한다.
③ 답판 중앙의 고정장치를 푼다.

2) 측정방법
① 측정차량을 서서히(약 5km/h) 답판 위로 직진한다.
② 전륜이 답판을 완전히 통과할 때까지 지시계의 지침을 보고 그 최대치를 읽는다.
③ 측정이 끝나면 전원스위치를 OFF한다.

04 사이드 슬립 측정 전 준비사항(안전사항을 포함하고 테스터기는 제외)

해답 ① 타이어 공기압 확인
② 타이어 이물질 제거
③ 허브 베어링 유격상태 점검 및 조정
④ 각종 볼 조인트, 타이로드 헐거움
⑤ 현가장치의 이상 유무

05 자동차 주행시 저속 시미현상의 원인 5가지

해답 ① 타이어의 공기압이 적정치 않다.
② 타이어에 동적 불평형이 있다.
③ 휠 얼라인먼트 정렬이 불량하다.
④ 조향링키지나 볼조인트가 불량하다.
⑤ 현가장치가 불량하다.

06 고속 주행시 시미현상의 원인 3가지

해답 ① 타이어 휠의 동적 불평형일 때
② 엔진설치 볼트가 이완되었을 때
③ 프레임의 쇠약 또는 절손되었을 때
④ 휠 허브 베어링의 유격이 클 때
⑤ 타이어가 편심되었을 때
⑥ 추진축에서 진동이 발생될 때
⑦ 자재이음의 마모 또는 급유가 부족할 때

07 차량이 쏠리는 원인(제동시 스티어링휠이 한쪽으로 쏠리는 원인)

해답 ① 라이닝 간극의 불균일
② 휠 얼라이먼트 정렬 불량시
③ 타이어 공기압 불균일
④ 타이어 마모의 불균일
⑤ 휠 실린더의 작동 불균일
⑥ 라이닝 마찰계수의 불균일(페이드 현상)
⑦ 브레이크 드럼의 편마모

08 주행 중 핸들 쏠림의 원인 4가지

해답 ① 휠 얼라인먼트 조정불량
② 타이어 공기압 부적정
③ 브레이크가 걸림(편 제동)
④ 프론트 스프링 쇠손
⑤ 스티어링 링키지의 변형
⑥ 너클암의 변형
⑦ 프론트 휠 베어링의 프리로드 조정불량
⑧ 타이어 편마모
⑨ 로어암과 어퍼암의 변형

09 조향특성에 나타나는 언더 스티어링과 오버 스티어링의 현상을 설명

해답 ① 언더 스티어링(Under steering)
조향시 뒷바퀴에 발생하는 코너링 포스가 커지면 선회시 조향각이 커서 회전반경이 커지는 현상
② 오버 스티어링(Over steering)
조향시 앞바퀴에 발생하는 코너링 포스가 커지면 선회시 조향각이 작아 회전반경이 작아지는 현상

10 자동차 조향장치 검사 중 조향핸들 유격 세부검사내용 3가지(자동차 조향핸들 검사항목)

해답 1) 조향핸들 유격세부검사인 경우
① 조향핸들 유격(핸들)의(12.5)% 이내
② 조향너클과 볼조인트의 유격점검
③ 허브너트의 유격점검
④ 조향기어의 백래시 점검

2) 조향핸들 검사항목인 경우
① 조향핸들 유격(핸들)의(12.5)% 이내
② 조향력 검사(프리로드 검사)
③ 중립위치 점검
④ 조향각 점검
④ 복원력 점검

11 자동차가 선회 운동할 때 발생되는 코너링 포스가 접지면의 타이어 중심보다 뒤쪽에 생기는 이유

해답 ① 코너링 포스는 자동차가 선회할 때 타이어에 발생되는 원심력과 평행되는 힘을 말한다.
② 즉 자동차가 선회할 때 타이어 밑 부분은 변형하면서 회전하므로 타이어와 노면 사이에는 마찰력으로 인해 노면으로부터 타이어에 대해 안쪽으로 작동력이 발생하게 된다.
③ 이때 트래드 중심선은 대부분 뒤쪽으로 치우치게 된다.
④ 이 작용력은 타이어의 변형 결과로 인해 발생하므로 접지면의 중심보다 뒤쪽으로 작용한다.

12 휠의 평형이 틀려지는 이유 5가지

해답 ① 휠 베어링의 유격과다
② 조향링키지 유격과다
③ 볼트와 부싱의 마모
④ 앞차축 및 프레임에 휨 발생
⑤ 충격으로 인한 균형 파괴

13 휠 림의 구조에서 림 험프를 두는 이유

해답 비드 시트에 접하고 있는 볼록하게 나온 부분이며 타이어가 안쪽으로 밀리지 않도록 하는 역할을 한다.

14 휠 얼라인먼트에서 셋백이 무엇인지 설명하고 제조시 허용공차를 적용하고 있으나 이상적인 셋백 값은 얼마인가?(출고시 기준값)

해답 ① 셋백 : 자동차의 앞바퀴 차축과 뒷바퀴 차축의 중심선이 서로 평행한 정도. 즉 동일한 액슬에서 한쪽 휠이 다른 한쪽 휠보다 앞 또는 뒤로 차이가 있는 것을 말한다. 대부분의 차량은 공장 조립시 오차에 의해서 셋백이 발생하며 캐스터에 의해서도 발생한다.
② 셋백 값 : 셋백값은 0 의 값이 되어야 하나 일반적인 규정값은 약 15mm 이내임

15 휠 얼라인먼트의 목적

해답 ① 직진성 확보
② 핸들의 조작력을 가볍게 한다.
③ 바퀴의 복원성 확보
④ 타이어의 편마모를 방지한다.

제동장치

01 기본 다지기

01 브레이크 장치에서 베이퍼록 현상과 방지법 3가지

해답 1) 현상

제동시 발생하는 열이 브레이크 오일을 기화시켜 흐름을 차단하는 현상

2) 방지책
① 라이닝 교환, 간극 조절
② 공기 침투시 공기빼기 작업
③ 엔진브레이크 병용
④ 양질 브레이크 오일 사용
⑤ 방열성이 우수한 드럼, 디스크 사용

02 제동시 소음발생 및 진동이 발생하는 원인 5가지(조향링크 및 부품 이상 없음)

해답 ① 브레이크 디스크 열변형에 의한 런아웃 발생
② 브레이크 드럼 열변형에 의한 진원도 불량
③ 브레이크 패드 및 라이닝의 경화, 과다마모
④ 배킹플레이트 또는 켈리퍼의 설치불량
⑤ 브레이크 드럼 내 불순물의 영향

03 제동시 자동차가 한쪽으로 쏠리는 원인 3가지

해답 (조향장치, 현가장치, 타이어는 모두 정상임)
① 브레이크 라이닝의 편마모(간극의 불균일, 라이닝 마찰계수의 불균일)
② 한쪽 휠실린더의 작동 불량
③ 브레이크 드럼 편마모

04 브레이크 페달의 유효행정이 짧아지는 원인 5가지

해답 ① 공기의 혼입
② 드럼과 라이닝의 간극 과대
③ 베이퍼록 현상 발생
④ 브레이크 오일 누설
⑤ 마스터 실린더 잔압 저하

05 브레이크 장치에 잔압을 두는 이유 3가지

해답 ① 브레이크 오일의 누설 방지
② 공기의 혼입 방지
③ 브레이크 작동지연 방지
④ 베이퍼 록 방지

06 제동력 시험시 제동력을 판정하는 공식과 판정기준(단, 시험차량은 최고속도가 120km/h 이고, 차량 총중량이 차량중량의 1.8배이다.)

해답 1) 제동력의 총합
(앞바퀴 좌제동력+앞바퀴 우제동력+뒷바퀴 좌제동력+뒷바퀴 우제동력)/차량중량×100
=50% 이상 합격)

2) 앞바퀴 제동력의 합
(앞바퀴 좌제동력+앞바퀴 우제동력)/앞축중×100=50% 이상 합격)

07 브레이크 페이드 현상

해답 브레이크 라이닝(패드)과 드럼(디스크)의 온도 상승으로 인한 마찰력 감소현상

08 EBD에 대하여 설명

해답 EBD[Electronic Brake Force Distribution]
승차인원이나 적재하중에 맞추어 앞뒤 바퀴에 적절한 제동력을 자동으로 배분함으로써 안정된 브레이크 성능을 발휘할 수 있게 하는 전자식 제동력 분배 시스템

09 프로포셔닝 밸브의 기능과 유압작동회로 설명

해답 1) 기능
① 제동시 후륜의 제동압력이 일정압력 이상시 압력증가를 둔화시켜 전륜의 유압 증가를 크게 하도록 한다.
② 이 밸브는 마스터 실린더와 휠 실린더 사이에 설치되어 있으며 일반적으로 제동시 하중 이동이 작은 승용차에 많이 사용되고 있다.
③ 제동시 하중은 전륜으로 쏠리기 때문에 결과적으로 전·후륜의 제동력을 일정하게 유지하기 위한 장치이다.

2) 유압작동 회로
마스터 실린더의 유압이 자동차의 주행속도에 따라 슬립 한계점 이상으로 되면 비례상수가 적어져 브레이크의 유압이 지나치게 증가되지 않도록 구성되어 있다.

10 제동시 라이닝 소리가 나면서 흔들림 현상이 발생하는 원인 5가지

해답 ① 브레이크 디스크 열변형에 의한 런아웃 발생
② 브레이크 드럼 열변형에 의한 진원도 불량
③ 브레이크 패드 및 라이닝의 경화, 과다마모
④ 백킹 플레이트 또는 켈리퍼의 설치 불량
⑤ 브레이크 드럼 내 불순물의 영향

11 ABS 브레이크의 구성부품 5가지 설명

해답 ① 휠 스피드 센서 : 차륜의 회전 상태를 감지하여 ECU로 보낸다.
② 하이드롤릭 유닛 : 휠 실린더까지 유압을 증감시켜 준다.
③ ABS-ECU : 각 바퀴의 슬립률을 판독하여 고착을 방지하고 경고등을 점등한다.
④ 탠덤 마스터 실린더 : 실린더 내부에 내장된 스틸 센트럴 밸브에 의해 작동된다.
⑤ 진공 부스터 : 브레이크 페달에 가해진 힘을 증대시켜 주는 역할을 한다.

12 TCS의 제어기능 2가지

해답 ① 슬립 제이 : 출발시
② 트레이스 제어 : 선회 가속시

13 제동장치에서 ABS 피드백 제어루프 요소 5가지

해답 ① 제어시스템
② 출력조작변수
③ 컨트롤러
④ 입력제어변수
⑤ 기준변수

14 자동차 검사에서 검사기기에 의한 검사 항목(검사기기 단위) 5가지

해답 ① 제동력 테스트
② 전조등 테스트
③ 속도계 테스트
④ 사이드슬립 테스트
⑤ 매연 및 CO, HC, 공기과잉률 테스트
⑥ 경적(경음기)소음 및 배기소음 테스트

15 정기검사 또는 종합검사를 한 후 재정비하여 검사를 받아야 하는 경우 5가지

해답 ① 해당 축중에 대한 제동력의 좌우 편차비가 8%를 초과하였을 때
② 사이드슬립이 1km 주행시 5m를 초과하였을 때(영업용 차량 임시검사 해당)
③ 속도계시험에서 정으로 25%를 초과하였을 때
④ 좌측 전조등의 광축이 좌로 15cm를 초과하였을 때
⑤ HC가 220ppm을 초과하였을 때(차종마다 상이)

16 제동력 시험기의 사용방법(안전사항 포함)

해답 ① 테스터에 차량을 직각으로 진입시킨다.
② 축중을 측정(설정)하고 리프트를 하강시킨다.
③ 롤러를 회전시킨다.
④ 브레이크 페달을 밟고 제동력을 측정한다.
⑤ 지시계 지침을 판독하고 합·부를 판정한다.
⑥ 측정후 리프트를 상승시키고 차량을 퇴출시킨다.

05 새시성능시험/공학

01 기본 다지기

01 시속 72km/h, 타이어 회전저항 37.5kg, 타이어의 반경 30cm, 구동마력과 토크 계산

해답 ① 구동마력 : $PS = \dfrac{F \times V}{75 \times 3.6} = \dfrac{37.5 \times 72}{75 \times 3.6} = 10PS$

② 구동토크 : $T = F \times r = 37.5 \times 0.3 = 11.25 kg \cdot m$

여기서, V : km/h

F : 주행저항(kg)

02 다음 그림과 같이 클러치가 작용될 때 릴리스 베어링에 작용하는 힘 계산(단, 클러치를 밟는 힘이 30kg이고 마스터 실린더의 직경이 1.5cm이며, 릴리스 실린더의 직경이 2cm이다.)

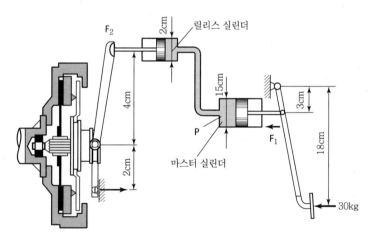

해답 ① 페달의 답력 $F_1 = \dfrac{18}{3} \times 30 = 180 kg$

② $F_2 = F_1 \times \dfrac{A_2}{A_1} = 180 \times \dfrac{\dfrac{\pi d^2}{4}}{\dfrac{\pi D^2}{4}} = 180 \times \dfrac{1}{0.56} = 320 kg$

③ 릴리스 베어링이 릴리스 레바에 가하는 작동력 $\dfrac{(4+2)}{2} \times 320 = 960 kg$

03 자동차 검사장의 속도계 시험기를 기준으로 하지 않고 측정 자동차의 속도를 기준으로 했을 때 만약 측정 자동차의 속도가 40km/h일 때 검사장의 속도계 시험기는 얼마의 범위에 있어야 합격인가?(단, 합격범위는 기준값의 +25%, −10%이다.)

해답 $\dfrac{40}{1.25} < V < \dfrac{40}{0.9}$ 이내 즉, 32 km/h∼44.4km/h를 지시하면 합격

04 전면 2m², 공기저항계수가 0.025, 대향풍속 30km/h, 150km/h의 주행, 공기저항?

해답 $R_2 = 0.025 \times 2 \times (180 \times \dfrac{1,000}{3,600})^2 = 125 \mathrm{kg}$

05 주행저항 공식

해답 ① 구름저항

$\quad R_1 = f_1 \times W f_1$: 구름저항계수

$\qquad$ 여기서, W : 차량 총 중량

② 공기저항

$\quad R_2 = f_2 \cdot A \cdot V^2$

$\qquad$ 여기서, f_2 : 공기저항계수

$\qquad\qquad A$: 투영면적(m²)

$\qquad\qquad V$: 주행속도(m/s)

③ 구배저항(등판저항)

$\quad R_3 = W \cdot \sin\theta = W \cdot$ 구배%(백분율)

$\qquad$ 여기서, θ : 구배 각도

④ 가속저항

$\quad R_4 = \dfrac{(W + W') \times a}{g}$

$\qquad\qquad$ 여기서, W : 차량 총 중량(kg)

$\qquad\qquad\qquad W'$: 회전부분 상당중량(kg)

$\qquad\qquad\quad a$: 가속도(m/sec²)

$\qquad\qquad\quad g$: 중력 가속도(9.8m/sec²)

⑤ 전 주행 저항

$\quad R = R_1 + R_2 + R_3 + R_4$

06 최대 적재 시 전륜에 주어지는 하중

> 공차시 전축중 : 1,450kg, 공차시 후축중 : 1,090kg, 축거 : 2,500mm
> 최대 적재량 : 2,750kg, 하대옵셋 : 350mm 승차인원 : 3명(전축에만 하중분포)

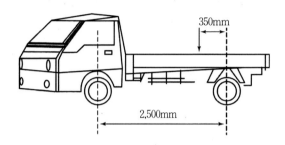

> 해답 적재시 전축중=공차시 전축중+승차인원+최대 적재량에 대한 전축 부담 하중
>
> 적재시 전축중 : $1,450+(65\times3)+2,750\times\dfrac{350}{2,500}=2,030\,\mathrm{kg}$

07 공주시간이 0.1초이고 차량의 중량이 1,000kg이며 회전관성 상당중량이 5%이고 제동초속도가 60km/h이다. 이때 정지거리 계산(단, 제동력의 값은 전우 : 230kg, 전좌 : 200kg, 후우 : 120kg, 후좌 : 140kg)

> 해답 정지거리=공주거리+제동거리
>
> $\dfrac{60^2}{254}\times\dfrac{(1,000\times1.05)}{230+200+120+140}+\dfrac{60}{36}=23.19\,\mathrm{m}$

08 구동륜이 슬립(스핀)하는 원인을 3가지

> 해답 ① 클러치를 급히 연결했을 때
> ② 타이어의 마찰계수가 작을 때
> ③ 노면의 마찰계수가 작을 때

09 엔진의 출력이 일정할 때 차속을 올리는 방법

> 해답 ① 변속비를 낮춘다.
> ② 종감속 기어를 낮춘다.
> ③ 차량의 중량을 낮춘다.

④ 구름 저항을 낮춘다.
⑤ 공기 저항을 낮춘다.

10 축거가 2m, 앞바퀴의 조향각이 외측 30°, 내측 45°이며 킹핀 접지면 중심거리가 30cm일 때 최소회전반경

> **해답** 최소 회전반경 $R = \dfrac{L}{\sin\alpha} + r$
>
> $$= \dfrac{2}{\sin 30°} + 0.3 = 4.3\text{m}$$

11 견인로프에 걸리는 하중과 증가된 후축중 계산(승용차 전축중 : 2,540kg, 후축중 : 3,570kg, 축거 : 1,500mm, 전축과 견인되는 지점 : 500mm)

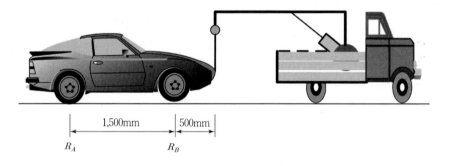

> **해답** ① 견인 로프에 걸리는 하중
> $2,540 \times 1,500 = \text{RA} \times (1,500 + 500)$, $\text{RA} = 1,905\text{kg}$
> ② 증가된 후축중
> $3,570 + (2,540 - 1,905) = 4,205\text{kg}$이 된다.

자동차 전기 정비

SUBJECT

01 전기 전자 일반

01 기본 다지기

01 논리회로 AND, OR, NOT에 대하여 논리기호와 진리표 작성

해답

기호	회로명	압력		출력
	AND회로 논리적 회로 (직렬)	0	0	0
		0	1	0
		1	0	0
		1	1	1
	OR회로 논리합 회로 (병렬)	0	0	0
		0	1	1
		1	0	1
		1	1	1
	NOT 회로 논리 부정	0		1
		1		0

02 NOR 회로의 논리기호와 진리표 작성

해답

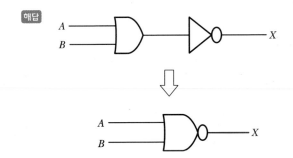

압력		출력
A	B	
1	1	0
1	0	0
0	1	0
0	0	1

03 다음 그림의 논리회로 결과 값과 간단한 설명

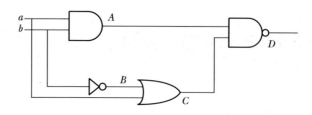

해답 a=1, b=1이다.
A는 AND(논리곱)회로이며
B는 NOT(부정)회로,
C는 OR(논리합)회로,
D는 NAND(부정 논리곱)회로이다.

a=1, b=1 입력조건에서 A의 AND 출력값은 1
b=1, 입력조건에거 B의 NOT 출력값은 0
B=0, a=1 입력조건에서 C의 OR 출력값은 1
A=1, C=1 입력조건에거 D의 NAND 출력값은 0이다.

04 자동차에서 포토다이오드를 이용한 센서 5가지

해답 ① 옵티컬 방식의 크랭크각센서
② 옵티컬 방식의 NO1 TDC 센서
③ ECS 차고 센서
④ ECS 조향휠 각도 센서
⑤ 와이퍼의 우적 감지센서(레인센서)
⑥ 일사 센서

05 부특성 서미스터 기호를 그리고 설명과 사용 예 2가지

해답 ① 기호 :

② 설명 : NTC Thermister : 온도와 저항이 반비례하는 반도체
③ 사용처 : WTS(냉각수온센서), ATS(흡기온도센서)

06 배선 커넥터가 녹는 원인 3가지

해답 ① 정격용량보다 큰 퓨즈를 장착하였다.
② 전기적인 부하가 커서 과도한 전류가 흘렀다.
③ 회로 내 배선이 접지와 쇼트 되었다.

07 전기배선 점검시 주의사항

해답 ① 규정용량의 전기배선을 사용한다.
② 단선 및 저항 점검은 키스위치 OFF 후 배터리(−) 탈거 후 작업한다.
③ 전원 확인 시에는 고압 케이블 감전에 주의

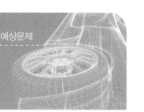
01 배터리를 과충전시켰을 때 나타나는 현상

해답 ① Gas 발생에 의하여 전해액의 감소가 빠르다.
② 납 배터리에서는 과충전이 계속되면 수명이 짧아진다.

02 충전은 양호하나 크랭킹 저하시 배터리 성능을 확인하기 위한 방법

해답 ① 배터리 부하 시험(9.6V 이상)
② 배터리 무부하 시험(10.8V 이상)
③ 배터리 비중을 측정(상온에서 1.280 이상)

03 축전지의 셀 페이션 설명

해답 ① 축전지의 방전상태가 오랫동안 지속되어 극판이 결정화되어 사용하지 못하는 현상을 말한다.
② 원인
  • 전해액의 비중이 너무 높거나 낮다.
  • 충전이 불충분하다.
  • 방전이 된 상태로 축전지를 장기간 방치하였다.

04 60AH의 배터리가 매일 1%씩 방전할 때 몇 A로 충전?

해답 충전전류 $= \dfrac{60AH \times 0.01}{24H} = 0.025A$

05 축전지 용량이 12V−55AH, 암전류가 100mA, 비중이 1.220(축전지 용량의 70%)될 때까지 소요되는 시간

> 해답 방전량 : $55AH \times \dfrac{30}{100} = 16.5AH$　방전시간 : $\dfrac{16.5AH}{0.1A} = 165H$

06 축전지 충·방전시의 화학방정식

> 해답 납축전지의 충·방전 화학식
>
> $$Pbo_2 \ + \ 2H_2So_4 + Pb \quad \Leftrightarrow \quad PbSo_4 \ + \ 2H_2O \ + \ PbSo_4$$
> 　　충전상태　　　　　　　　　　　방전상태

01 기동전동기 무부하 시험시 준비해야 할 부품(장비) 5가지

해답 ① 전류계   ② 전압계
③ 가변저항   ④ 축전지
⑤ 회전계

02 시동모터는 회전하는데 피니언 기어가 플라이휠 링 기어에 물리지 않는 원인 3가지

해답 ① 오버런닝 클러치 불량
② 솔레노이드 스위치 불량
③ 피니언 기어 과다 마모
④ 플라이 휠 링기어 과다 마모

03 시동모터의 회전이 느린 원인 3가지

해답 ① 전기자 축 휨
② 전기자 코일 단락/접지
③ 계자철심 단락/접지
④ 전기자와 계자철심 단락
⑤ 베어링 윤활 불량

04 점화장치

01 점화 플러그의 소염작용 설명

> **해답** 점화 플러그의 화염이 플러그 전극에 흡수되어 화염이 계속 진행하지 못하게 되는 것

02 권선 300회, 6A, 자속이 6×10^{-3}(Wb), 인덕턴스 계산

> **해답** $V = L\dfrac{\Delta I}{\Delta t}, \quad V = N\dfrac{\Delta \varphi}{\Delta t}$
>
> $V = L\dfrac{\Delta I}{\Delta t} = N\dfrac{\Delta \varphi}{\Delta t}$
>
> $LI = N\varphi, \quad L = N\dfrac{\varphi}{I}$ 이므로
>
> $L = \dfrac{300 \times 6 \times 10^{-3}}{6} = 0.3H$

03 1차코일의 감은 횟수가 15,000회이고 2차 코일의 감은 횟수가 500회일 때, 자기유도 전압이 9,000V이면 2차 코일에 유도되는 전압 계산

> **해답** $V2 = V1 \times \dfrac{N2}{N1} = 9,000 \times \dfrac{500}{15,000} ≒ 300 V$

04 점화 2차 파형에서 점화전압이 높게 나오는 원인 5가지

> **해답** ① 점화 플러그의 간극 과대
> ② 하이텐션 코드 절손
> ③ 배전기 캡 불량
> ④ 혼합기 희박
> ⑤ 압축압력이 과대하게 높을 때
> ⑥ 점화타이밍 늦을 때

05 전자제어 점화장치에서 점화1차 파형의 불량원인 5가지

해답 ① 점화 코일 불량시
② 파워 TR 불량시
③ 엔진 ECU 접지 전원 불량시
④ 파워 TR 베이스 전원 불량시
⑤ 배선의 열화 및 접촉 불량시

05 등화장치

01 전조등의 광도가 불량한 원인 3가지(단, 축전지, 알터네이터 상태 양호)

해답 ① 반사경 불량
② 전구 불량(필라멘트)
③ 렌즈 불량

02 전조등 측정시 준비사항

해답 ① 시험기 수평 유지
② 집광 렌즈, 광전지 홀더 청결유지
③ 시험기 본체 및 활차 점검
④ 광축계(상하, 좌우) 다이얼을 0의 위치
⑤ 측정용 차량의 타이어 공기압의 규정 압력 유지
⑥ 스프링, 쇼크업소버를 점검 평행 유지
⑦ 공차 상태
⑧ 측정용 차량을 시험기와 직각, 3m 앞에 진입
⑨ 평행이 되고 정대 위치로 되었으면 활차 고정

03 점멸등이 느리게 작동하는 원인 3가지

해답 ① 플래셔 유닛에 결함
② 전구의 접지가 불량
③ 축전지 용량이 저하
④ 퓨즈 또는 배선의 접촉이 불량

04 헤드 라이트의 소켓이 녹는 원인

해답 ① 규정보다 큰 용량의 퓨즈 사용
② 높은 광도를 위한 불량 라이트 적용으로 인해 과열
③ 전기회로합선(단락)

05 후진 경고장치(백 워닝)의 주요기능 3가지

해답 ① 초음파 센서를 사용하여 후방의 물체감지
② 부저를 통한 물체와의 거리에 따른 경보 제어기능
③ 표시창을 통해 감지된 물체의 방향표시 기능
④ 부저 또는 진단장비를 통한 자기진단기능

06 자동차의 전구가 자주 끊어지는 원인 3가지

해답 ① 전구의 용량이 클 때
② 전구 자체의 결함이나 회로 내의 결함으로 과대전류가 흐를 때
③ 과충전으로 전구에 과대전류가 흐를 때

07 전조등 밝기에 영향을 미치는 요소 5가지

해답 ① 발전기(제너레이터, 알터네이터) 충전 불량
② 전조등 반사경 불량(렌즈의 불량, 이물질 유입)
③ 배터리 성능저하(배터리 불량)
④ 전조등 전구 규격미달(헤드라이트 필라멘트 노후, 벌브 노후)
⑤ 전조등 회로의 접촉저항 과대(접촉불량, 접지불량, 전원배선불량, 전압강하)

06 냉/난방장치

01 에어콘 시스템에서 듀얼 압력스위치 작동 설명

해답 ① 시스템 내의 압력이 너무 낮거나
② 너무 높을 때 에어컨 릴레이 전원을 차단하여 컴프레서 및 시스템을 보호한다.

02 에어컨 컨트롤러에 입력되는 신호

해답 ① 내기센서, 외기센서, 일사센서
② 온도조절 스위치, 에어컨 스위치, 송풍기 스위치
③ 배출구 모드 스위치, 흡입구 선택 스위치, AUTO스위치

03 에어컨에 사용되는 센서 5가지 기능

해답 ① 일사센서 : 일사량 감지
② 실내온도센서 : 실내온도를 감지
③ 외기온도센서 : 외기온도를 감지
④ 수온센서 : 엔진 냉각수 온도 감지, 과열시 에어컨 컴프레서를 OFF
⑤ 핀센서 : 에바의 온도를 감지하여 동결을 방지

04 에어컨 냉매는 정상이나 컴프레셔가 작동하지 않는 이유

해답 ① 에어컨 스위치의 고상으로 ECU로 신호입력이 불가능
② 에어컨 압력 스위치 고장으로 ECU로 신호입력 불가능
③ 에어컨 릴레이의 고장
④ 에어컨에서 컴프레셔로 가는 전원공급이 불량
⑤ 에어컨 컴프레셔 작동벨트의 이완 혹은 미끄러짐

05 리시버 드라이어의 기능 5가지

해답 ① 냉매의 이물질 제거
② 냉매 속의 기포 제거
③ 냉매 속의 수분 제거
④ 냉매저장기능
⑤ 압력스위치를 이용한 냉매의 압력감지

06 에어컨을 점검하였더니 냉매량이 과다하였다. 다음 물음에 답하시오.

① 고압 파이프의 상태를(~ 뜨겁다. ~ 차갑다) 등으로 간략하게 쓰시오.
② 고압 및 저압의 게이지 상태를 쓰시오.

해답 ① 비정상정적으로 뜨겁다.
② 고압 및 저압의 게이지 상태가 정상치보다 높다.

07 에어컨 냉매오일 취급 시 주의사항 4가지

해답 ① 차체에 묻지 않게 한다.
② 피부에 닿지 않게 한다.
③ 규정용량의 냉매오일을 교환한다.
④ 냉매오일 교환 시 규정된 오일로 교환한다.

01 에어백이 전개되었을 때 교환 대상부품 5가지

해답 ① 에어백 ECU
② 에어백 모듈
③ 프리텐셔너
④ 충격센서
⑤ 클럭 스프링 및 배선

02 충돌안전장치에서 에어백 시스템의 주요구성부품 5가지

해답 ① 에어백 모듈
② 임팩트 센서
③ 클럭 스프링 및 배선
④ 경고 등
⑤ 제어 모듈

03 에어백 모듈 정비 시 주의사항 5가지

해답 ① 배터리 ⊖단자를 탈거 후 30초 이상 지나서 정비할 것
② 손상된 배선은 수리하지 말고 교환할 것
③ 점화회로에 수분, 이물질이 묻지 않도록 할 것
④ 진단 유닛 단자 간 저항을 측정하거나 테스터 단자를 직접 단자에 접속하지 말 것
⑤ 탈거 후 에어백 모듈의 커버 면이 항상 위쪽으로 향하도록 보관할 것
⑥ 주위 온도가 100℃ 이상 되지 않도록 할 것
⑦ 부품에 충격을 주지 말 것

01 다음회로를 보고 램프의 밝기를 조절하는 데 가장 적합한 저항을 회로도에서 선택하고 그 방법과 이유를 간단히 기술하시오.

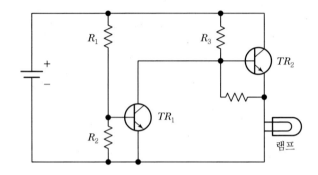

해답 ① 선택저항 : R_2

② 방법 : R_2의 저항을 증가시키면 램프는 흐려지고 저항을 감소시키면 램프는 밝아진다.

③ 이유 : TR_1의 전류(Ic_1) 크기에 따라 램프의 밝기가 조절된다. R_2의 저항을 증가시키면 Ib_1과 Ic_1이 증가되어 TR_2의 bias 전압이 감소되므로 Ic_2도 감소되고 램프도 흐려진다. R2의 저항을 감소시키면 Ib_1과 Ic1이 감소되어 TR_2의 bias 전압이 증가되므로 Ic_2는 증가되고 램프가 밝아진다.

02 브레이크 회로(램프 작동순서, 논리기호) 설명

해답 ① 주차브레이크 S/W가 ON일 경우는 Not Gate 출력이 L에서 H로 된다. 이 상태에서 IG S/W를 ON으로 하면 And Gate 1의 입력 단자 2개는 모두 H가 되므로 출력이 H로 된다. And Gate 2의 위 단자는 H가 되고 나머지 아래 단자는 And Gate 3에서 차 속의 신호가 감지되지 않으므로 L로 출력되어 인버터를 통하기 때문에 H로 유지된다. 따라서 And Gate 2는 H로 출력되어 인버터가 Pulse Circuit과 관계없이 출력이 H로 되어 TR을 ON 시키므로 램프는 점등된다.

② 만약 브레이크 오일 레벨 스위치가 ON이면 램프 점등을 주차 브레이크 위치에 상관 없이 점등한다.

③ 주차 브레이크를 모르고 당겨놓고 출발하였을(주차 브레이크 스위치 ON 상태에서 출발) 경우 차 속이 5km/h 또는 그 이상에 다다르면 차속감지회로가 H출력을 내고 And Gate 3이 H로 되면서 이 H로 인하여 펄스회로가 H로 되었다가 교대로 L로 된다. 즉 Pulse Circuit 신호에 따라 반복하여 경고 램프가 깜박거린다.

④ 이렇게 됨으로써 주차브레이크 S/W가 ON일 때 차 속이 5km/h 이하에서는 그냥 점등이 되고 5km/h 이상에서는 점멸을 하게 된다.

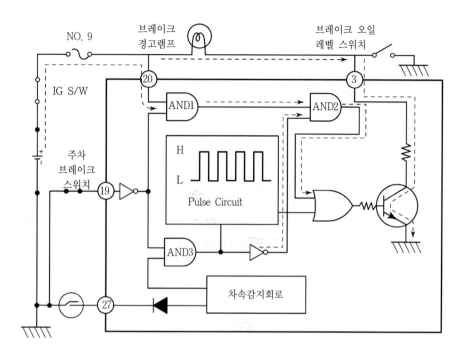

03 블로워 스위치를 S_1, S_2, S_3로 했을 때 각 단자에 흐르는 전류값

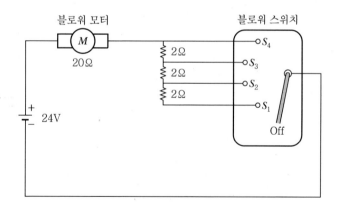

해답 ① S_1회로의 저항합계는 26Ω, S_1회로의 전류는 $I = \dfrac{E}{R} = \dfrac{24}{26} = 0.923\,\mathrm{A}$

② S_2회로의 저항합계는 24Ω, S_2회로의 전류는 $I = \dfrac{E}{R} = \dfrac{24}{24} = 1\,\mathrm{A}$

③ S_3회로의 저항합계는 22Ω, S_3회로의 전류는 $I = \dfrac{E}{R} = \dfrac{24}{22} = 1.09\,\mathrm{A}$

04 내부저항값 1kΩ, 냉각수 온도 20℃, 수온센서저항 2.5kΩ일 때 검출회로 전압

해답 ① 회로 내의 합성저항

$$R = 1,000 + 2,500 = 3,500\,\Omega$$

② 회로에 흐르는 전류

$$I = \frac{E}{R} = \frac{5}{3,500} = 1.428^{-03}\,A$$

③ 수온센서 저항 2.5kΩ 일 때 신호전압

$$E = IR = 1.428^{-03} \times 2,500 = 3.57\,V$$

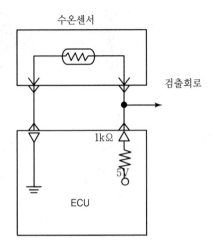

05 주차장의 만차 회로도이다. 각각 차량이 주차되면 PHS1, 2, 3이 작동된다. 주차를 3대 하였을 때 만차 표시등(Ⓛ)이 점등되도록 TR, AND IC, 접지, 전원회로를 연결

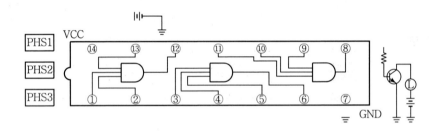

해답

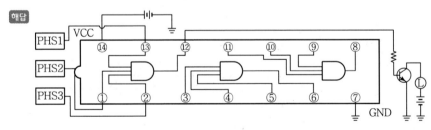

06 E=12V, C=6.5μF, R =1Ω이다. C에 충전된 전하가 전혀 없을 때 스위치 S가 갑자기 ON이 된다. t=0일 때와 t=∞일 때 저항 R을 지나는 전류값과 콘덴서의 전압

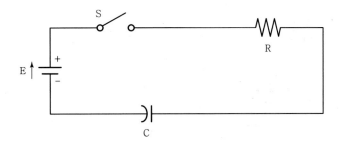

해답 t=0의 의미는 스위치 연결이 안 된 상태이므로 전류와 전압은 모두 흐르지 않는다. t=∞의 의미는 배터리 전류가 계속 흘러 콘덴서에 가득차 있는 상태이므로 배터리나 콘덴서가 등전위가 되어 전류는 흐르지 않고 콘덴서 전압은 배터리와 같은 12V가 된다.

07 다음은 키 홀 조명회로의 일부분이다. 작동이 될 수 있도록 연결하시오.

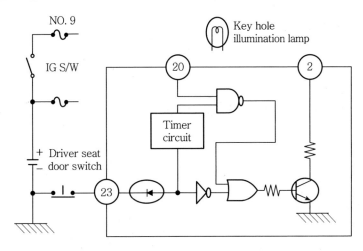

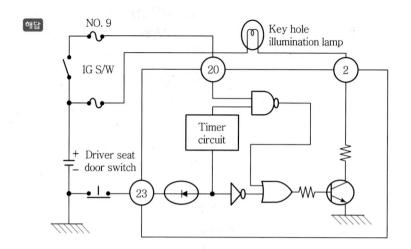

차체수리 및 보수도장

차체수리

01 모노코크보디의 장점과 단점

해답 1) 장점
   ① 자동차를 경량화할 수 있다.
   ② 실내공간이 넓다.
   ③ 충격 흡수가 좋다.
   ④ 정밀도가 커서 생산성이 높다.

2) 단점
   ① 소음 진동의 전파가 쉽다.
   ② 충돌 시 해체가 복잡하여 복원 및 수리가 어렵다.
   ③ 충격력에 대해 차체 저항력이 낮다.

02 모노코크보디의 특징

해답 프레임을 사용하지 않고 일체 구조로 된 것이며 보디와 차체 표면의 외관이 상자형으로 구성
되기 때문에 응력을 차체 표면에서 분산시킨다.

03 모노코크보디의 주요 충격 흡수부위(응력집중요소) 3가지

해답 ① 구멍(홀)이 있는 부위
   ② 단면적이 적은 부위
   ③ 곡면부 혹은 각이 있는 부위
   ④ 패널과 패널이 겹쳐진 부위
   ⑤ 모양이 변한 부위

04 A필러의 정의 및 A필러 앞쪽의 구성품 3가지

해답 1) A필러의 정의
　　차체와 지붕을 연결하는 기둥

　　2) 구성품
　　　① 펜더 에이프런
　　　② 대시포트 패널
　　　③ 프런트 사이드 멤버
　　　④ 라디에이터 코어 서포트
　　　⑤ 프런트 펜더

05 트램 게이지의 용도

해답 ① 좌우 대각선 비교 측정
　　② 특정부위의 길이 측정
　　③ 홀과 홀의 비교 측정

06 차량사고시 손상개소 4개소를 쓰고 내용 설명

해답 ① 사이드 스위핑(Side Sweeping) : 강판이 찌그러진 손상이 많은 것이 특징
　　② 사이드 데미지(Side Damage) : 센터필러, 플로어, 보디 등을 크게 수리해야 하는 경우
　　③ 리어 엔드 데미지(Rear End Damage) : 리어 사이드 멤버, 플로어, 루프패널에까지 영향
　　④ 프론트 엔드 데미지(Front End Damage) : 센터멤버, 후드리지, 프론트 필러까지 변형되
　　　고 보디는 다이아몬드, 트위스트, 상하굴곡 등의 변형
　　⑤ 롤 오버(Roll Over) : 필러, 루프, 보디패널 등을 수리해야 하는 경우

07 차량 충돌시 사고수리 손상분석 4요소 설명

해답 ① 센터라인(Center Line) : 언더 보디의 평행을 분석
　　② 데이텀(Datum) : 언더보디의 상하 변형을 분석
　　③ 레벨(Level) : 언더 보디의 수평상태를 분석
　　④ 치수(Measeurment) : 보디의 원래 치수와 비교

08 프레임 손상의 5요소

해답 ① 찌그러짐(Mash)
② 새그(Sag)
③ 콜랩스(Colleps)
④ 트위스트(Twist)
⑤ 다이아몬드(Diamond)

09 차체 수정의 3요소

해답 ① 고정
② 견인
③ 계측

10 자동차 사고 차체 변형에서 다이아몬드 변형의 점검방법과 판단방법

해답 ① 점검방법 : 트램 게이지에 의한 방법
② 판단방법 : 멤버의 중심으로부터 대칭의 위치에 있는 사이드 레일의 임의의 점까지 길이를 비교하면 판단이 가능하다.

11 프레임의 파손형태를 다이아몬드, 콜랩스를 제외한 3가지

해답 ① 찌그러짐(Mash)
② 새그
③ 트위스트

12 돌리가 들어가지 않는 부분을 작업할 수 있는 공구

해답 스푼(Spoon)

13 브레이징 용접 목적 3가지

해답 ① 방수성 향상
② 미관의 향상
③ 패널의 벌어짐 방지

14 강판 수축작업의 종류 5가지

> 해답 ① 해머와 돌리에 의한 드로잉 가공
> ② 전기 해머에 의한 드로잉 가공
> ③ 강판의 절삭에 의한 드로잉 가공
> ④ 산소와 아세틸렌에 의한 드로잉 가공
> ⑤ 정확한 가열에 의한 수축

15 모노코크 보디에서 스포트 용접의 효과 3가지

> 해답 ① 정밀성이 있으므로 생산성이 높다.
> ② 냉각고착이 빠르므로 용접작업이 쉽다.
> ③ 기계적 강도가 좋아 내구성이 높다.

16 스포트 용접의 공정 3단계

> 해답 ① 가압
> ② 통전
> ③ 냉각고착

17 용접패널 교환시 스포트점 수는 신차의 점 수보다 몇 %가 추가되는가?

> 해답 10~20%

18 스프링 백(Spring Back) 현상

> 해답 재료에 소성변형을 준 후에 힘을 제거하면 탄성회복에 의해 어느 정도 원래 형태로 돌아오는 현상

19 판금 전개도의 종류 2가지를 제시하고 설명

> 해답 ① 평행선 전개법 : 능선이나 직선면에 직각방향으로 전개
> ② 방사선 전개법 : 각뿔이나 평면을 꼭지점을 중심으로 방사선 전개
> ③ 삼각형 전개법 : 입체의 표면을 몇 개의 삼각형으로 분할해 전개

20 센터링 게이지를 이용하여 4~5개소를 측정할 때 기준이 되는 요소

해답 ① 핀과 핀 사이
② 홀과 홀 사이
③ 대각선의 길이
④ 각진 곳의 거리
⑤ 구성품 설치위치 간 거리

21 센터링게이지로 측정할 수 있는 용도

해답 ① 언더보디의 상하 변형 측정
② 언더보디의 좌우 변형 측정
③ 언더보디의 비틀림 변형 측정

22 트램 게이지의 용도

해답 ① 좌우 대각선 비교 측정
② 특정부위의 길이 측정
③ 홀과 홀의 비교 측정

23 차체수정기 사용시 2곳을 견인했을 때 효과

해답 ① 손상범위가 넓은 경우
② 손상부의 강성이 높은 경우
③ 지나친 견인 방지
④ 차체손상 방지
⑤ 회전모멘트 방지
⑥ 스프링 백 방지

24 차체견인 작업시 기본 고정 외에 추가로 보정하는 이유 3가지를 설명

해답 ① 기본 고정 보강
② 모멘트 발생 제거
③ 과도한 견인방지
④ 용접부 보호
⑤ 작용부위 제한

25 와이어 로프 손상원인, 교체기준 각각 3가지

해답 1) 로프의 손상원인
    ① 로프 직경, 구성, 종류 선택 불량
    ② 드럼, 시이브 감기 불량
    ③ 시이브, 드럼 플랜지 이상
    ④ 고열, 고압을 받았을 때
    ⑤ 킹크, 과하중
    ⑥ 스트랜드, 소선 내부마모

2) 로프의 교체기준
    ① 파손, 변형으로 기능, 내구력이 없어진 것
    ② 소선 수의 10% 이상이 절단된 것
    ③ 공칭지름의 7% 이상 감소된 것
    ④ 킹크가 생긴 것
    ⑤ 현저하게 부식되거나 변형된 것
    ⑥ 열에 의해 손상된 것

26 인장작업을 할 경우 체인이나 클램프와 보디 사이에 설치하는 것

해답 와이어 로프

01 퍼티와 경화제의 비율

해답 ① 여름철 → 100 : 1(주제 : 경화제)
② 봄, 가을철 → 100 : 2(주제 : 경화제)
③ 겨울철 → 100 : 3(주제 : 경화제)

02 보수도장용 도료의 구성(조성)요소 4가지 서술

해답 ① 수지 : 도막형성
② 안료 : 착색용
③ 용재 : 수지를 용해시켜 유동성 향상
④ 첨가제 : 도료건조, 유동성 증대

03 도료의 기능 5가지

해답 ① 부식방지
② 도장에 의한 표시
③ 상품성 향상
④ 미관 향상
⑤ 외부 오염물질에 의한 차체 보호

04 도장작업에서 보디 실링의 효과

해답 ① 부식방지
② 이음부의 밀봉작용
③ 방수, 방진 기능
④ 기밀성 유지 및 미관향상

05 보수도장 퍼티의 종류 3가지

해답 ① 판금 퍼티
② 폴리에스테르 퍼티
③ 락카 퍼티
④ 기타(오일퍼티, 수지퍼티, 스프레이어블 퍼티)

06 자동차 보수 도장시 사용되는 프라이머 서페이서의 역할 3가지

해답 ① 평활성 제공
② 미세한 단차의 메꿈
③ 차단성(용제 침투 방지)
④ 층간 부착성

07 조색의 3가지 방법

해답 ① 계량컵에 의한 방법
② 무게비에 의한 방법
③ 비율자에 의한 방법

08 육안 조색 시 기본원칙 5가지

해답 ① 일출 및 일몰 직후에는 색상을 비교하지 않는다.
② 사용량이 많은 원색부터 혼합한다.
③ 수광 면적을 동일하게 한다.
④ 소량씩 섞어가면서 작업을 진행한다.
⑤ 동일한 색상을 장시간 응시하지 않는다.

09 가이드 코팅

해답 균일한 연마작업을 위하여 폐도료(건조가 빠른 것)를 사용하여 연마하고자 하는 전면을 어두운 색상으로 1차로 착색하는 방법으로, 퍼티부위 및 표면의 상태를 짧은 시간에 확인하기 위함이다.

10 건조 전과 건조 후의 솔리드와 메탈릭에 대하여 기술(예 : 밝음, 어두움으로 표현)

해답 ① 솔리드 : 건조 전 – 밝음 , 건조 후 – 어두움
② 메탈릭 : 건조 전 – 어두움, 건조 후 – 밝음

11 도장의 목적 3가지

해답 ① 부식방지
② 도장에 의한 표시
③ 상품성 향상
④ 외부오염물질에 의한 차체보호

12 일반적인 자동차 보수도장작업 순서 (   ) 넣기

차체 표면을 검사 → 차체 표면 오염물 제거 → (①) → 단 낮추기 작업 → (②) → 퍼티 바르기 → (③) → 래커 퍼티 바르기 → (④) → 중도 도장 → (⑤) → 조색 작업 → 상도 도장 → (⑥) → 광내기 작업 및 왁스 바르기

해답 ① 구도막 및 녹 제거
② 퍼티 혼합
③ 퍼티 연마
④ 래커 퍼티면 연마 및 전면 연마
⑤ 중도 연마
⑥ 투명 도료 도장

13 도장용 샌더의 종류 3가지에 대해서 서술

해답 ① 싱글액션샌더 : 더블액션샌더에 비해 연마력이 매우 뛰어난 샌더로 강판에 발생된 녹을 제거하거나 구도막을 벗겨낼 때 많이 사용한다.
② 더블액션샌더 : 중심축을 회전하면서 중심축의 안쪽과 바깥쪽을 넘나드는 형태로 한번 더 스트록(Stroke)하여 연마하는 샌더를 말한다.
③ 오비탈샌더 : 일정한 방향으로 궤도를 그린다 하여 오비털샌더라 부른다. 종류에 따라 차이는 있지만 퍼티면의 거친 연마나 프라이머 – 서페이서 연마로 사용된다.
④ 기어액션샌더 : 연마력이 높아 작업속도가 매우 빠른 편이다. 더블액션샌더의 연마력을 높이기 위해 강한 힘을 주면 회전하지 못하는 것을 보완한 연마기이다.

14 보수도장의 손상면 관측법 3가지 서술

해답 ① 육안 확인법 : 태양, 형광등 등을 이용하여 육안으로 관측
② 감촉 확인법 : 면장갑을 끼고 도장면을 손바닥으로 감지
③ 눈금자 확인법 : 손상되지 않은 패널에 직선자를 이용하여 굴곡 정도를 확인

15 스프레이 패턴이 한쪽으로 쏠리는 원인 5가지

해답 ① 에어노즐이 막혔을 때
② 에어노즐의 조임이 불량할 때
③ 에어노즐과 도료에 불순물이 혼합되었을 때
④ 스프레이 건이 피도물과 직각을 이루지 않았을 때
⑤ 스프레이 건을 수평으로 이동하지 않았을 때

16 스프레이 건의 종류(3가지)와 설명

해답 ① 중력식 : 도료가 중력에 의해 노즐에 보내지는 방식
② 흡상식 : 도료가 부압에 의해 빨려 올라가 분출하는 방식
③ 압송식 : 도료가 가압되어 도료 노즐로 보내지는 방식

17 에어 트랜스 포머 설치위치와 기능 2가지

해답 1) 설치위치
스프레이 건에 가장 가까운 곳에 설치하는 것이 가장 효과적이다.

2) 기능
① 압축된 공기에 수분, 유분, 먼지 등을 제거한다.
② 도장작업 시 공기압력을 일정하게 유지한다.

18 페더에지(단, 낮추기)를 설명

해답 패널을 보수도장할 경우 퍼티나 프라이머 또는 서페이서 등의 도료와 부착력을 증진시켜 주기 위해 단위 표면적을 넓게 만들어 주는 작업을 말한다.

19 보수도장의 표준공정에서 (   )넣기

판금-세척-(①)-연마-(②) 연마-도료조색-(③) 도장-광택

해답 ① 퍼티 작업
② 프라이머 서페이서
③ 상도

20 자동차의 보수도장에서 다음 단계별 공정에 대하여 표의 (   ) 안에 해당되는 적당한 용어를 선택어 중에서 골라 쓰시오.

단계	도장 공정	선택어
1 단계	차체 혹은 도장부위 세정	
2 단계	구도막면(①)	
3 단계	눈메움 작업 및 도막면 (②)	
4 단계	비도장 부위 (③) 작업(최종)	세정, 연마, 전처리
5 단계	하도 도장 적용 및 도막면 연마	마스킹, 중도, 상도
6 단계	비도작 부위(④) 작업(최종)	
7 단계	색상(⑤)적용	
8 단계	투명 상도 적용 및 마무리	

해답 ① 전처리
② 연마
③ 마스킹
④ 마스킹
⑤ 상도

21 도장 건조 불량의 원인 3가지

해답 ① 도막이 너무 두껍다.
② 저온, 고습도에서 통풍이 나쁘다.
③ 올바른 희석 시너를 사용하지 않았다.
④ 도료가 오래되어 도료중의 Drier가 작용하지 않는다.

22 도료에 의한 도장불량 3가지

해답 ① 흘림(Sagging) : 도료 또는 도료 조건에 원인
② 변퇴색(Discoloration Fading) : 도료가 날씨에 견디는 성질이 나쁨
③ 초킹(Chalking) : 도료가 날씨에 견디는 성질이 나쁨

23 자동차 보수도장에서 도장표면에 영향을 미치는 요소 4가지

해답 ① 공기 압력 적정성 유지($3\sim4kg/cm^2$)
② 스프레이건과 피도물의 적정거리 유지($20\sim20cm$)
③ 스프레이건의 이동속도($2\sim3m/s$)
④ 스프레이건의 패턴 중첩부분(3분의 1정도 중첩)
⑤ 작업장의 온도($20℃$)
⑥ 압축공기 중의 수분함유상태
⑦ 도료의 점도
⑧ 도장횟수

24 백악(白堊, Chalk)화 현상의 원인

해답 ① 안료에 비해 수지분이 적을 때
② 자외선에 약한 안료 사용
③ 동절기보다 하절기에 많이 발생
④ 평활하지 않은 도면에 수분이나 먼지의 흡수에 의해 도막 붕괴

25 도장작업에서 오렌지 필과 발생원인

해답 1) 오렌지 필
건조된 도막이 귤껍질같이 나타나는 현상

2) 원인
① 도료 점도가 너무 높을 때
② 시너 건조가 너무 빠를 때
③ 건조도막 두께가 너무 얇을 때
④ 표면온도, 부스 온도가 높을 때
⑤ 분무시 미립화가 잘 안 될 때
⑥ 스프레이건에서 공급되는 페인트량이 적을 때

실전 다지기

기출예상문제 및 해설

Master Craftsman
Motor Vehicles Maintenance

자동차정비기능장 실기(필답형)

기출예상문제 및 해설

제29회 2001년도 전반기

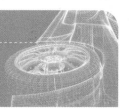

01 정비공장에 급유, 윤활유 창고를 설치 시 안전대책사항

해답 ① 위치의 입지조건
② 화재 안전대책
③ 유류창고의 면적 확보
④ 적절한 재고량 유지
⑤ 환경영향대책

02 가변 흡기시스템의 원리와 특징

해답 1) 원리
① 흡기다기관의 일부를 고속용과 저속용으로 분리
② 각각 관직경(관 길이)을 스텝모터(부압)를 이용하여 기관회전수에 맞게 변환하는 시스템

2) 특징
① 4밸브기관에서 저속성능 저하방지, 연비향상
② 고속영역에서는 짧은 흡기관으로 공기를 빠르게 유입
③ 저속영역에서는 긴 흡기관으로 공기를 느리게 유입
④ 전 영역에서 고른 출력

03 연료압력조절기는 이상이 없는데 연료압력이 낮은 원인

해답 ① 연료펌프의 공급압력이 누실됨
② 연료필터의 막힘
③ 연료탱크의 연료량 부족
④ 연료라인의 베이퍼록 발생
⑤ 연료라인의 누유

04 전자제어식 인젝터 점검방법

해답 ① 코일 저항 점검
② 니들밸브 접촉면, 고착상태 점검
③ 작동음 점검
④ 분사시간 점검
⑤ CO, HC 점검

05 산소센서가 피드백하지 않는 조건

해답 ① 냉각수 온도 10℃ 이하
② 연료 컷 상태
③ 혼합비 리치(농후)세트
④ 산소센서의 이상
⑤ 시동 후 기관이 50회전할 때까지

06 질코니아 산소센서와 티타니아 산소센서의 특징 비교

해답 항 목	질코니아	티타니아
원리	이온 전도성	전자 전도성
출력	기전력 변화	저항치 변화
감지	질코니아 표면	티타니아 내부
내구성	불리	양호
응답성	불리	유리
가격	유리	불리
진한 혼합비 특성	1V 가까이 출력	0.V 가까이 출력
희박 혼합비 특성	0V 가까이 출력	5V 가까이 출력

07 EGR 밸브의 점검순서[실차 상태(진공식일 경우), 단품 상태로 구별]

해답 1) 실차 상태
① 엔진 워밍업
② 스로틀 보디에 진공펌프 설치
③ 탈거한 진공호스 막음
④ 엔진 냉간·열간 시 점검한다.

엔진 냉각수 온도	진공	엔진상태	정상상태
냉간	진공을 가함	공회전	진공이 해제됨
열간	$0.07kg/cm^2$	공회전	진공이 유지됨
	$0.23kg/cm^2$	공회전이 불규칙함	진공이 유지됨

※ 열간 시 진공 수치는 현대 소나타일 경우이며 차종에 따라 다소 다르다.

2) 단품 상태
① 다이어프램의 고착, 카본 누적 점검
② 핸드 진공 펌프를 EGR밸브 연결
③ 진공을 가하면서 공기의 밀폐도 점검
④ EGR 통로에서 공기를 불면서 진공도 시험

08 6실린더 엔진 점화장치 캠각 계산

해답 캠각계산법$=\dfrac{360도}{6(기통수)}\times\dfrac{100ms}{146ms}=41.1도$

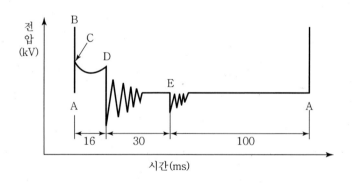

09 2행정 사이클, 4실린더, 실린더 내경 78mm, 행정 80mm, 2,500rpm에서 회전력 계산(단, 지시평균 유효압력은 $10kg/cm^2$, 기계효율 85%)

해답 $IPS=\dfrac{10\times0.785\times7.8^2\times0.8\times2500\times4}{75\times60}=84.92PS$

$BPS=IPS\times\eta m=84.92\times0.85=72.18PS$

$T=\dfrac{716\times BPS}{R}=\dfrac{716\times72.17}{2,500}=20.67m-kg$

10 디젤기관 딜리버리 밸브 역할

해답 ① 노즐 후적 방지
② 연료 역류 방지
③ 가압된 연료 송출

11 키 홀 조명 회로의 동작상태 설명

해답

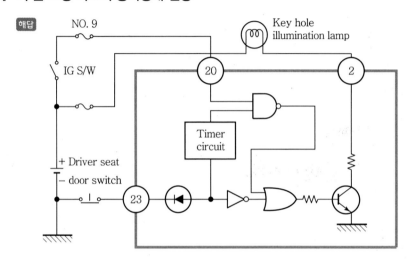

① 엔진 키가 넣어지지 않은 상태에서 최초 운전석의 도어를 열면 도어 스위치가 ON이 되어 NOT의 출력은 1이 되고 OR 회로로 들어가면 출력 1로 인해 TR이 작동하여 키 홀 조명등 이 점등된다.
② 시트에 앉아 문을 닫으면 NOT의 출력은 0이 되나 이 순간 타이머의 출력 1이 NAND의 한쪽에 걸리므로 출력 1은 다시 OR을 작동시켜 일정시간 계속 점등된다.
③ ②의 상태에서 만약 키를 꽂고 ON으로 돌리면 타이머 출력 1과 Fuse No.9를 통한 신호1 이 20번 터미널을 거쳐 NAND 출력은 0이 되고 즉시 키 홀 조명등이 소등된다.

12 코일권선 300회, 전류가 6A, 자속이 6×10^{-3}(Wb), 인덕턴스 계산

해답 $L = \dfrac{300 \times 6 \times 10^{-3}}{6} = 0.3H$

13 스톨테스트, 타임래그테스트, 주행테스트 준비사항

해답
① 변속기오일 점검   ② 변속레버 링크기구 점검
③ 스로틀 케이블 점검   ④ 킥다운 케이블 점검
⑤ 기관 작동상태 점검

14 주행저항 공식

해답
① 구름저항 : $R_1 = f_1 \times W$

여기서, f_1 : 구름저항계수

W : 차량 총 중량

② 공기저항 : $R_2 = f_2 \cdot A \cdot V^2$

여기서, f_2 : 공기저항계수

A : 투영면적(m^2)

V : 주행속도(m/s)

③ 구배저항(등판저항) : $R_3 = W \cdot \sin\theta = W \cdot$ 구배%(백분율)

여기서, θ : 구배 각도

④ 가속저항 : $R_4 = \dfrac{(W + W') \times a}{g}$

여기서, W : 차량 총 중량(kg)

W' : 회전부분 상당중량(kg)

a : 가속도(m/sec^2)

g : 중력 가속도($9.8m/sec^2$)

⑤ 전 주행저항 : $R = R_1 + R_2 + R_3 + R_4$

15 주행 선회 시 코너링 포스 뒤쪽으로 쏠리는 이유

해답
① 자동차가 선회할 때 타이어 밑 부분은 변형하면서 회전하므로 타이어와 노면 사이에는 마찰력으로 인해 노면으로부터 타이어에 대해 안쪽으로 작동력 발생
② 이때 트래드 중심선은 뒤쪽으로 치우친다.
③ 이 작용력은 타이어의 변형 결과로 접지면의 뒤쪽으로 작용한다.

16 주행 중 조향 핸들이 한쪽으로 쏠리는 원인

해답 ① 휠 얼라인먼트 조정불량
② 타이어 공기압 부적정
③ 브레이크가 걸림
④ 프런트 스프링 쇠손
⑤ 스티어링 링키지의 변형
⑥ 너클암의 변형
⑦ 프론트 휠 베어링 불량
⑧ 타이어 편마모
⑨ 로어암과 어퍼암의 변형
⑩ 크로스멤버의 변형

17 주행 중 동력조향장치의 핸들이 갑자기 무거워졌을 때 점검방법

해답 ① V-벨트가 미끄러짐, 손상
② 오일 부족
③ 오일 내에 공기가 유입됨
④ 호스가 뒤틀리거나 손상됨
⑤ 오일펌프의 압력부족
⑥ 컨트롤 밸브의 고착
⑦ 오일펌프에서 오일이 누설됨

18 보수도장 작업 시 도장표면의 미치는 영향

해답 ① 압축공기의 양부
② 에어의 압력
③ 작업장의 풍속과 이물질
④ 스프레이건의 이송속도와 도포 면과의 거리
⑤ 도장 횟수
⑥ 도료의 점도
⑦ 퍼티 도막의 상태
⑧ 연마의 입도

19 차량사고 시 손상 4개소

해답 ① 사이드 스위핑
② 사이드 데미지
③ 리어엔드 데미지
④ 프런트엔드 데미지
⑤ 롤 오버

20 차체수정기 사용 시 2곳을 견인했을 때 효과

해답 ① 손상범위가 넓은 경우
② 손상부의 강성이 높은 경우
③ 지나친 견인 방지
④ 차체 손상 방지
⑤ 회전모멘트 방지
⑥ 스프링 백 방지

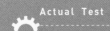

제30회 2001년도 후반기

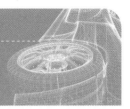

01 엔진 시동이 안 걸리거나 부조발생 시 배출가스 제어장치의 고장원인 5가지

해답 ① P.C.V 밸브의 결함
② P.C.S.V, 연결 진공호스의 결함
③ 3원촉매, 산소센서의 결함
④ EGR 밸브, 연결 진공호스의 결함
⑤ 서모 밸브, 연결 진공호스의 결함

02 급가속 시 TPS와 O_2센서 동시파형에서 O_2센서 분석방법

해답 ① 200mV에서 600mV까지 올라가는 데 시간이 100ms 이내이어야 한다.
그 이상이면 연료가 적게 분사되었음을 뜻하므로 연료라인 점검
② 600mV에서 200mV까지 내려오는 시간은 300ms 이내이어야 한다.
그 이상이면 인젝터에서 Fuel cut이 불량하다는 것을 알 수 있다.
③ TPS가 5V가 된 후 산소센서 응답(200mV 지점)까지 걸린 시간을 본다.
이 시간이 200ms 이상 걸리면 틀림없이 연료량 부족의 증거이다.

03 EGR 밸브의 기능, EGR 밸브가 작동되지 않아야 하는 조건 3가지

해답 ① 기능은 배기가스 일부를 혼합가스에 재순환시켜 NOx의 배출량을 감소시킨다.
② 작동하지 않는 조건은 엔진 냉간 시, 아이들링 시, 급가속 시

04 가솔린 기관의 노크 피해 5가지

해답 ① 피스톤   ② 피스톤 링
③ 헤드 개스킷   ④ 크랭크 축 메인, 핀 베어링
⑤ 헤드밸브

05 디젤 분사노즐에 적정한 요구조건 5가지

해답 ① 연료의 무화
② 분사각도
③ 분사방향
④ 관통도
⑤ 분산도
⑥ 후적금지

06 총 배기량 1,600cc 4행정, 도시 평균 유효압력 16kgf/cm², 4,000rpm 도시마력

해답 $IPS = \dfrac{P_{me} \cdot V_s \cdot R}{75 \times 60 \times 2 \times 100}$

$IPS = \dfrac{16 \times 1,600 \times 4,000}{75 \times 60 \times 2 \times 100} = 113.77PS$

07 램프의 밝기를 조절하는 데 가장 적합한 저항방법과 이유

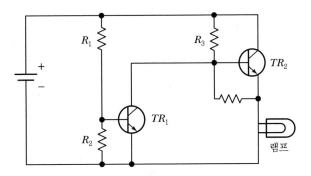

해답 ① 선택저항 : R_2
② 방법 : R_2의 저항을 증가시키면 램프는 흐려지고 저항을 감소시키면 램프는 밝아진다.
③ 이유 : TR의 증폭작용

08 내부 저항값은 $1k\Omega$, 냉각수 온도가 $20℃$, 수온센서 저항 $2.5k\Omega$일 때 검출회로 전압은?

> **해답** ① 회로 내의 합성저항
>
> $$R = 1,000 + 2,500 = 3,500\,\Omega$$
>
> ② 회로에 흐르는 전류
>
> $$I = \frac{E}{R} = \frac{5}{3,500} = 1.428^{-03}\,A$$
>
> ③ 냉각 수온센서 저항 $2.5k\Omega$ 일 때
>
> 신호전압 $E = IR = 1.428^{-03} \times 2,500 = 3.57\,V$

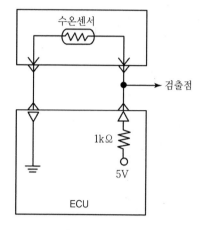

수온센서

검출점

$1k\Omega$

5V

ECU

09 에어콘 시스템에서 듀얼 압력스위치 작동 설명

> **해답** ① 시스템 내의 압력이 너무 낮거나
> ② 너무 높을 때 에어컨 릴레이 전원을 차단하여 컴프레서 및 시스템을 보호한다.

10 듀티제어 설명

> **해답** 1Cycle에서 전원이 ON, OFF 되는 값을 변화시켜 솔레노이드를 제어하는 방식
> 듀티값이 크거나 작다. → 솔레노이드 ON시간이 길거나 짧다.(일하는 시간이 많거나 적다.)

11 정지상태에서 수동 변속기 차량의 클러치 슬립 점검방법

> **해답** ① 클러치가 운전온도에 도달하게 한다.
> ② 평탄한 곳, 정지상태에서 클러치 페달을 밟고 톱 기어를 넣은 후 주차 브레이크를 당긴다.
> ③ 클러치 페달을 밟은 상태에서 엔진을 고속으로 상승시킨다.
> ④ 민첩하고 충격적이지 않게 클러치 페달에서 발을 뗀다.
> ⑤ 이때 엔진의 속도가 급속히 낮아져 엔진이 정지하면 클러치는 정상이다.
> ⑥ 만약 엔진이 정지하지 않으면 클러치 슬립상태이므로 점검 · 수리한다.

12 댐퍼클러치(또는 록업클러치)가 작동되지 않는 구간 5가지

해답 ① 1단 주행 시
② ATF가 일정온도 이하 시
③ 브레이크 페달을 밟았을 때
④ 엔진 rpm 신호가 입력되지 않았을 때
⑤ 발진 및 후진 시
⑥ 변속 시
⑦ 감속 시
⑧ 엔진브레이크 작동 시
⑨ 고부하 급가속 시

13 클러치가 끊기지 않을 때 클러치 본체의 고장원인 5가지

해답 ① 클러치 스프링의 장력 과대
② 클러치 디스크 허브와 스플라인부의 섭동 불량
③ 릴리스 레버의 조정 불량
④ 릴리스 베어링의 파손
⑤ 클러치 디스크의 런아웃 과대

14 주행 시 저속시미 원인 5가지

해답 ① 타이어 공기압 부적정
② 휠 동적 불평형
③ 휠 얼라인먼트 불량
④ 조향 링키지, 볼조인트 불량
⑤ 현가장치 불량

15 브레이크 장치에서 베이퍼록 현상과 방지법 3가지

해답 1) 현상
제동 시 발생하는 열이 브레이크 오일을 기화시켜 흐름을 차단하는 현상

2) 방지책
① 라이닝 교환, 간극 조절
② 공기 침투 시 공기빼기 작업
③ 엔진브레이크 병용
④ 양질 브레이크 오일 사용
⑤ 방열성이 우수한 드럼, 디스크 사용

16 트램 게이지의 용도 3가지

해답 ① 좌우 대각선 비교 측정
② 특정부위의 길이 측정
③ 홀과 홀의 비교 측정

17 와이어 로프 손상원인, 교체기준 각각 3가지

해답 1) 로프의 손상원인
① 로프 직경, 구성, 종류 선택 불량
② 드럼, 시이브 감기 불량
③ 시이브, 드럼 플랜지 이상
④ 고열, 고압을 받았을 때
⑤ 킹크, 과하중
⑥ 스트랜드, 소선 내부마모

2) 로프의 교체기준
① 파손, 변형으로 기능, 내구력이 없어진 것
② 소선 수의 10% 이상이 절단된 것
③ 공칭지름의 7% 이상 감소된 것
④ 킹크가 생긴 것
⑤ 현저하게 부식되거나 변형된 것
⑥ 열에 의해 손상된 것

18 중도 도료(프라이머 – 서페이서)의 기능 4가지

해답 ① 부착기능
② 부식방지
③ 실링기능
④ 메꿈기능

19 인장작업을 할 경우 체인이나 클램프와 보디 사이에 설치하는 것

해답 와이어 로프

20 최대 적재 시 전륜에 주어지는 하중

- 공차 시 전축중 : 1,450kg
- 축거 : 2,500mm
- 하대옵셋 : 350mm
- 공차 시 후축중 : 1,090kg
- 최대 적재량 : 2,750kg
- 승차인원 : 3명(전축에만 하중분포)

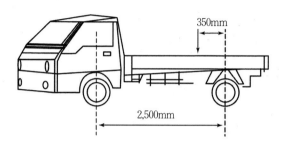

해답 적재 시 전축중＝공차 시 전축중＋승차인원＋최대 적재량에 대한 전축 부담 하중

적재 시 전축중 : $1,450+(65\times3)+2,750\times\dfrac{350}{2,500}=2,030\text{kg}$

제31회 2002년도 전반기

01 크랭크축 검사방법 3가지(육안검사 제외)

해답 ① 자기탐상법
② 염색탐상법
③ 방사선 투과법

02 전자제어 엔진의 흡기계량방식

해답 1) 직접 계량방식
① 베인식
② 칼만 와류식
③ 열선식
④ 열막식

2) 간접 계량방식
MAP센서식

03 인젝터 파형 그림, 설명

해답 ① 전원 전압 : 12~13.5V 정도
② 서지 전압 : 65~85V 정도
③ 분사시간 : 0.8V 이하이며 인젝터의
연료분사시간이다.

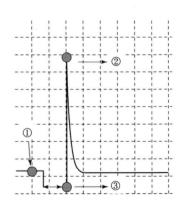

04 공전 시 아이들-업이 되는 경우

해답 ① 에어컨 스위치 ON시
② 변속레버가 "D" 위치에 있을 때
③ 안개등, 헤드라이트 점등 시

④ 파워 스티어링 작동 시

⑤ 냉각팬, 콘덴서 팬 작동 시

⑥ 조향 휠 각속도 센서

05 포토 다이오드를 사용하는 센서 5가지

해답 ① 오토 에어컨의 일사량 감지센서

② 배전기의 No. 1 TDC센서

③ 배전기의 크랭크각 센서

④ 미등, 번호등 자동점등장치

⑤ 헤드라이트 하향등 전환장치

⑥ 조향 휠 각속도 센서

06 내부 저항값은 1kΩ, 냉각수 온도가 20℃, 수온센서 저항 2.5kΩ일 때 검출회로 전압은?

해답 ① 회로 내의 합성저항

$$R = 1,000 + 2,500 = 3,500\,\Omega$$

② 회로에 흐르는 전류

$$I = \frac{E}{R} = \frac{5}{3,500} = 1.428^{-03}\,A$$

③ 수온센서 저항 2.5kΩ일 때 신호전압

$$E = IR = 1.428^{-03} \times 2,500 = 3.57\,V$$

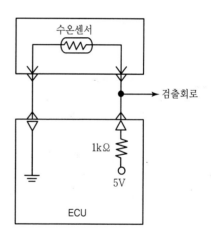

07 전자제어 연료분사 장치에서 연료압력이 낮은 원인

해답 ① 연료 잔량 부족

② 연료 펌프 불량

③ 연료압력조절 밸브 불량

④ 연료 필터 막힘

⑤ 베이퍼록 발생

08 디젤기관에서 연료 분사시기가 빠를 때의 영향

해답 ① 엔진이 과열한다.
② 출력저하, 진동이 발생한다.
③ 실화, 회전이 고르지 않다.
④ 연소음이 커진다.
⑤ 연료소모량이 증가한다.
⑥ 노킹이 발생한다.
⑦ 엔진 각부가 조기 마모한다.
⑧ 냉각수 온도가 상승한다.
⑨ 배기가스 온도가 상승한다.

09 축전지 충·방전 시의 화학반응식 설명

해답 충전 상태	방전 상태
$PbO_2 + 2H_2SO_4 + Pb$ (양극) (전해액) (음극)	$PbSO_4 + 2H_2O + PbSO_4$ (양극) (전해액) (음극)

10 변속 시 소음의 원인

해답 ① 클러치를 완전히 밟지 않음
② 클러치 오일 부족
③ 클러치 마스터실린더 불량
④ 클러치 릴리스실린더 불량
⑤ 변속케이블 조정불량 또는 느슨해짐
⑥ 클러치 디스크 또는 압력판이 많이 닳음
⑦ 변속기 내부 싱크로나이저 장치 또는 기어 손상

11 오토미션에서 히스테리시스 현상

해답 변속점 부근에서 주행할 경우 업시프트와 다운시프트가 빈번히 일어나는 현상이며 이를 방지하기 위하여 7~15km/h 정도 차이를 두어 변속한다.

12 P(프로포셔닝 : Proportioning) 밸브의 기능

해답 ① 제동 시 후륜의 제동압력이 일정압력 이상 시 압력 증가를 둔화시킨다.
② 마스터 실린더와 휠 실린더 사이에 설치되어 있으며 승용차에 많이 사용된다.
③ 제동 시 전·후륜의 제동력을 일정하게 유지하기 위한 장치이다.

13 브레이크 페달의 유효행정이 짧아지는 원인 5가지

해답 ① 공기의 혼입
② 드럼과 라이닝의 간극 과대
③ 베이퍼록 현상 발생
④ 브레이크 오일 누설
⑤ 마스터 실린더 잔압 저하

14 시속 72km/h, 타이어 회전저항 37.5kg, 타이어의 반경 30cm, 구동마력과 토크

해답 1) 구동마력
$$PS = \frac{F \times V}{75 \times 3.6} = \frac{37.5 \times 72}{75 \times 3.6} = 10PS$$

2) 구동토크
$$T = F \times r = 37.5 \times 0.3 = 11.25 \text{kg} \cdot \text{m}$$

여기서, V : km/h
F : 주행저항(kg)

15 속도계 시험기 취급 시 주의사항(사용 전 준비) 5가지

해답 ① 공기 공급 압력 7~8kg/cm² 유지
② 측정차의 타이어 규정압력 유지
③ 타이어, 롤러의 이물질을 제거
④ 리프트를 상승시켜 차량이 롤러 중심에 직각 되게 진입
⑤ 리프트를 내리고 전륜 타이어 앞에 고임목을 설치
⑥ 테스트 시 핸들은 고정

16 전조등 측정 시 준비사항

해답 ① 시험기 수평 유지
② 집광 렌즈, 광전지 홀더 청결유지
③ 시험기 본체 및 활차를 점검
④ 광축계(상하, 좌우) 다이얼을 0의 위치
⑤ 측정용 차량의 타이어 공기압을 규정 압력 유지
⑥ 스프링, 쇼크업소버를 점검 평행 유지
⑦ 공차 상태
⑧ 측정용 차량을 시험기와 직각, 3m 앞에 진입
⑨ 평행이 되고 정대 위치로 되었으면 활차 고정

17 판금작업 시 킥업 외에 손상 개소 3가지

해답 ① 구멍이 뚫린 부분
② 단면적의 변화가 있는 부위
③ 각이 있는 부위

18 판금작업 시 추가 고정 이유 5가지

해답 ① 기본 고정 보강
② 모멘트 발생 제거
③ 과도한 견인(인장)방지
④ 용접부 보호
⑤ 작용부위 제한

19 페더에지(단, 낮추기) 의미

해답 보수 도장 시 손상부위를 가능한 넓혀 부착력을 증진시킴

20 스프레이 패턴이 한쪽으로 쏠리는 원인 5가지

해답 ① 에어노즐이 막혔을 때
② 에어노즐의 조임이 불량할 때
③ 에어노즐과 도료에 불순물이 혼합되었을 때
④ 스프레이 건이 피도물과 직각을 이루지 않았을 때
⑤ 스프레이 건을 수평으로 이동하지 않았을 때

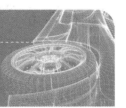

제32회 2002년도 후반기

02 실전 다지기

01 점화시기 10~13°, 3,000rpm, 점화시기 조정구간 계산(화염 전파시간은 1/600초)

해답 $It = \dfrac{360° \times \text{rpm} \times \text{t}}{60} = 6Rt$

여기서, It : 점화시기(분사시기, 각도)
rpm : 기관 회전수
t : 점화(분사) 지연시간(초)

점화시기(각도)는 $6 \times 3,000 \times 1/600 = 30°$
그러므로, $30 - 10° = 20°$, $30 - 13° = 17°$
조정구간은 17~20°

02 엔진 열간 시 갑자기 시동이 걸리지 않을 때의 가능한 원인

해답 ① 점화코일의 열화
② 파워 TR의 열화
③ 연료부족 및 베이퍼록 발생
④ ECU의 접지불량으로 인한 전압강하
⑤ 전기 배선의 열화

03 MAP센서에서 ㉮부분의 파형 설명

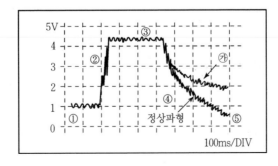

해답 흡입메니폴드에서 진공누설이 있다.

04 ECU에 입력되는 신호 5가지

해답 ① AFS   ② CAS
     ③ BPS   ④ WTS
     ⑤ Knocking센서   ⑥ #1 TDC센서

05 2차 공기 공급장치 설명

해답 ① 엔진이 Warming-up 되기 이전에는 농후한 혼합비가 요구되므로
     ② 이 기간에 일정량의 공기를 배기 포트나 촉매 컨버터 앞에 분사하여 주면 촉매의 활성화
        시간이 단축될 뿐만 아니라 이로 인하여 CO와 HC의 수준이 현저히 감소된다.

06 노킹을 운전자가 쉽게 확인할 수 있는 방법 5가지

해답 ① 까르륵거리는 소음의 발생
     ② 배기소음의 불규칙
     ③ 출력 부족
     ④ 엔진의 과열
     ⑤ 엔진 경고등 점등

07 디젤기관의 노크 방지대책 4가지

해답 ① 착화성이 좋은 연료 사용
     ② 착화지연기간을 단축
     ③ 실린더 내의 압력과 온도 상승
     ④ 흡입온도를 높게
     ⑤ 흡입압력을 높게
     ⑥ 연소실 내의 공기 와류 발생
     ⑦ 분사초기에 분사량을 적게

08 엔진성능곡선도에서 확인할 수 있는 내용

해답 ① 축 토크
     ② 축 출력
     ③ 연료소비율

09 권선 300회, 6A, 자속이 6×10^{-3}(Wb), 인덕턴스

해답 $V = L\dfrac{\Delta I}{\Delta t}, \quad V = N\dfrac{\Delta \varphi}{\Delta t}$

$V = L\dfrac{\Delta I}{\Delta t} = N\dfrac{\Delta \varphi}{\Delta t}$

$LI = N\varphi, \quad L = N\dfrac{\varphi}{I}$ 이므로

$L = \dfrac{300 \times 6 \times 10^{-3}}{6} = 0.3H$

10 에어컨 컨트롤러에 입력되는 신호

해답 ① 내기센서, 외기센서, 일사센서
② 온도조절 스위치, 에어컨 스위치, 송풍기 스위치
③ 배출구 모드 스위치, 흡입구 선택 스위치, AUTO 스위치

11 브레이크 회로(램프 작동순서, 논리기호) 설명

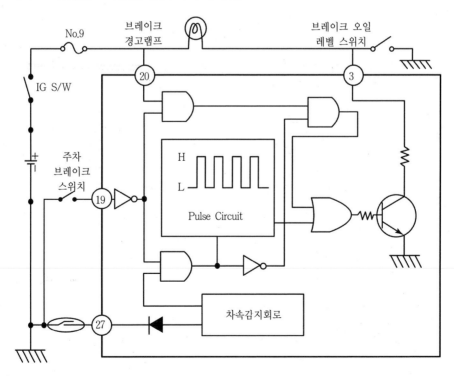

해답 ① 주차브레이크 S/W가 ON일 경우는 Not Gate 출력이 L에서 H로 된다. 이 상태에서 IG S/W를 ON으로 하면 And Gate 1의 입력 단자 2개는 모두 H가 되므로 출력이 H로 된다. And Gate 2의 위 단자는 H가 되고 나머지 아래 단자는 And Gate 3에서 차 속의 신호가 감지되지 않으므로 L로 출력되어 인버터를 통하기 때문에 H로 유지된다. 따라서 And Gate 2는 H로 출력되어 인버터가 Pulse Circuit와 관계없이 출력이 H로 되어 TR을 ON 시키므로 램프는 점등된다.

② 만약 브레이크 오일 레벨 스위치가 ON이면 램프 점등을 주차 브레이크 위치에 상관 없이 점등한다.

③ 주차 브레이크를 모르고 당겨놓고 출발하였을(주차 브레이크 스위치 ON 상태에서 출발) 경우 차속이 5km/h 또는 그 이상에 다다르면 차속감지회로가 H출력을 내고 And Gate 3이 H로 되면서 이 H로 인하여 펄스회로가 H로 되었다가 교대로 L로 된다. 즉 Pulse Circuit 신호에 따라 반복하여 경고 램프가 깜박거린다.

④ 이렇게 됨으로써 주차브레이크 S/W가 ON일 때 차 속이 5km/h 이하에서는 그냥 점등이 되고 5km/h 이상에서는 점멸을 하게 된다.

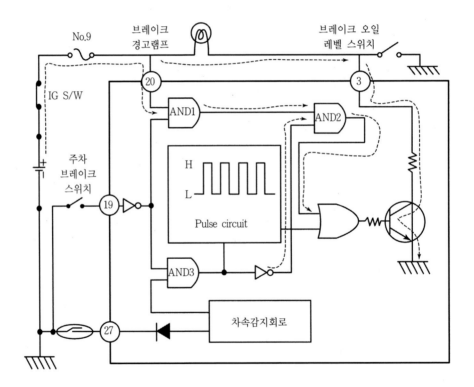

12 토크 컨버터 내의 댐퍼클러치가 작동되지 않는 구간 5가지

해답 ① 1단 주행 시
② ATF가 일정온도 이하 시
③ 브레이크 페달을 밟았을 때
④ 엔진 rpm 신호가 입력되지 않았을 때
⑤ 발진 및 후진 시
⑥ 변속 시
⑦ 감속 시
⑧ 엔진브레이크 작동 시
⑨ 고부하 급가속 시

13 브레이크가 한쪽으로 쏠리는 원인(부품의 결함은 제외) 5가지

해답 ① 좌우 라이닝 간극 조정 불량
② 드럼의 편마모
③ 바퀴의 정렬 불량
④ 타이어 공기압 불균일
⑤ 한쪽 휠 실린더 작동 불량

14 ABS 브레이크의 구성부품 5가지 설명

해답 ① 휠 스피드 센서 : 차륜의 회전상태를 감지하여 ECU로 보낸다.
② 하이드롤릭 유닛 : 휠 실린더까지 유압을 증감시켜 준다.
③ ABS-ECU : 각 바퀴의 슬립률을 판독하여 고착을 방지하고 경고등을 점등한다.
④ 탠덤 마스터 실린더 : 실린더 내부에 내장된 스틸 센트럴 밸브에 의해 작동된다.
⑤ 진공 부스터 : 브레이크 페달에 가해진 힘을 증대시켜 주는 역할을 한다.

15 견인로프에 걸리는 하중과 증가된 후축중 계산(승용차 전축중 : 2,540kg, 후축중 : 3,570kg, 축거 : 1,500mm, 전축과 견인되는 지점 : 500mm)

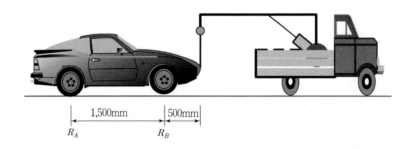

해답 ① 견인 로프에 걸리는 하중 $2,540 \times 1,500 = R_A \times (1,500 + 500),\ R_A = 1,905kg$
② 증가된 후축중 $3,570 + (2,540 - 1,905) = 4,205kg$이 된다.

16 CO, HC 측정기 사용방법

해답 ① 전원을 ON하고 각 미터의 선택 스위치(CO, HC)를 선택
② 흡입 채취관을 배기 다기관 끝에 30cm 정도 삽입
③ 공회전 상태에서 미터상의 지침이 안정상태일 때의 판독
④ 배기 다기관으로부터 흡입 채취관을 떼어내고 깨끗한 공기 퍼지
⑤ 미터의 지침이 0점에 돌아오는지 확인

17 강판 수축작업의 종류 5가지

해답 ① 해머와 돌리에 의한 드로잉 가공
② 전기 해머에 의한 드로잉 가공
③ 강판의 절삭에 의한 드로잉 가공
④ 산소와 아세틸렌에 의한 드로잉 가공
⑤ 정확한 가열에 의한 수축

18 트램 트랙(Tram Tracking) 게이지 용도

해답 ① 좌우 대각선 비교 측정
② 특정부위의 길이 측정
③ 홀과 홀의 비교 측정

19 스프레이건의 종류와 기능

해답 ① 중력식 : 도료 용기를 스프레이건의 윗부분에 부착하여 도료가 중력에 의해 송출함
② 흡상식 : 도료 용기를 스프레이건의 아래쪽에 설치하여 도료가 부압에 의해 송출함
③ 압송식 : 도료가 가압되어 송출함

20 도료의 구성 요소

해답 ① 수지 : 도막을 형성하는 주요소
② 안료 : 물이나 용제에 녹지 않는 무채 또는 유채의 분말로 무기 또는 유기 화합물
③ 용제 : 도료에 사용하는 휘발성 액체
④ 첨가제 : 도료의 건조를 촉진시키는 건조제, 침전방지제, 유동방지제

제33회 2003년도 전반기

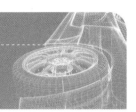

01 밸브간극이 클 때 기관에 미치는 영향

해답 ① 흡기밸브에서 실린더로 들어가는 공기가 적어 출력 저하
② 배기밸브에서 연소가스의 배출이 불충분하여 기관 과열
③ 소음 발생

02 인젝터 점검요령

해답 ① 코일 저항 점검
② 니들밸브 접촉면과 고착상태 점검
③ 인젝터 작동음 점검
④ 분사시간 점검
⑤ CO, HC 등 배기가스 농도 점검

03 시동 불량의 전기적인 원인

해답 ① 부정확한 점화시기
② 점화 코일 결함
③ 파워 트랜지스터 결함
④ 하이텐션 코드 결함
⑤ 스파크 플러그 결함
⑥ 점화 와이어링 결함

04 3원 촉매장치 고장 발생 원인

해답 ① 엔진이 실화했을 때
② 충격을 받았을 때
③ 농후한 혼합비의 연속일 때
④ 이상연소로 인해 급격히 온도가 상승할 때
⑤ 엔진오일이 지속적으로 연소될 때
⑥ 유연 휘발유를 사용했을 때

05 디젤엔진 연소 향상 첨가제

해답 ① 초산에틸   ② 초산아밀
     ③ 아초산에틸   ④ 아초산아밀

06 터보과급기 장점

해답 ① 출력 증가
② 연료소비율 향상
③ 착화지연시간 단축
④ 고지대 일정 출력 유지
⑤ 저질 연료 사용 가능
⑥ 냉각손실 감소

07 100PS를 발생하는 엔진, 시간당 30kg의 연료를 소비, 열효율(저위발열량은 10,500kcal/kg)

해답 $\eta = \dfrac{632.3 \times 100}{B \times C} = \dfrac{632.3 \times 100}{30 \times 10,500} \times 100 = 20.07\%$

08 배터리를 과충전시켰을 때 나타나는 현상

해답 ① Gas 발생에 의하여 전해액의 감소가 빠르다.
② 납 배터리에서는 과충전이 계속되면 수명이 짧아진다.
③ 배터리 케이스가 열에 의해 변형된다.
④ 배터리 단자가 쉽게 산화된다.
⑤ 극판이 단락되어 폭발우려가 있다.

09 2차 점화 파형에서 서지 전압이 높게 나오는 원인

해답 ① 플러그(로터) 간극의 증대
② 하이텐션 코드 절선
③ 배전기 캡 불량
④ 점화 타이밍의 늦음
⑤ 혼합기의 희박
⑥ 압축압력의 증대
⑦ 연소실 온도 낮음

10 브레이크 마스터 실린더에 잔압 필요성

> 해답 ① 브레이크 오일의 누설 방지
> ② 공기의 혼입 방지
> ③ 브레이크 작동지연 방지
> ④ 베이퍼 록 방지

11 저속시미 원인 5가지

> 해답 ① 타이어 공기압 부적정
> ② 휠 동적 불평형
> ③ 휠 얼라인먼트 정렬 불량
> ④ 조향 링키지나 볼조인트 불량
> ⑤ 현가장치 불량

12 ECS에서 퓨리뷰 센서 역할

> 해답 타이어 전방에 돌기나 단차가 있을 때 초음파에 의해 이것을 검출

13 킥 다운의 효과

> 해답 ① 급가속을 얻기 위해 액셀러레이터 페달을 끝까지 밟으면 현재의 기어 단수보다 한 단계 낮은 기어로 선택되면서 순간적으로 강력한 가속력 확보
> ② 이때, 차량이 주춤거리는 현상은 가속력을 얻기 위한 정상적인 현상

14 전면 $2m^2$, 공기저항계수가 0.025, 대향풍속 30km/h, 150km/h의 주행, 공기저항

> 해답 $R_2 = 0.025 \times 2 \times (180 \times \dfrac{1,000}{3,600})^2 = 125 \text{kg}$

15 자동차의 속도가 40km/h일 때 검사장의 속도계 범위(기준값의 +25%, −10%)

> 해답 $\dfrac{40}{1.25} < V < \dfrac{40}{0.9}$ 이내
>
> 즉, 32~44.4km/h를 지시하면 합격

16 스포트 용접의 공정 3단계

해답 ① 가압
② 통전
③ 냉각고착

17 와이어 로프 손상원인, 교체기준 각각 3가지

해답 1) 로프의 손상원인
① 로프 직경, 구성, 종류 선택 불량
② 드럼, 시이브 감기 불량
③ 시이브, 드럼 플랜지 이상
④ 고열, 고압을 받았을 때
⑤ 킹크, 과하중
⑥ 스트랜드, 소선 내부마모

2) 로프의 교체기준
① 파손, 변형으로 기능, 내구력이 없어진 것
② 소선 수의 10% 이상이 절단된 것
③ 공칭지름의 7% 이상 감소된 것
④ 킹크가 생긴 것
⑤ 현저하게 부식되거나 변형된 것
⑥ 열에 의해 손상된 것

18 도장작업에서 보디 실링의 효과

해답 ① 부식방지
② 이음부의 밀봉작용
③ 방수, 방진 기능
④ 기밀성 유지 및 미관향상

19 도장작업에서 오렌지 필이란 무엇이며 발생원인은?

해답 1) 오렌지 필 : 건조된 도막이 귤껍질 같이 나타나는 현상
2) 원인
① 도료 점도가 너무 높을 때
② 시너 건조가 너무 빠를 때
③ 건조도막 두께가 너무 얇을 때

④ 표면온도, 부스 온도가 높을 때
⑤ 분무 시 미립화가 잘 안 될 때
⑥ 스프레이건에서 공급되는 페인트량이 적을 때

20 중도 도료(프라이머 – 서페이서)의 기능 4가지

해답 ① 부착기능
② 부식방지
③ 실링기능
④ 메움기능

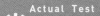
제34회 2003년도 후반기

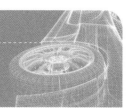

02 실전 다지기

01 밸브 스프링 서징현상과 방지대책

해답 1) 서징현상
밸브 스프링이 캠에 의한 강제진동과 자체의 고유진동이 공진하여 발생하는 진동

2) 방지대책
① 부등 피치의 스프링 사용
② 고유 진동수가 다른 2중 스프링 사용
③ 부등 피치의 원추형 스프링 사용

02 크랭크각 센서(CAS)가 불량일 때 나타날 수 있는 고장현상 5가지

해답 ① 갑자기 시동 꺼짐
② 냉간 또는 열간 시 시동불가
③ 주행 중 간헐적으로 충격
④ 출발 또는 급제동 시 충격
⑤ 주행성능저하(부조현상 및 출력저하)

03 LPG 엔진의 믹서에 의한 엔진 출력 부족 원인 5가지

해답 ① 믹서 출력밸브 제어장치 고장
② 공회전 조정 불량
③ 파워밸브 작동 불량
④ 파워제트가 막힘
⑤ 메인노즐이 막힘

04 가변흡기장치의 작동조건

해답 ① 저속영역에서는 가늘고 긴 흡기관 흡기맥동을 충분히 이용한다.
② 고속영역에서는 굵고 짧은 흡기관으로 흡입저항이 감소되도록 한다.
③ 시동 OFF 시에는 가변흡기 밸브를 열었다 닫아주어 밸브 내 이물질을 제거한다.

05 인젝터의 점검방법 5가지

해답 ① 코일 저항 점검
② 니들밸브 접촉면, 고착상태 점검
③ 인젝터 작동음 점검
④ 분사시간 점검
⑤ 배기가스 농도 점검

06 2,000rpm, 축토크 14kg-m, 1분당 120cc 소비, 비중 0.74일 때 연료소비율(gf/PS-h)

해답 $연료소비율 = \dfrac{연료의\ 중량(체적 \times 비중)}{마력 \times 시간}$

$PS = \dfrac{RT}{716} = \dfrac{2,000 \times 14}{716} = 39.116 PS$

$\dfrac{120 \times 0.74 \times 60}{39.11} = 136.23 g_f/PS-h$

07 전부하 시험, +불균율, -불균율, 수정해야 할 실린더

해답

실린더 번호	1	2	3	4	5	6
분사량(cc)	60	58	62	58	63	59

일반적으로 전부하 시는 3~4% 이내,

$평균분사량 = \dfrac{60+58+62+58+63+59}{6} = 60cc$

$+불균율(\%) = \dfrac{최대분사량 - 평균분사량}{평균분사량} \times 100 = \dfrac{63-60}{60} \times 100 = 5\%$

$-불균율(\%) = \dfrac{평균분사량 - 최소분사량}{평균분사량} \times 100 = \dfrac{60-58}{60} \times 100 = 3.3\%$

전부하 시 불균율의 한계는 $60 \times (0.97 \sim 1.03) = 58.2 \sim 61.8$
따라서 한계값을 벗어나는 2, 3, 4, 5번 실린더를 수정해야 한다.

08 점멸등이 느리게 작동하는 원인 3가지(단, 전구는 이상이 없다.)

해답 ① 플래셔 유닛에 결함
② 전구의 접지가 불량
③ 축전지 용량이 저하
④ 퓨즈 또는 배선의 접촉이 불량

09 블로어 스위치를 S_1, S_2, S_3로 했을 때 각 단자에 흐르는 전류값

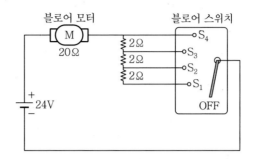

해답 ① S_1회로의 저항합계는 26Ω, S_1회로의 전류는 $I = \dfrac{E}{R} = \dfrac{24}{26} = 0.923\,\mathrm{A}$

② S_2회로의 저항합계는 24Ω, S_2회로의 전류는 $I = \dfrac{E}{R} = \dfrac{24}{24} = 1\,\mathrm{A}$

③ S_3회로의 저항합계는 22Ω, S_3회로의 전류는 $I = \dfrac{E}{R} = \dfrac{24}{22} = 1.09\,\mathrm{A}$

10 스텝 모터의 스텝수가 규정에 맞지 않는 원인 5가지(하니스 제외)

해답 ① 공회전 속도의 조정불량
② 스로틀 밸브에 카본 누적
③ 흡기 매니폴드 개스킷 틈의 공기 누설
④ EGR 밸브 시트의 헐거움
⑤ 스텝모터 베어링 고착

11 자동변속기의 라인압력이 높거나 낮은 원인을 5가지

해답 ① 오일 필터의 막힘
② 레귤레이터 밸브 오일 압력의 조정이 불량
③ 레귤레이터 밸브가 고착
④ 밸브보디의 조임부가 풀림
⑤ 오일펌프 배출압력이 부적당

12 자동변속기의 라인압력 시험방법

해답 ① 자동변속기 워밍업
② 앞바퀴 공회전 준비
③ 진단 장비 설치
④ 오일압력 게이지를 설치

⑤ 엔진 공회전속도를 점검
⑥ 다양한 위치와 조건에서 오일압력을 점검

13 제동력 시험기의 사용방법

해답 ① 테스터에 차량을 직각으로 진입
② 축중을 측정(설정)하고 리프트를 하강
③ 롤러를 회전
④ 브레이크 페달을 밟고 제동력을 측정
⑤ 지시계 지침을 판독하고 합·부를 판정
⑥ 측정 후 리프트를 상승시키고 차량을 퇴출

14 구동륜이 슬립(스핀)하는 원인 3가지

해답 ① 클러치를 급히 연결했을 때
② 타이어의 마찰계수가 작을 때
③ 노면의 마찰계수가 작을 때

15 노말(NORMAL) 차고점검 및 조정방법

해답 ① 평탄한 곳에 차량을 주차
② 리어 차고 센서의 장착거리 확인
③ 공차상태에서 NORMAL 높이로의 조절을 위해 엔진을 3분 정도 가동
④ NORMAL 높이로 조정이 끝나면 "NORM" 지시등이 점등

16 다음 물음에 답하시오.

> [제동력이 전우 80kg, 전좌 85kg, 후우 90kg, 후좌 75kg이었다.]
> • 제원 : 차량중량 705kg(앞축 380, 뒤축 325)
> • 차량 총중량 880kg
> • 최고속도 120km/h
> • 승차 정원 5명

1) 제동력의 합을 구하시오.
2) 후륜 제동력을 구하시오.
3) 전륜 좌우편차를 구하시오.
4) 후륜 좌우편차를 구하고 부·적합을 판정하시오.

해답 1) 제동력의 합 $= \dfrac{\text{제동력의 총합}}{\text{차량중량}} = \dfrac{80+85+90+75}{705} \times 100 = 46.8\%$

검사기준은 50% 이상 시 합격이므로 부적합

2) 후륜 제동력 $= \dfrac{\text{뒤, 좌우제동력의 총합}}{\text{후축중}} = \dfrac{90+75}{325} \times 100 = 50.7\%$

검사기준은 20% 이상 시 합격이므로 적합

3) 전륜 좌우편차 $= \dfrac{\text{앞, 좌우제동력의 차}}{\text{전축중}} = \dfrac{85-80}{380} \times 100 = 1.3\%$

검사기준은 8% 이하 시 합격이므로 적합

4) 후륜 좌우편차 $= \dfrac{\text{뒤, 좌우제동력의 차}}{\text{후축중}} = \dfrac{90-75}{325} \times 100 = 4.6\%$

검사기준은 8% 이하 시 합격이므로 적합

17 스프링 백(Spring Back) 현상

해답 재료에 소성변형을 준 후에 힘을 제거하면 탄성회복에 의해 어느 정도 원래 형태로 돌아오는 현상

18 돌리가 들어가지 않는 부분을 작업할 수 있는 공구

해답 스푼(Spoon)

19 백악(白堊, Chalk)화 현상의 원인

해답 ① 안료에 비해 수지분이 적을 때
② 자외선에 약한 안료 사용
③ 동절기보다 하절기에 많이 발생
④ 평활하지 않은 도면에 수분이나 먼지의 흡수에 의해 도막 붕괴

20 가이드 코팅

해답 균일한 연마작업을 하기 위하여 폐도료를 사용하여 연마하고자 하는 전면을 어두운 색상으로 1차로 착색하는 방법

제35회 2004년도 전반기

01 점화 1차 파형의 불량원인 5가지

해답 ① 점화 코일 불량 시
② 파워 TR 불량
③ 엔진 ECU 접지 전원 불량
④ 파워 TR 베이스 신호 불량
⑤ 배선의 열화 및 접촉 불량

02 점화 2차 파형에서 점화전압이 높게 나오는 원인 5가지

해답 ① 점화 플러그의 간극 과대
② 하이텐션 코드 절손
③ 배전기 캡 불량
④ 혼합기 희박
⑤ 압축압력이 과대하게 높을 때
⑥ 점화타이밍 늦을 때

03 PCV 호스에 균열이 생겼을 때 엔진에 미치는 영향 3가지

해답 ① 공회전 부조
② 엔진 정지
③ RPM이 높거나 낮아짐
④ 출력 부족
⑤ 유해배출가스 증가

04 에어 플로 센서에서 크린 버닝을 하는 원인, 방법

해답 ① 원인 : 핫와이어에 묻어있는 이물질을 제거하여 센서의 감도를 좋게 하기 위함
② 방법 : 운행 후 엔진 정지 시 순간적으로 높은 전류를 와이어에 흘려보내 이물질을 태운다.

05 산소센서가 피드백하지 않는 구간 5가지

해답
① 시동할 때
② 시동 후 연료를 증량할 때
③ 감속할 때
④ 냉각수온이 낮을 때
⑤ 공급 연료를 컷할 때
⑥ 고속 고부하 상태일 때

06 노크발생 시 나타나는 증상 5가지

해답
① 엔진 과열
② 배기음 불규칙
③ 소음 발생
④ 배기색의 변색
⑤ 출력 저하

07 디젤기관에서 후연소기간이 길어지는 원인 5가지

해답
① 연료의 질이 불량
② 압축압력이 낮을 때
③ 분사시기가 맞지 않을 때
④ 흡기 및 기관의 온도가 낮을 때
⑤ 분사노즐이 불량할 때
⑥ 연료의 분사압력이 낮을 때

08 공회전(600rpm)상태, 최초 점화시기가 5°, 1,800rpm에서의 점화 진각도

해답 $It = \dfrac{360° \times \text{rpm} \times \text{t}}{60} = 6Rt$

① 600rpm일 때 점화 지연시간 $5° = 6 \times 600\text{rpm} \times t$
   $t = 0.00139\text{sec} = 1.39\text{ms}$
② 1,800rpm일 때 점화 진각도
   $It = 6 \times 1,800\text{rpm} \times 0.00139$
   $It \fallingdotseq 15°$

09 오토 사이클($T_1 = 90℃$, $T_2 = 300℃$, $T_3 = 900℃$, $T = 500℃$) 열효율

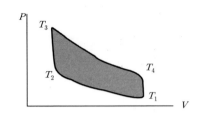

해답 $\eta_0 = 1 - \dfrac{T_4 - T_1}{T_3 - T_2} = 1 - \dfrac{500 - 90}{900 - 300} = 0.3167$

∴ 약 32%

10 에어백이 전개되었을 때 교환 대상부품 5가지

해답 ① 에어백 ECU   ② 에어백 모듈
③ 프리텐셔너   ④ 충격센서
⑤ 클럭 스프링 및 배선

11 에어컨에 사용되는 센서 5가지 기능

해답 ① 일사센서 : 일사량 감지
② 실내온도센서 : 실내온도를 감지
③ 외기온도센서 : 외기온도를 감지
④ 수온센서 : 엔진 냉각수 온도 감지, 과열 시 에어컨 컴프레서를 OFF
⑤ 핀센서 : 에바의 온도를 감지하여 동결을 방지

12 60AH의 배터리가 매일 1%씩 방전할 때 몇 A로 충전?

해답 충전전류$= \dfrac{60AH \times 0.01}{24H} = 0.025A$

13 자동변속기를 1속에서 2속으로 변속할 때 충격이 발생하는 원인 5가지

해답 ① 펄스 제너레이터 A가 불량 시
② 밸브 보디 불량 시
③ 유압 컨트롤 밸브 불량 시
④ 언더드라이브 클러치 불량 시

⑤ 세컨드 브레이크 불량 시
⑥ 로 앤 리버스 브레이크 불량 시

14 차량이 정상적인 노면을 주행할 때 한쪽으로 쏠리는 이유 5가지

해답 ① 타이어 공기압이 불균율일 때
② 휠 얼라인먼트 정렬 불량 시
③ 타이어 편마모 시
④ 브레이크가 한쪽으로 끌릴 때
⑤ 조향장치 링크 및 볼 조인트 불량 시
⑥ 허브 베어링 프리로드 불량 시

15 자동차검사에서 재검을 받아야 하는 항목 5가지

해답 ① 차대번호 및 원동기 형식의 상이
② 등록번호판의 상이 · 훼손 또는 망실 및 봉인훼손
③ 차축 및 휠의 휨 또는 균열
④ 타이어의 손상 및 요철무늬의 깊이가 허용기준을 초과하여 마모
⑤ 휠 및 타이어의 돌출
⑥ 제동장치 중 제동시험기에 의한 검사결과 허용기준 초과 및 제동계통의 손상 및 누유
⑦ 연료장치 중 조속기 봉인탈락 및 연료의 누출
⑧ 전기 · 전자장치 중 엔진정지 또는 화재발생의 우려가 있는 결함
⑨ 차체 및 차대의 심한 부식, 심한 변형 또는 절손
⑩ 후부안전판 및 측면보호대의 손상 또는 훼손
⑪ 견인차 및 피견인차 연결장치의 변형 또는 손상
⑫ 물품적재장치 중 위험물 · 유해화학물 · 산업폐기물 · 쓰레기 등 운반차량의 적재장치의 부식 · 변형
⑬ 창유리의 규격품 미사용 또는 심한 균열
⑭ 대기환경보전법 제37조의 2 및 소음 · 진동규제법 제37조의 2의 규정에 의한 운행차 정기검사의 허용기준 초과
⑮ 전조등 · 방향지시등 · 번호 등 및 제동 등의 점등상태 불량 또는 등색과 설치상태의 기준 부적합, 택시표시등의 자동점등상태 불량
⑯ 전조등의 전조등시험기에 의한 검사결과 기준미달
⑰ 안전기준에 위배되는 등화설치
⑱ 계기장치 중 운행기록계 · 속도제한장치의 미설치(설치상태의 불량을 포함한다.) 및 속도계시험기에 의한 검사결과 허용기준 초과

16 매연측정기를 유지 관리하여 사용할 때 중요사항 3가지

> **해답** ① 압축공기의 수분배출과 일정압력을 유지
> ② 표준지와 여과지 관리 철저
> ③ 카본 제거 및 영점 조정

17 모노코크보디에서 충격을 흡수하는 부위 3곳

> **해답** ① 구멍(홀)이 있는 부위
> ② 단면적이 적은 부위
> ③ 곡면부 혹은 각이 있는 부위
> ④ 패널과 패널이 겹쳐진 부위
> ⑤ 모양이 변한 부위

18 모노코크보디에서 스포트 용접의 효과 3가지

> **해답** ① 정밀성이 있으므로 생산성이 높다.
> ② 냉각고착이 빠르므로 용접작업이 쉽다.
> ③ 기계적 강도가 좋아 내구성이 높다.

19 도료의 기능 5가지

> **해답** ① 부식방지
> ② 도장에 의한 표시
> ③ 상품성 향상
> ④ 미관 향상
> ⑤ 외부 오염물질에 의한 차체 보호

20 센더의 종류 4가지

> **해답** ① 싱글액션 센더
> ② 더블액션 센더
> ③ 오비탈 센더
> ④ 기어액션 센더

Actual Test

제36회 2004년도 후반기

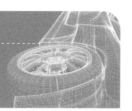

02 실전 다지기

01 전자제어 엔진에서 연료 컷의 목적

해답 ① HC 감소
② 연료소비량 감소
③ 촉매과열방지

02 기계효율 83%, 냉각손실 30%, 배기손실 35%, 정미열효율과 마찰동력손실

해답 ① 정미열효율＝도시열효율×기계효율
도시열효율＝연료의 에너지－(냉각손실＋배기손실)＝100－(30＋35)＝35%
∴ 정미열효율＝35%×0.83＝29.05%
② 마찰동력손실＝도시열효율－정미열효율 ＝35%－29.05%＝5.95%

03 화물차량의 승차인원이 3명일 경우 최대 적재 시 전륜에 주어지는 하중

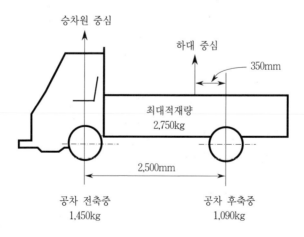

승차원 중심

하대 중심

350mm

최대적재량
2,750kg

2,500mm

공차 전축중
1,450kg

공차 후축중
1,090kg

해답 화물차량 전축 하중 = 전축중 + (65×3) + $\dfrac{\text{최대적재량} \times \text{하대옵셋}}{\text{축거}}$

$$1,450 + (65 \times 3) + \frac{2,750 \times 350}{2,500} = 2,030 \text{kg}$$

04 제동 시 라이닝 소리가 나면서 흔들림 현상이 발생하는 원인 5가지

해답 ① 브레이크 디스크 열변형에 의한 런아웃 발생
② 브레이크 드럼 열변형에 의한 진원도 불량
③ 브레이크 패드 및 라이닝의 경화, 과다마모
④ 배킹 플레이트 또는 켈리퍼의 설치 불량
⑤ 브레이크 드럼 내 불순물의 영향

05 트램 게이지의 용도

해답 ① 대각선이나 특정 부위의 길이 측정
② 대각선의 비교나 보디의 변형상태 점검
③ 센터링 게이지로 측정할 수 없는 길이 측정 특히 엔진룸 및 윈도 등 도어 개구부 측정

06 주행 시 핸들이 떨리는 원인 5가지

해답 ① 타이어 휠 밸런스 불량
② 브레이크 디스크 동적·정적 불균형
③ 등속조인트 변형
④ 유니버설 조인트 과대마모, 추진축 변형
⑤ 프런트 허브 베어링 불량, 허브 베어링 유격과다, 허브 변형
⑥ 타이어 편마모, 타이어 런 아웃 과다

07 주흡기밸브의 열려 있는 각도는 228°이고 보조흡기밸브가 열려 있는 각도는 (㉮)이며 배기 밸브는 (㉯)에 열려 (㉰)에 닫히기 때문에 배기밸브가 열려 있는 각도는 (㉱)이다. 이 엔 진의 밸브 오버랩은 (㉲)이다.

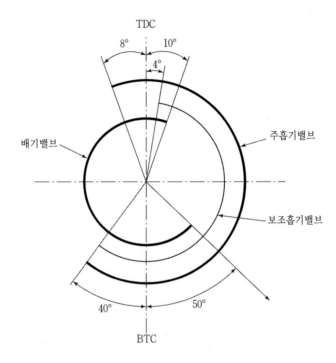

해답 ㉮ 216°

㉯ 하사점 전 50°

㉰ 상사점 후 10°

㉱ 240°

㉲ 18°

08 쇼크업소버의 역할 3가지

해답 ① 상하 바운싱 시 충격흡수

② 롤링 방지

③ 충격흡수 기능

09 축전지 용량이 12V−55AH, 암전류가 100mA, 비중이 1.220(축전지 용량의 70%)될 때까 지 소요되는 시간

해답 ① 방전량 : $55AH \times \dfrac{30}{100} = 16.5AH$

② 방전시간 : $\dfrac{16.5AH}{0.1A} = 165H$

10 충돌안전장치에서 에어백 시스템의 주요구성부품 5가지

> **해답** ① 에어백 모듈
> ② 임팩트 센서
> ③ 클럭스프링
> ④ 프리텐셔너
> ⑤ 승객 유무 감지센서

11 전압제어식 인젝터 파형을 그리고 파형을 구성하는 기본 명칭

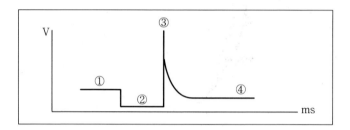

> **해답** ① 전원전압
> ② 연료분사시간(접지전압)
> ③ 서지전압
> ④ 전원전압

12 스프레이건의 종류 3가지

> **해답** ① 중력식
> ② 흡상식
> ③ 압송식

13 크랭크 앵글 센서 고장 시 나타날 수 있는 현상 5가지

> **해답** ① 시동이 안 걸림
> ② 출력 부족
> ③ 점화시기 불량
> ④ 공회전 불규칙, 엔진정지
> ⑤ 엔진 회전속도의 변화량이 크거나 심함

14 보수 도장용 도료의 구성(조성) 요소 4가지

해답 ① 수지　　　　　　　② 안료
　　③ 용재　　　　　　　④ 첨가제

15 산소센서 결함 시 엔진에 미치는 영향 5가지

해답 ① CO, HC의 배출량이 증가
　　② 연료소비량이 증가
　　③ 공회전 시 엔진회전이 불안정
　　④ 주행 중 엔진이 갑자기 정지
　　⑤ 주행 중 가속력이 저하

16 주차장의 만차 회로도이다. 각각 차량이 주차되면 PHS1, 2, 3이 작동된다. 주차를 3대 하였을 때 만차 표시등(ⓛ)이 점등되도록 TR, AND IC, 접지, 전원회로를 연결

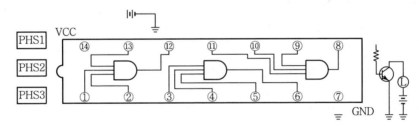

해답

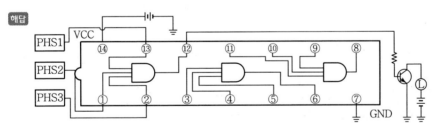

17 배출가스 중의 유해물질 저감장치 5가지

해답 ① 증발가스 제어장치
　　② 블로바이가스 환원장치
　　③ EGR 제어장치
　　④ 촉매 컨버터 장치
　　⑤ 점화시기 제어장치
　　⑥ 공연비 제어장치
　　⑦ 2차 공기분사장치

18 TCS의 제어기능 2가지

해답 ① 슬립 제어
② 트레이스 제어

19 엔진 종합시험기(Tune Up Tester) 사용 시 안전수칙 5가지

해답 ① 손, 머리, 타이밍라이트, 시험기 배선 등이 팬, V벨트에 닿지 않도록 한다.
② 화상에 주의한다.(배기 메니폴드, 배기 파이프, 촉매 컨버터, 라디에이터)
③ 시험 중 2차 전압계통의 구성부품을 만질 때는 절연 플라이어를 사용한다.
④ 시험자동차는 주차브레이크를 당기고 고임목을 설치한다.
⑤ 시험자동차의 수동변속기 자동차는 기어를 중립에, 자동변속기 자동차는 기어를 P위치에 넣는다.
⑥ 촉매 컨버터를 부착한 자동차는 크랭킹 시험이나 실린더 파워밸런스 시험시 최단시간에 완료한다.(장시간 사용시 촉매 컨버터 과열 손상 우려)

20 용접패널 교환 시 스포트점 수는 신차의 점 수보다 몇 %가 추가되는가?

해답 10~20%

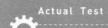

제37회 2005년도 전반기

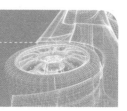

02 실전 다지기

01 전자제어 가솔린 엔진에서 연료 압력이 낮아지는 원인 3가지

해답 ① 연료 잔량 부족
② 연료펌프 및 체크밸브 불량
③ 연료압력 조절밸브의 밀착 불량
④ 연료 필터 막힘
⑤ 베이퍼록 발생

02 전자제어 엔진에서 점화시기를 제어하는 ECU 입력요소 5가지

해답 ① AFS   ② CAS
③ TPS   ④ WTS
⑤ 노크센서

03 TPS의 기능 및 고장 시 엔진에 나타나는 증상 3가지

해답 1) 기능
스로틀 밸브의 개도를 검출하여 ECU로 알려준다.

2) 고장 시 증상
① 공회전 시 엔진 부조현상이 있거나 주행 가속력 저하
② 연료소모가 많다.
③ 매연이 많이 배출된다.

04 6기통, 800rpm, 화염 전파시간 4ms, 점화시기

해답 $It = \dfrac{360° \times \text{rpm} \times t}{60} = 6Rt$

점화시기(각도)는 $6 \times 800 \times 0.004 = 19.20°$

05 산소 센서 점검 시 주의사항 3가지

해답 ① 엔진의 정상작동 온도에서 점검(배기가스온도 300℃ 이상)
② 출력 전압측정 시 일반 아날로그 테스터 사용금지
③ 출력 전압 쇼트 금지
④ 내부 저항 측정 금지

06 베이퍼라이저에 의한 LPG 자동차의 아이들 부조현상 원인 5가지

해답 ① 베이퍼라이저 각 밸브의 밀착불량
② IAS 조정 불량, 마모
③ 1차 압력 조정불량
④ 타르 퇴적
⑤ 1, 2차 다이어프램 파손

07 자동변속기에서 전진은 되나 후진이 되지 않는 원인 2가지

해답 ① 프런트 클러치 혹은 피스톤의 작동불량
② 로 리버스 브레이크 혹은 피스톤의 작동불량

08 자동차가 직진 주행 시 차동장치 및 후차축에서 소음이 발생하는 원인 3가지(단, 각종 베어링, 간극, 윤활 상태는 정상)

해답 ① 링 기어의 런 아웃 불량
② 종감속 기어의 접촉상태 불량
③ 종감속 기어와 차동기어의 백래시 과다
④ 액슬 측 스플라인 기어 마모 및 고정볼트 이완

09 ECS 구성품 중에서 지시등, 속도센서, 전자제어유닛(모듈) 외의 8가지 구성품

해답 ① 조향 휠 각속도 센서   ② 스로틀 포지션 센서
③ 브레이크 스위치   ④ 모드 선택 스위치
⑤ 차고센서   ⑥ G 센서
⑦ 압력스위치   ⑧ 액추에이터

10 자동차의 와인드 업 진동에 대한 대응책 3가지(서스펜션을 중심)

해답 ① 링크 부시, 멤버 마운트의 스프링 상수, 쇼크업소버의 감쇠력 향상
② 링크 부시, 멤버 마운트의 스프링 상수, 쇼크업소버의 보디 측 부착위치 등 레이아웃의 튜닝에 의해 공진 주파수 상쇄
③ 토크 로드에 의한 피칭 진동의 억제나 링크 부시나 멤버 마운트의 고감쇠 고무의 설정 등에 의한 진동 레벨의 저감

11 제동 시(주행속도) 자동차가 한쪽으로 쏠리는 원인 5가지

해답 ① 좌우 라이닝 간극 조정 불량, 간극의 불균일
② 브레이크 드럼의 편마모
③ 라이닝 마찰계수의 불균일(오일침투, 페이드 현상)
④ 한쪽 휠 실린더 작동 불량, 불균일
⑤ 휠 얼라이먼트 정렬 불량

12 축거가 2m, 앞바퀴의 조향각이 외측 30°, 내측 45°이며 킹핀 접지면 중심거리가 30cm일 때 최소회전반경

해답 최소회전반경

$$R = \frac{L}{\sin\alpha} + r$$

$$R = \frac{2}{\sin 30°} + 0.3 = 4.3\text{m}$$

13 축전지의 충, 방전 시 화학반응식

해답	충전 상태	방전 상태
	PbO_2 + $2H_2SO_4$ + Pb (양극)　(전해액)　(음극)	$PbSO_4$ + $2H_2O$ + Pb_sO_4 (양극)　(전해액)　(음극)

14 점화 플러그의 소염작용

해답 점화 플러그의 화염이 플러그 전극에 흡수되어 화염이 계속 진행하지 못하게 되는 것

15 E=12V, C=6.5μF, R=1Ω이다. C에 충전된 전하가 전혀 없을 때 스위치 S가 갑자기 ON이 된다. t=0일 때와 t=∞일 때 저항 R을 지나는 전류값과 콘덴서의 전압

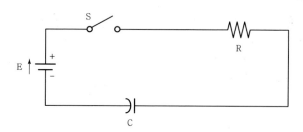

해답 t=0의 의미는 스위치 연결이 안 된 상태이므로 전류와 전압은 모두 흐르지 않는다.
t=∞의 의미는 배터리 전류가 계속 흘러 콘덴서에 가득 차 있는 상태이므로 배터리나 콘덴서가 등전위가 되어 전류는 흐르지 않고 콘덴서 전압은 배터리와 같은 12V가 된다.

16 매연측정기 사용 및 취급 시 주의사항 5가지(일반적인 점검사항은 제외)

해답 ① 측정기에 강한 충격, 진동을 주지 않는다.
② 채취부 본체에 규정압력의 공기를 사용한다.
③ 오염도를 채취하는 시간 외에는 전원스위치를 끈다.
④ 검출부위 광전소자는 사용하지 않을 때는 덮어둔다.
⑤ 여과지, 표준여과지는 직사광선, 먼지, 습기, 오염이 없는 곳에 보관한다.
⑥ 측정기를 수리했을 경우는 표준여과지로 교정한다.
⑦ 카본 제거 및 영점조정을 한다.
⑧ 프로브는 배기관 끝에서 20cm를 삽입한다.
⑨ 연속하여 측정시 충분한 에어퍼지를 한다.

17 자동차의 충돌 손상분석의 요소 4가지

해답 ① 센터라인   ② 데이텀
③ 레벨   ④ 치수

18 센터링 게이지를 이용하여 4~5개소를 측정할 때 기준이 되는 요소

해답 ① 핀과 핀 사이
② 홀과 홀 사이
③ 대각선의 길이
④ 각진 곳의 거리
⑤ 구성품 설치 위치 간 거리

19 일반적인 자동차 보수도장작업 순서

차체 표면을 검사→차체 표면 오염물 제거→(①)→단 낮추기 작업→(②)→퍼티 바르기
→(③)→래커 퍼티 바르기→(④)→중도 도장→(⑤)→조색 작업→상도 도장→(⑥)
→광내기 작업 및 왁스 바르기

해답 ① 구도막 및 녹 제거
② 퍼티 혼합
③ 퍼티 연마
④ 래커 퍼티면 연마 및 전면 연마
⑤ 중도 연마
⑥ 투명 도료 도장

20 에어 트랜스포머 설치위치와 기능 2가지

해답 1) 설치위치
스프레이 건에 가장 가까운 곳에 설치하는 것이 가장 효과적이다.

2) 기능
① 압축된 공기에 수분, 유분, 먼지 등을 제거한다.
② 도장작업 시 공기압력을 일정하게 유지한다.

제38회 2005년도 후반기

01 소화원리 3요소

해답 ① 제거소화   ② 질식소화   ③ 냉각소화

02 자동차 기관에서 노킹검출방법 3가지

해답 ① 실린더 압력측정
    ② 엔진 블록의 진동측정
    ③ 폭발의 연속음 측정

03 전자제어 엔진의 공연비 피드백 제어가 해제되는 경우 5가지

해답 ① 엔진 시동 시
    ② 엔진의 냉각수 온도가 65℃ 이하일 때
    ③ 급가속 시 연료분사량 증가 시
    ④ 급감속 시 연료차단 시
    ⑤ 희박한 신호 또는 농후한 신호가 길게 계속될 때
    ⑥ 엔진 체크 경고등이 점등될 때

04 전자제어 가솔린엔진을 무부화 IDLE 상태에서 급격히 5,000rpm 정도까지 상승시킨 후 가속페달을 놓았을 AFS의 불량 여부를 판정하기 위해서 파형의 어떤 부분을 주의해서 점검해야 하는지 그림으로 그려 표시하고 설명하시오. (단, HOT-WIRE 방식의 AFS임)

해답 ① 아이들 시 파형이 안정되어 있는지 확인한다.

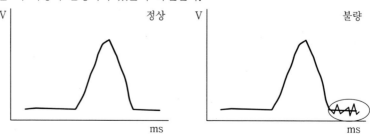

② 가속 중에 파형의 단차가 발생되는지 확인한다.

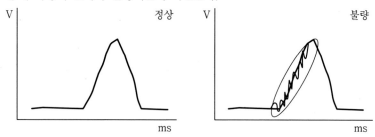

05 인젝터 파형에서 연료분사구간과 불량 인젝터를 찾고 그 원인 3가지를 쓰시오.

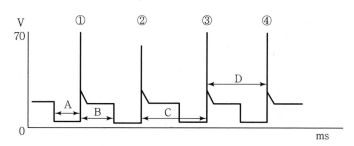

해답 1) 연료분사구간

　A

2) 불량 인젝터

　　②

3) 원인

　　① 파워 TR의 성능저하

　　② 접속불량

　　③ 인젝터 철심의 열화

06 가솔린 기관의 배출가스 제어장치를 3가지로 분류해서 설명

해답 1) 크랭크 케이스 배출가스 제어장치

블로바이 가스가 대기로 방출하지 못하도록 로커커버에 장착된 PCV밸브를 통해 서지탱크에 흡입하여 연소실에서 재연소되게 한다.

2) 증발가스 제어장치

연료탱크에서 발생된 증발가스를 캐니스터에 포집한 후 퍼지 컨트롤 솔레노이드 밸브의 진공호스를 거쳐 흡기관을 통해 연소실에서 연소되게 한다.

3) 배기가스 제어장치

① MPI 장치 : 공기, 연료 혼합비 조절장치

② 3원촉매장치 : 적당한 조건(온도, 산소공급)에서 반응물질(Pt, Rh, Pd)이 산화, 환원반 응을 일으키도록 돕는 일종의 반응 촉진제로서 배기가스 중에 포함되어 있는 유해물질 인 CO와 HC를(CO → CO_2로 HC → H_2O와 CO_2로) 산화시키고 NOx는 N_2와 O_2로 환 원시킨다.

③ EGR 장치 : 연소 후 배출되는 배기가스 속의 질소혼합물을 감소시키기 위해 실린더의 배기 포트에서 스로틀 보디 부분에 위치한 흡기다기관 포트로 재순환시켜 가능한 출력 감소를 최소하면서 최고 연소 온도를 낮추어 NOx의 배출량을 감소시킨다.

07 디젤 분사노즐에서 점검해야 할 항목 3가지

해답 ① 노즐의 개변압력 점검

② 후적 여부 점검

③ 노즐분사각도

④ 동와셔 불량에 의한 누유 여부 점검

⑤ 접속부의 누유 여부 점검

08 실린더 직경이 80mm, 행정이 83mm, 실린더수가 6개일 때 1실린더당 흡입되는 공기량 (단, 공기의 비중량은 1.293kg/m³이다.)

해답 ① 계산식 : $V = \dfrac{\pi D^2}{4} LN = \dfrac{\pi 8^2}{4} \times 8.3 \times 6 = 2,502$cc

② 공기중량 : $G = 2,502 \times 10^{-6} \times 1.293 \times \dfrac{1}{6} = 5.392 \times 10^{-4}$kg

09 자동변속장치에서 크리프(Creep) 현상의 필요성 3가지

해답 ① 원활한 발진

② 타이어 마모방지

③ 언덕길에서 주차브레이크를 잡지 않았을 때 뒤로 밀림 방지

④ 정지, D렌지에서 차체의 진동저감

10 4.5톤 트럭이 주행 중 추진축에서 소음진동 발생원인 5가지

해답 ① 추진축의 휨
② 추진축의 동적 밸런스 불평형
③ 센터 베어링의 마모
④ 자재이음의 급유불량 및 베어링 마모
⑤ 슬립이음의 급유불량 및 스플라인 마모
⑥ 플랜지 요크의 볼트 체결 불량
⑦ 밸런스 웨이트가 떨어졌을 때

11 공주시간이 0.1초이고 차량의 중량이 1,000kg이며 회전관성 상당중량이 5%이고 제동초속도가 60km/h이다. 이때 정지거리를 구하시오.(단, 제동력의 값은 전우 : 230kg, 전좌 : 200kg, 후우 : 120kg, 후좌 : 140kg)

해답 정지거리＝공주거리＋제동거리

$$\frac{60^2}{254} \times \frac{(1,000 \times 1.05)}{230+200+120+140} + \frac{60}{36} = 23.19\text{m}$$

12 다음 그림과 같이 클러치가 작용될 때 릴리스 베어링에 작용하는 힘은 얼마인가?(단, 클러치를 밟는 힘이 30kg이고 마스터 실린더의 직경이 1.5cm이며, 릴리스 실린더의 직경이 2cm이다.)

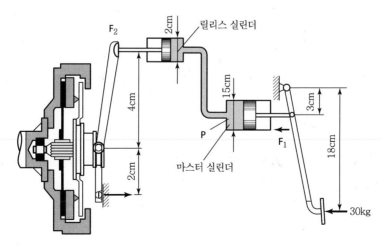

해답 ① 페달의 답력 $F_1 = \dfrac{18}{3} \times 30 = 180\text{kg}$

② $F_2 = F_1 \times \dfrac{A_2}{A_1} = 180 \times \dfrac{\dfrac{\pi d^2}{4}}{\dfrac{\pi D^2}{4}} = 180 \times \dfrac{1}{0.56} = 320\text{kg}$

③ 릴리스 베어링이 릴리스 레버에 가하는 작동력 $\dfrac{(4+2)}{2} \times 320 = 960\text{kg}$

13 제동장치에서 ABS 피드백 제어루프 요소 5가지

해답 ① 제어시스템
② 출력조작변수
③ 컨트롤러
④ 입력제어변수
⑤ 기준변수

14 NOR 회로의 논리기호와 진리표를 작성하시오.

해답

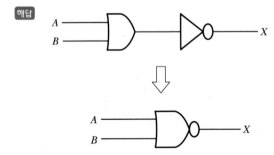

압력		출력
A	B	
1	1	0
1	0	0
0	1	0
0	0	1

15 1차 코일의 감은 횟수가 15,000회이고 2차 코일의 감은 횟수가 500회일 때, 자기유도 전압이 9,000V이면 2차 코일에 유도되는 전압은 얼마인가?

해답 $V_2 = V_1 \times \dfrac{N_2}{N_1} = 9,000 \times \dfrac{500}{15,000} = 300\text{V}$

16 자동차 검사에서 검사기기에 의한 검사 항목(검사기기 단위) 5가지

해답 ① 제동력 테스트
② 전조등 테스트
③ 속도계 테스트
④ 사이드슬립 테스트
⑤ 매연 및 CO, HC, 공기과잉률 테스트
⑥ 경적(경음기)소음 및 배기소음 테스트

17 자동차 사고 차체 변형에서 다이아몬드 변형의 점검방법과 판단방법

해답 ① 점검방법 : 트램 게이지에 의한 방법
② 판단방법 : 멤버의 중심으로부터 대칭의 위치에 있는 사이드 레일의 임의의 점까지 길이를 비교하면 판단이 가능하다.

18 브레이징 용접 목적 3가지

해답 ① 방수성 향상
② 미관의 향상
③ 패널의 벌어짐 방지

19 에어 트랜스포머가 하는 역할 2가지

해답 ① 공기의 압력을 일정하게 유지
② 공기 속의 유분(이물질), 수분 등을 제거

20 자동차 보수 도장 시 사용되는 프라이머 서페이서의 역할 3가지

해답 ① 평활성 제공
② 미세한 단차의 메움
③ 차단성(용제 침투 방지)
④ 층간 부착성

제39회 2006년도 전반기

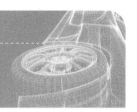

01 기관의 흡기 행정 시에 실린더 내에 생성되는 와류 형상을 간단히 설명하시오.

> 해답 ① 스월(Swirl) : 흡입 시 생성되는 선회 와류
> ② 스쿼시(Squash) : 압축 상사점 부근에서 연소실 벽과 피스톤 윗면과의 압축에 의하여 생성되는 와류
> ③ 텀블(Tumble) : 피스톤 하강 시 흡입되는 공기가 실린더 내에서 세로방향으로 강한 에너지를 가지며 생성되는 와류

02 엔진 과열 시 손상부위 5가지를 쓰시오.

> 해답 ① 헤드 개스킷 파손
> ② 실린더 헤드의 균열, 변형
> ③ 밸브 가이드 실, 밸브의 소손
> ④ 피스톤, 링, 라이너의 소결
> ⑤ 커넥팅 로드의 휨, 크랭크 베어링 소착, 실린더의 변형

03 산소 센서가 피드백하지 않는 조건 3가지를 쓰시오.

> 해답 ① 냉각수 온도가 65℃ 이하일 경우
> ② 연료 컷 상태일 경우
> ③ 혼합비가 리치세트일 경우
> ④ 산소 센서의 이상일 경우
> ⑤ 시동 후 기관이 처음 50회전하는 동안

04 LPG차량의 엔진 부조 원인에 대해서 3가지를 쓰시오(연료계통, 베이퍼라이저는 정상)

> 해답 ① 공기 유입에 의한 경우(진공호스가 빠졌거나 절손되었을 경우)
> ② 점화장치에 의한 경우(점화플러그 불량, 점화시기 부적절, 고압 케이블 소손)
> ③ 기타의 경우(EGR 밸브 밀착 불량)

05 전자 제어 디젤기관의 기본 분사량 및 보조량 제어에 사용되는 입력센서를 5가지 쓰시오.

해답 ① AFS ② CAS
③ NO.1 TDC 센서 ④ 연료압력센서
⑤ WTS ⑥ ATS

06 다운 스위치의 작동방법에 대해서 설명하시오.

해답 가속페달을 끝까지 밟으면 킥다운 스위치가 작동하여 모듈레이터 압력이 급격히 증가하게 된다. 킥다운 스위치가 작동하면 일정속도 범위 내에서는 강제적으로 다운 시프트되어 작동한다.

07 ECS의 HARD, SOFT의 선택이 잘 안 될 경우에 점검부분을 쓰시오. (단, 입력 요소는 양호)

해답 ① 액추에이터 ② 에어 컴프레서 ③ 솔레노이드밸브(F, R)

08 프로포셔닝 밸브의 기능과 유압작동회로에 대해 설명하시오.

해답 1) 기능
① 제동 시 후륜의 제동압력이 일정압력 이상 시 압력증가를 둔화시켜 전륜의 유압 증가를 크게 하도록 한다.
② 이 밸브는 마스터 실린더와 뒤쪽 휠 실린더 사이에 설치되어 있으며 일반적으로 제동 시 하중 이동이 작은 승용차에 많이 사용되고 있다.
③ 제동 시 하중은 전륜으로 쏠리기 때문에 결과적으로 전·후륜의 제동력을 일정하게 유지하기 위한 장치이다.

2) 유압작동 회로
마스터 실린더의 유압이 자동차의 주행속도에 따라 슬립 한계점 이상으로 되면 비례상수가 적어져 브레이크의 유압이 지나치게 증가되지 않도록 구성되어 있다.

09 자동차가 주행 중 받는 모멘트의 종류를 3가지 쓰시오.

해답 ① 요잉모멘트 ② 롤링모멘트 ③ 피칭모멘트

10 전조등의 광도가 불량한 원인을 3가지 쓰시오. (단, 축전지, 알터네이터 상태 양호)

해답 ① 반사경 불량 ② 전구 불량(필라멘트) ③ 렌즈 불량

11 다음 회로를 보고 램프의 밝기를 조절하는 데 가장 적합한 저항을 회로도에서 선택하고 그 방법과 이유를 간단히 기술하시오.

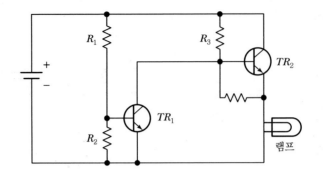

해답 ① 선택저항 : R_2
② 방법 : R_2의 저항을 증가시키면 램프는 흐려지고 저항을 감소시키면 램프는 밝아진다.
③ 이유 : TR_1의 전류(Ic_1) 크기에 따라 램프의 밝기가 조절된다. R_2의 저항을 증가시키면 Ib_1과 Ic_1이 증가되어 TR_2의 bias 전압이 감소되므로 Ic_2도 감소되고 램프도 흐려진다. R_2의 저항을 감소시키면 Ib_1과 Ic_1이 감소되어 TR_2의 bias 전압이 증가되므로 Ic_2는 증가되고 램프가 밝아진다.

12 다음은 키 홀 조명회로의 일부분이다. 작동될 수 있도록 연결하시오.

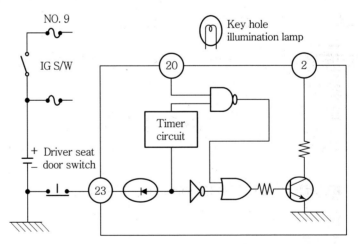

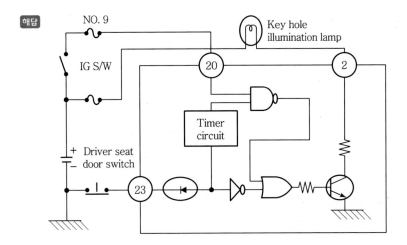

13 자동차 사이드 슬립을 테스트할 때 자동차가 갖추어야 할 조건 5가지를 쓰시오.

해답 ① 타이어 공기압 확인
② 타이어 이물질 제거
③ 허브베어링 유격상태 점검 조정
④ 각종 볼조인트, 타이로드 헐거움 점검 조정
⑤ 스프링 피로상태 점검 및 교환

14 차체 견인 작업시 기본고정 이외에 추가로 고정해야 하는 이유 5가지를 설명하시오.

해답 ① 기본 고정보강
② 모멘트 발생 제거
③ 과도한 견인(인장)방지
④ 용접부 보호
⑤ 작용부위 제한

15 트램 게이지의 용도를 쓰시오.

해답 ① 좌우 대각선 비교 측정
② 특정부위의 길이 측정
③ 홀과 홀의 비교 측정

16 도장 건조 불량의 원인을 3가지 쓰시오.

해답 ① 도막이 너무 두껍다.
② 저온, 고습도에서 통풍이 나쁘다.
③ 올바른 희석 시너를 사용하지 않았다.
④ 도료가 오래되어 도료 중의 Drier가 작용하지 않는다.

17 도장연마에 사용하는 샌더의 종류를 구동방법에 따라 3가지 쓰시오.

해답 ① 싱글액션 샌더
② 더블액션 샌더
③ 오비탈 샌더
④ 기어액션 샌더

제40회 2006년도 후반기

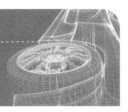

02 실전 다지기

01 기본분사량을 결정하는 가장 기본적인 2가지 센서를 쓰시오.

해답 ① AFS   ② CAS

02 가솔린 기관의 연소실에서 화염 전파속도에 영향을 미치는 요인을 5가지 쓰시오.

해답 ① 난류(스월, 스쿼시)   ② 공연비
③ 연소실 온도   ④ 연소실 압력
⑤ 잔류가스의 비율   ⑥ 점화시기

03 전자제어 엔진의 공연비 피드백 제어가 해제되는 경우를 5가지 쓰시오.

해답 ① 엔진 시동 시
② 엔진의 냉각수 온도가 65℃ 이하일 때
③ 급가속 시 연료분사량이 증가될 때
④ 급감속 시 연료가 차단될 때
⑤ 희박한 신호 또는 농후한 신호가 길게 계속될 때
⑥ 엔진 체크 경고등이 점등될 때

04 전자제어가솔린 엔진에서 실린더 온도 및 회전속도 변화에 따른 배출가스(CO, HC, NOx)의 특성을 설명하시오.

엔진상태 \ 종류	CO	HC	NOx	비고
저온일 때	CO 발생	HC 증가	NOx 감소	
고온일 때	–	–	NOx 증가	
가속할 때	CO 발생	HC 증가	NOx 대량 증가	
감속할 때	CO 증가	HC 증가	–	

05 배기가스 재순환장치인 EGR밸브의 기능에 대해 간략히 설명하고 EGR밸브가 작동되지 않아야 하는 조건을 3가지 쓰시오.

해답 1) 기능

배기가스의 일부를 엔진의 혼합가스에 재순환시켜 가능한 출력감소를 최소로 하면서 연소온도를 낮추어 NOx의 배출량을 감소시킨다.

2) 작동하지 않는 조건
① 엔진의 냉각수 온도가 (65℃ 미만 시) 낮을 때
② 아이들링 시(공전 시)
③ 급가속 시(스로틀이 최대 열림 시)

06 LPG 엔진의 연료에 의한 가속불량 원인을 3가지 쓰시오(단, 봄베, 베이퍼라이저 정상)

해답 ① LPG 조성이 불량할 경우
② 연료 필터가 막혀 공급되는 LPG량이 불충분할 경우
③ 액상 솔레노이드밸브 작동이 불완전할 경우

07 P-V 선도에서 알 수 있는 내용을 3가지 쓰시오.

해답 ① 일량
② 평균유효압력
③ 열효율

08 점화계통과 배터리가 정상일 때 엔진 시동이 되지 않는 원인을 3가지 쓰시오.

해답 ① 연료가 부족
② CAS, ECU 등 연료분사 제어장치 불량
③ 연료장치 불량(펌프, 필터, 인젝터)
④ 타이밍벨트 장착 불량
⑤ 낮은 실린더 압축압력
⑥ 흡기 막힘

09 주행 중 클러치가 미끄러지는 원인 5가지를 쓰시오.

해답 ① 디스크 페이싱의 재질불량, 과대마모, 오일부착
② 압력 스프링이 파손되었을 때
③ 클러치 페달의 유격이 작거나 없을 때
④ 클러치 페달의 조작기구가 원활하지 못할 경우
⑤ 플라이 휠 및 압력판의 표면경화

10 수동식 변속기에서 클러치는 이상 없는데 변속이 원활하지 않은 원인을 3가지 쓰시오.

해답 ① 변속레버 조절 불량
② 변속기 내부, 싱크로 메시 기구의 불량
③ 변속 링크(볼 조인트) 불량
④ 인터록의 불량

11 전자제어 자동변속기에서 토크컨버터 내의 댐퍼클러치(또는 록업클러치)가 작동되지 않는 구간 5가지를 쓰시오.

해답 ① 1단 주행 시
② ATF가 일정온도 이하 시
③ 브레이크 페달을 밟았을 때
④ 엔진 rpm 신호가 입력되지 않았을 때
⑤ 발진 및 후진 시
⑥ 변속 시
⑦ 감속 시
⑧ 엔진브레이크 작동 시
⑨ 고부하 급가속 시

12 논리회로 AND, OR, NOT에 대하여 논리기호와 진리표를 작성하시오.

기호	회로명	압력		출력
	AND 회로 논리적 회로 (직렬)	0	0	0
		0	1	0
		1	0	0
		1	1	1
	OR 회로 논리합 회로 (병렬)	0	0	0
		0	1	1
		1	0	1
		1	1	1
	NOT 회로 논리 부정	0		1
		1		0

13 전자제어 점화장치에서 점화 1차 파형의 불량원인을 5가지 쓰시오.

① 점화 코일 불량 시
② 파워 TR 불량 시
③ 엔진 ECU 접지 전원 불량 시
④ 파워 TR 베이스 전원 불량 시
⑤ 배선의 열화 및 접촉 불량 시

14 제동력 시험기의 사용방법을 안전사항도 포함해서 설명하시오.

① 테스터에 차량을 직각으로 진입시킨다.
② 축중을 측정(설정)하고 리프트를 하강시킨다.
③ 롤러를 회전시킨다.
④ 브레이크 페달을 밟고 제동력을 측정한다.
⑤ 지시계 지침을 판독하고 합·부를 판정한다.
⑥ 측정 후 리프트를 상승시키고 차량을 퇴출시킨다.

15 모노코크보디의 손상 종류를 3가지 쓰시오.

해답 ① 상하 구부러짐
② 좌우 구부러짐
③ 찌그러짐

16 일반적인 자동차 보수도장작업 순서를 (   )에 알맞게 쓰시오.

차체 표면을 검사 → 차체 표면 오염물 제거 → (①) → 단 낮추기 작업 → (②) → 퍼티 바르기 → (③) → 래커 퍼티 바르기 → (④) → 중도 도장 → (⑤) → 조색 작업 → 상도 도장 → (⑥) → 광내기 작업 및 왁스 바르기

해답 ① 구도막 및 녹 제거
② 퍼티 혼합
③ 퍼티 연마
④ 래커 퍼티면 연마 및 전면 연마
⑤ 중도 연마
⑥ 투명 도료 도장

17 스프레이 건의 종류(3가지)와 간단한 설명을 쓰시오.

해답 ① 중력식 : 도료가 중력에 의해 노즐에 보내지는 방식
② 흡상식 : 도료가 부압에 의해 빨려 올라가 분출하는 방식
③ 압송식 : 도료가 가압되어 도료 노즐로 보내지는 방식

제41회 2007년도 전반기

01 가솔린 엔진의 공연비 피드백의 필요성을 서술하시오.

> 해답 ① 이론공연비로 제어되므로 삼원촉매가 최적으로 작동할 수 있게 한다.
> ② 삼원촉매가 최적으로 제어되면 유해배기가스(CO, HC, NOx)를 무해한 가스로 잘 변환시켜 주므로 배기가스의 오염을 감소시킨다.

02 전자제어 자동변속기에서 토크컨버터 내의 댐퍼클러치(혹은 록업 클러치)가 작동하지 않는 구간을 3가지 서술하시오.

> 해답 ① 1단 주행 시
> ② ATF가 일정온도 이하 시
> ③ 브레이크 페달을 밟았을 때
> ④ 엔진 rpm 신호가 입력되지 않았을 때
> ⑤ 발진 및 후진 시
> ⑥ 변속 시
> ⑦ 감속 시
> ⑧ 엔진브레이크 작동 시
> ⑨ 고부하 급가속 시

03 동력조향장치에서 핸들 무거움의 원인 3가지를 서술하시오.

> 해답 ① 펌프 구동벨트가 미끄러지거나 손상되었다.
> ② 오일량이 부족하다.
> ③ 유압호스가 비틀렸거나 손상되었다.
> ④ 오일펌프의 압력이 부족하거나 오일펌프 자체의 고장
> ⑤ 제어밸브가 고착되었다.

04 브레이크장치에서 잔압의 필요성 3가지를 서술하시오.

해답 ① 제동지연 방지
② 베이퍼록 방지
③ 공기침입 방지

05 매연시험기를 사용할 때 주의점을 서술하시오.

해답 ① 측정기에 강한 충격, 진동을 주지 않는다.
② 채취부 본체에 규정압력의 공기를 사용한다.
③ 오염도를 채취하는 시간 외에는 전원스위치를 끈다.
④ 검출부위 광전소자는 사용하지 않을 때는 덮어둔다.
⑤ 여과지, 표준여과지는 직사광선, 먼지, 습기, 오염이 없는 곳에 보관한다.
⑥ 측정기를 수리했을 경우는 표준여과지로 교정한다.
⑦ 카본 제거 및 영점조정을 한다.

06 보수도장의 손상면 관측법 3가지를 서술하시오.

해답 ① 육안 확인법 : 태양, 형광등 등을 이용하여 육안으로 관측
② 감촉 확인법 : 면장갑을 끼고 도장면을 손바닥으로 감지
③ 눈금자 확인법 : 손상되지 않은 패널에 직선자를 이용하여 굴곡 정도를 확인

07 연료압력을 측정하는 순서를 서술하시오.

해답 ① 연료펌프 전원 차단 후, 연료파이프 라인에 남아있는 연료압력을 해제(시동 후 스스로 정지할 때까지 가동)시켜 연료가 흘러나오지 않게 한다.
② 배터리 ⊖터미널을 탈거 후 공급 파이프 측에서 연료고압 호스를 분리시킨다.
③ 고압호스 사이에 연료압력 게이지를 설치한다.
④ 배터리 ⊖터미널을 장착한다.
⑤ 배터리 전압을 연료펌프 구동터미널에 인가하여 연료펌프를 작동시키고 나서 압력 게이지에서 연료 누설이 되지 않는지 점검한다.
⑥ 엔진의 시동을 걸고 공회전시킨다.
⑦ 진공호스가 압력 레귤레이터에 연결되어 있을 때 연료압력을 측정한다.

08 차체수정의 3요소를 서술하시오.

해답 ① 고정
② 견인
③ 계측

09 흡배기 밸브 간극이 크거나 작을 시 기관에 미치는 영향을 서술하시오.

해답 ① 비정상적인 혼합비 형성
② 비정상적인 연소
③ 출력저하
④ 엔진의 과열
⑤ 소음발생

10 디젤연료 분사율에 영향을 주는 인자 4가지를 서술하시오.

해답 ① 기관의 속도
② 연료의 압력
③ 분사노즐의 니들밸브 모양
④ 연료분사 행정길이

11 추진축 자재이음에서 진동원인을 서술하시오.

해답 ① 추진축의 휨
② 슬립 이음의 결합 불량
③ 유니버설 조인트 베어링 마모, 볼트 이완
④ 정적 · 동적 평형 불량
⑤ 센터 베어링의 마모

12 산소센서 결함 시 엔진에 미치는 영향을 서술하시오.

해답 ① CO, HC 배출량이 증가한다.
② 연료소비가 증가한다.
③ 공연비 피드백 제어가 불량해진다.
④ 주행 중 엔진의 작동이 정지한다.
⑤ 주행 중 가속력이 떨어진다.

13 에어컨 냉매는 정상이나 컴프레서가 작동하지 않는 이유를 서술하시오.

해답 ① 에어컨 스위치의 고장으로 ECU로 신호입력 불가능
② 에어컨 압력 스위치 고장으로 ECU로 신호입력 불가능
③ 에어컨 릴레이의 고장
④ 에어컨에서 컴프레서로 가는 전원공급이 불량
⑤ 에어컨 컴프레서 작동벨트의 이완 혹은 미끄러짐
⑥ 엔진의 온도가 규정값보다 높을시
⑦ 핀 서모 스위치 불량 시
⑧ 트리플 스위치(압력 스위치) 고장 시

14 자동변속기의 밸브보디에 장착된 감압밸브에 대하여 서술하시오.

해답 ① 위치 : 하부밸브보디
② 역할 : 라인압력을 근원으로 하여 항상 라인압력보다 낮은 압력으로 조절, PCSV 및 DCCSV로부터 제어압력을 만들어 압력제어밸브와 댐퍼클러치 제어밸브를 작동시킨다.

15 도료에 의한 도장불량 3가지를 서술하시오.

해답 ① 흘림(Sagging) : 도료 또는 도료 조건에 원인
② 변퇴색(Discoloration Fading) : 도료가 날씨에 견디는 성질이 나쁨
③ 초킹(Chalking) : 도료가 날씨에 견디는 성질이 나쁨

16 점화플러그의 열가를 설명하고 아래 (   )에 들어갈 점화플러그는?

해답 ① 점화플러그의 열가 : 점화플러그의 열 방산 정도를 나타낸 것
② (열형)플러그는 저속에서 자기청정온도에 달하고, 열 방산능력이 나빠 차속이 낮은 저속용 기관에 사용한다.
③ (냉형)플러그는 열 방산능력이 뛰어나 고속회전의 전극소모가 심한 기관에서 사용한다. 열가의 외관상 차이는 수열면적과 방열경로의 장단(長短)이다. 즉,
④ (냉형)플러그는 수열면적이 작고, 단열경로가 짧게 되어 있으며,
⑤ (열형)의 플러그는 수열면적이 크고, 단열경로가 길게 되어 있다.

17 다음은 전자제어 차량의 냉각수온센서회로이다. ECU 내부의 고정 저항값은 1kΩ이고 냉각수 온도가 20℃일 때 냉각수온센서의 저항을 측정하니 2.5kΩ이다. 이때 신호 전압 검출점에서 가해지는 전압을 계산하시오.

해답 ① 회로 내의 합성저항

$$R = 1,000 + 2,500 = 3,500\,\Omega$$

② 회로에 흐르는 전류

$$I = \frac{E}{R} = \frac{5}{3,500} = 1.428^{-03}A$$

③ 냉각 수온센서 저항 2.5kΩ일 때

신호전압 $E = IR = 1.428^{-03} \times 2,500 = 3.57\,V$

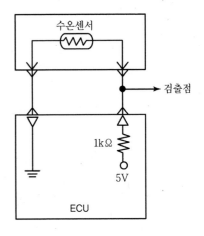

제42회 2007년도 후반기

01 전자제어 점화장치의 파워 TR 고장 시 나타나는 결과를 쓰시오.

해답 ① 엔진시동 불가
② 공회전 시 엔진부조현상
③ 공회전 또는 주행 중 시동 꺼짐
④ 주행 시 가속성능 저하
⑤ 연료소모가 많다.

02 가변흡기 시스템의 원리와 특징을 설명하시오.

해답 1) 원리
각 실린더로 공급되는 흡기다기관의 일부를 고속용과 저속용 2개의 통로로 분리하여 각각 관직경 또는 관길이를 부압이나 스텝모터를 이용하여 기관회전수에 맞게 변환하는 시스템이다.

2) 특징
① 4밸브기관에서 저속성능의 저하를 방지하고 저·중속 토크 및 연비 향상에 도움을 준다.
② 고속영역에서는 흡기관의 길이를 짧게 하여 공기를 빠르게 유입시키고,
③ 저속영역에서는 흡기관의 길이를 길게 하여 공기를 느리게 유입시키는 방식으로 공기유량을 가변적으로 조절하여 RPM에 관계없이 고른 출력을 낸다.

03 엔진 오일의 5가지 작용을 쓰시오.

해답 ① 윤활작용   ② 냉각작용
③ 밀봉작용   ④ 응력분산작용
⑤ 방청작용

04 실린더 헤드의 손상 원인을 쓰시오.

해답 ① 엔진의 이상연소에 의한 과열
② 냉각수의 동결에 의한 수축
③ 헤드볼트의 조임 토크 불량

05 전자제어 가솔린 엔진이 온간시 시동이 안 걸리는 원인은?

해답 ① 점화코일의 열화
② 파워 TR의 열화
③ 연료 부족 및 베이퍼록 발생
④ ECU의 접지불량으로 인한 전압강하
⑤ 전기배선의 열화

06 크랭크축 엔드플레이 과다 시 나타나는 결과는?

해답 ① 크랭크축 메인베어링 손상
② 피스톤 측압 발생
③ 진동, 소음 발생
④ 크랭크축 오일실 손상
⑤ 클러치 디스크 마모

07 자동변속기 테스트 방법 – 자동변속기에서 스톨시험의 목적과 시험방법을 설명하시오. 또한 오토미션에서 성능시험방법 3가지를 답하시오.

해답 1) 목적
① 엔진의 구동력시험
② 토크 컨버터의 동력전달기능시험
③ 클러치의 미끄러짐 점검
④ 브레이크 밴드의 미끄러짐 점검

2) 시험방법
① 엔진을 워밍업시킨다.
② 뒷바퀴 양쪽에 고임목을 받친다.
③ 엔진 타코미터를 연결한다.
④ 주차 브레이크를 당기고, 브레이크 페달을 완전히 밟는다.
⑤ 선택 레버를 D에 위치시킨 다음 액셀러레이터 페달을 완전히 밟고 엔진 rpm을 측정한다.(5초 이내)

⑥ ⑤항의 테스트를 R에서도 동일하게 실시한다.
⑦ 규정값 : 2,000~2,400rpm

3) 오토미션 성능시험방법
① 스톨테스트
② 라인압력시험
③ 타임래그시험

08 제동 시 소음발생 및 진동이 발생하는 원인 5가지를 쓰시오. (조향링크 및 부품 이상 없음)

해답 ① 브레이크 디스크 열변형에 의한 런아웃 발생
② 브레이크 드럼 열변형에 의한 진원도 불량
③ 브레이크 패드 및 라이닝의 경화, 과다 마모
④ 배킹플레이트 또는 켈리퍼의 설치불량
⑤ 브레이크 드럼 내 불순물의 영향

09 구동륜(타이어)이 슬립을 일으키는 요소 5가지를 답하시오.

해답 ① 타이어 트레이드 패턴
② 타이어 트레이드 홈 깊이
③ 타이어의 재질
④ 타이어의 공기압력
⑤ 노면과의 마찰계수

10 차량이 쏠리는 원인을 쓰시오. (제동 시 스티어링휠이 한쪽으로 쏠리는 원인을 답하시오.)

해답 ① 라이닝 간극의 불균일
② 휠 얼라인먼트 정렬 불량 시
③ 타이어 공기압 불균일
④ 타이어 마모의 불균일
⑤ 휠 실린더의 작동 불균일
⑥ 라이닝 마찰계수의 불균일(페이드 현상)
⑦ 브레이크 드럼의 편마모

11 헤드라이트의 소켓이 녹는 원인은?

해답 ① 규정보다 큰 용량의 퓨즈 사용
② 높은 광도를 위한 불량 라이트 적용으로 인해 과열
③ 전기회로합선(단락)
④ 커넥터 접촉불량
⑤ 정격 용량보다 적은 배선 사용 시

12 정기검사 또는 종합검사를 한 후 재정비하여 검사를 받아야 하는 경우 5가지를 쓰시오.

해답 ① 해당 축 중에 대한 제동력의 좌우 편차비가 8%를 초과하였을 때
② 사이드슬립이 1km 주행시 5m를 초과하였을 때(영업용 차량 임시검사 해당)
③ 속도계시험에서 정으로 25%를 초과하였을 때
④ 좌측 전조등의 광축이 좌로 15cm를 초과하였을 때
⑤ HC가 220ppm을 초과하였을 때(차종마다 상이)

13 보수도장용 도료의 구성(조성)요소 4가지를 쓰고 서술하시오.

해답 ① 수지   ② 안료
③ 용재   ④ 첨가제

14 조색의 3가지 방법을 쓰시오.

해답 ① 계량컵에 의한 방법
② 무게비에 의한 방법
③ 비율자에 의한 방법

15 프레임 손상의 5요소를 쓰시오.

해답 ① 찌그러짐(Mash)
② 새그(Sag)
③ 콜랩스(Colleps)
④ 트위스트(Twist)
⑤ 다이아몬드(Diamond)

16 차량사고 시 손상개소 4개소를 쓰고 내용을 설명하여 기술하시오.

해답 ① 사이드 스위핑(Side Sweeping) : 강판이 찌그러진 손상이 많은 것이 특징
② 사이드 데미지(Side Damage) : 센터필러, 플로어, 보디 등을 크게 수리해야 하는 경우
③ 리어 엔드 데미지(Rear End Damage) : 리어 사이드 멤버, 플로어, 루프패널에까지 영향
④ 프론트 엔드 데미지(Front End Damage) : 센터멤버, 후드리지, 프론트 필러까지 변형되고 보디는 다이아몬드, 트위스트, 상하굴곡 등의 변형
⑤ 롤 오버(Roll Over) : 필러, 루프, 보디패널 등을 수리해야 하는 경우

제43회 2008년도 전반기

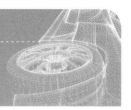

02 실전 다지기

01 전자제어 가솔린엔진에서 연료압력은 정상이나 인젝터가 작동하지 않는 이유를 5가지 쓰시오.

해답 ① ECU 불량　　　　　　　② CAS 불량
③ TDC 센서 불량　　　　　④ 인젝터 관련 회로 불량
⑤ 인젝터 니들밸브 불량

02 전자제어 가솔린엔진에서 배기가스 저감장치 5가지를 쓰시오.

해답 ① PCV(포지티브 크랭크 케이스 벤틸레이션 밸브)
② 캐니스터
③ PCSV(퍼지 컨트롤 솔레노이드 밸브)
④ MPI 장치(공기/연료혼합비 조절장치)
⑤ 3원촉매
⑥ 배기가스 재순환장치(EGR, 서모밸브)

03 노킹을 확인하는 방법과 제어방법을 쓰시오.

해답 ① 노킹확인 : 노크센서를 이용해 진동을 감지해서 ECU에 전송
② 제어방법 : 노킹발생 시 점화시기를 지각시킨다.

04 전자제어엔진에서 크랭킹은 가능하나 시동불량 원인 5가지를 쓰시오. (단, 점화계통은 이상이 없다.)

해답 ① 연료가 불량(연료부족 및 베이퍼록 발생)
② CAS, ECU 등 연료분사 제어장치 불량(ECU의 접지불량으로 인한 전압강하)
③ 연료장치 불량(펌프, 필터, 인젝터)
④ 타이밍벨트 장착 불량
⑤ 낮은 실린더 압축압력
⑥ 흡기 막힘

05 P−V선도에서 알 수 있는 내용을 3가지 쓰시오.

해답 ① 일량
② 평균유효압력
③ 열효율

06 클러치 페달을 밟았을 때 소음이 발생되는 원인 3가지를 쓰시오.

해답 ① 클러치 페달의 유격이 적다.
② 클러치 디스크 페이싱의 마멸이 심하다.
③ 릴리스 베어링의 마멸 또는 손상, 오일부족
④ 클러치 어셈블리 및 릴리스 베어링의 조립 불량

07 ECS에서 프리뷰 센서의 기능을 쓰시오.

해답 타이어 전방에 돌기나 단차가 있을 때 초음파에 의해 이것을 검출한다.

08 자동차 주행 시 저속 시미현상의 원인 5가지를 쓰시오.

해답 ① 타이어의 공기압이 적정치 않다.
② 타이어에 동적 불평형이 있다.
③ 휠 얼라인먼트 정렬이 불량하다.
④ 조향 링키지나 볼조인트가 불량하다.
⑤ 현가장치가 불량하다.

09 전자제어 자동변속기에서 감압밸브(리듀싱밸브)와 릴리프밸브의 기호를 그리시오.

해답

[감압밸브(상시열림)]   [릴리프밸브(상시닫음)]

10 TCS의 제어기능을 2가지 서술하시오.

> **해답** ① 슬립 제어 : 출발 시
> ② 트레이스 제어 : 선회 가속 시

11 자동변속기에서 1단에서 2단으로 변속 시 충격 발생 원인 5가지를 쓰시오.

> **해답** ① 펄스제너레이터 A 불량 시
> ② 밸브보디 불량 시
> ③ 유압 컨트롤 밸브 불량 시
> ④ 언더 드라이브 클러치 불량 시
> ⑤ 세컨드 브레이크 불량 시
> ⑥ 로 앤 리버스 브레이크 불량 시

12 배선 커넥터가 녹는 원인 3가지를 쓰시오.

> **해답** ① 정격용량보다 큰 퓨즈를 장착하였다.
> ② 전기적인 부하가 커서 과도한 전류가 흘렀다.
> ③ 회로 내 배선이 접지와 쇼트되었다.

13 사이드 슬립테스트 전에 자동차가 갖추어야 할 조건 5가지를 쓰시오.

> **해답** ① 타이어 공기압 확인
> ② 타이어 이물질 제거
> ③ 답판에 서서히 진입
> ④ 답판의 중앙으로 진입
> ⑤ 답판 통과 시, 급발진, 급제동 금지

14 페더에지(단, 낮추기)를 설명하시오.

> **해답** 패널을 보수도장할 경우 퍼티나 프라이머 또는 서페이서 등의 도료와 부착력을 증진시켜 주기 위해 단위 표면적을 넓게 만들어 주는 작업을 말한다.

15 가이드 코팅에 대해 설명하시오.

해답 균일한 연마작업을 하기 위하여 폐도료(건조가 빠른 것)를 사용하여 연마하고자 하는 전면을 어두운 색상으로 1차로 착색하는 방법을 말하며 퍼티부위 및 표면의 상태를 짧은 시간에 확인하기 위함이다.

16 프레임의 파손형태를 다이아몬드, 콜랩스를 제외한 3가지를 쓰시오.

해답 ① 찌그러짐(Mash)
② 새그
③ 트위스트

17 센터링게이지로 측정할 수 있는 용도는 무엇인지 쓰시오.

해답 ① 언더보디의 상하 변형 측정
② 언더보디의 좌우 변형 측정
③ 언더보디의 비틀림 변형 측정

제44회 2008년도 후반기

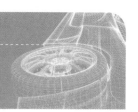

01 일반적으로 MPI 엔진을 점검할 때 주의사항 5가지를 쓰시오.

해답 ① ECU 회로를 단락(쇼트)시키지 않는다.
② 점화장치의 고전압에 감전되지 않도록 주의한다.
③ 연료장치점검 시 누설에 의한 화재가 발생하지 않도록 주의한다.
④ 전자제어장치를 점검할 때에는 배터리의 접지 케이블을 탈거한다.
⑤ 센서 점검시 배터리 전원을 인가하지 않는다.

02 산소센서와 TPS 동시파형에서 산소센서파형을 분석하는 요령을 쓰시오.

해답 ① 아이들 시 TPS 전압은 0.2~0.3V 출력되며 산소센서는 0.1~0.9V까지 주기적으로 움직인다.
② 급가속 시 TPS 전압은 4.0~4.3V까지 상승하며 산소센서는 0.8~0.9V를 유지한다. (농후)
③ 감속 직후 TPS 전압은 0.2~0.3V를 가리키며 산소센서는 0.2~0.3V를 유지한다. (희박)
④ 감속 후 일정 시간이 지나면 산소센서는 0.1~0.9V까지 움직이며 피드백을 시작한다.

03 산소센서의 기능과 점검할 때의 주의사항을 답하시오.

해답 1) 기능
배기가스 중의 산소농도를 대기 중의 산소와 비교해 농도차이가 크면 1V에 가까운 전압이, 농도차이가 작으면 0V에 가까운 전압이 출력된다. 이 전압을 이용해 ECU에서는 공연비 피드백 제어를 실시하게 된다.

2) 점검 시 주의사항
① 정상작동온도에서 점검할 것(배기온도 300℃ 이상)
② 출력 전압측정 시 아날로그테스터 사용 금지
③ 내부저항 측정 금지
④ 출력 전압 쇼트 금지

04 LPG 사용 시 장점과 단점을 각 3가지 쓰시오.

해답 1) 장점
① 연소효율이 좋고 윤활유의 오염이 적다.
② 대기오염이 적으며 위생적이다.
③ 연료비가 경제적이다.

2) 단점
① 연소실의 온도가 높다.
② 역화가 발생할 수 있다.
③ 가스누설 시 폭발의 위험이 있다.

05 엔진이 과열하는 원인을 5가지 쓰시오.

해답 ① 냉각팬 작동 불량
② 라디에이터 코어막힘
③ 서모스탯 불량(닫힘상태로 고착)
④ 온도 센서 작동불량
⑤ 헤드개스킷, 헤드불량
⑥ 워터펌프 불량

06 스텝모터와 공회전속도조절 서보 하니스의 각 부분 점검결과 이상이 없는데 스텝 수가 규정에 맞지 않는 원인을 5가지 쓰시오.

해답 ① 공회전속도의 조절불량
② 스로틀 밸브에 카본 누적
③ 흡기 매니폴드 개스킷 틈의 공기누설
④ EGR 밸브 시트의 헐거움
⑤ 스텝모터 베어링소손

07 브레이크 페이드 현상에 대해서 쓰시오.

해답 브레이크 라이닝(패드)과 드럼(디스크)의 온도 상승으로 인한 마찰력 감소현상

08 자동변속기 라인압력 점검개소를 5가지 쓰시오.

> **해답** HIVEC 자동변속기인 경우
> ① 언더 드라이브 클러치 압력
> ② 리버스 클러치 압력
> ③ 오버 드라이브 클러치 압력
> ④ 로우 & 리버스 브레이크 압력
> ⑤ 세컨드 브레이크 압력

09 휠의 평형이 틀려지는 이유를 5가지 쓰시오.

> **해답** ① 휠 베어링의 유격과다
> ② 조향 링키지 유격과다
> ③ 볼트와 부싱의 마모
> ④ 앞차축 및 프레임에 휨 발생
> ⑤ 충격으로 인한 균형 파괴

10 에어백 모듈 정비 시 주의사항 5가지를 쓰시오.

> **해답** ① 배터리 ⊖단자를 탈거 후 30초 이상 지나서 정비할 것
> ② 손상된 배선은 수리하지 말고 교환할 것
> ③ 점화회로에 수분, 이물질이 묻지 않도록 할 것
> ④ 진단 유닛 단자 간 저항을 측정하거나 테스터 단자를 직접 단자에 접속하지 말 것
> ⑤ 탈거 후 에어백 모듈의 커버면이 항상 위쪽으로 향하도록 보관할 것
> ⑥ 주위 온도가 100℃ 이상 되지 않도록 할 것
> ⑦ 부품에 충격을 주지 말 것

11 충전은 양호하나 크랭킹 저하 시 배터리 성능을 확인하기 위한 방법을 쓰시오.

> **해답** ① 배터리 부하시험(9.6V 이상)
> ② 배터리 무부하시험(10.8V 이상)
> ③ 배터리 비중을 측정(상온에서 1.280 이상)

12 사이드 슬립 테스트를 할 때 자동차가 갖추어야 할 조건 5가지를 쓰시오.

해답 ① 타이어 공기압 확인
② 타이어 이물질 제거
③ 답판에 서서히 진입
④ 답판의 중앙으로 진입
⑤ 답판 통과 시 급발진·급제동 금지

13 차량사고 시 손상개소 4개소를 쓰고 내용을 설명하여 기술하시오.

해답 ① 사이드 스위핑(Side Sweeping) : 강판이 찌그러진 손상이 많은 것이 특징
② 사이드 데미지(Side Damage) : 센터필러, 플로어, 보디 등을 크게 수리해야 하는 경우
③ 리어 엔드 데미지(Rear End Damage) : 리어 사이드 멤버, 플로어, 루프패널에까지 영향
④ 프론트 엔드 데미지(Front End Damage) : 센터멤버, 후드리지, 프론트 필러까지 변형되고 보디는 다이아몬드, 트위스트, 상하굴곡 등의 변형
⑤ 롤 오버(Roll Over) : 필러, 루프, 보디패널 등을 수리해야 하는 경우

14 퍼티와 경화제의 비율은?

해답 ① 여름철 → 100 : 1(주제 : 경화제)
② 봄, 가을철 → 100 : 2(주제 : 경화제)
③ 겨울철 → 100 : 3(주제 : 경화제)

제45회 2009년도 전반기

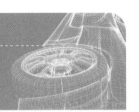

02 실전 다지기

01 터보챠저의 효과 4가지를 쓰시오.

해답 터보과급기의 장점은 동일 배기량에서
① 출력 증가(동일 배기량에서)
② 연료소비율 향상
③ 착화지연시간 단축
④ 고지대 일정 출력 유지
⑤ 저질 연료 사용 가능
⑥ 냉각손실 감소

02 LPG 믹서의 주요 구성품 3가지에 대해서 서술하시오.

해답 ① 메인 듀티 솔레노이드 : 산소센서의 입력신호에 따라 ECU에서 연료량을 듀티로 제어해서
공기와 연료의 혼합비 조절
② 슬로우 듀티 솔레노이드 : 슬로우 연료라인으로 공급되는 연료량을 듀티로 제어해서 연료
공급량 제어
③ 아이들 스피드 컨트롤(ISC) 밸브 : 공회전속도제어, 시동 시, 공회전 시, 전기부하 시, 변
속부하 시의 공회전 보정

03 산소센서(질코니아 산소센서, 티타니아 산소센서)의 특징을 서술하시오.

항목	질코니아	티타니아
원리	이온 전도성	전자 전도성
출력	기전력 변화	저항치 변화
감지	질코니아 표면	티타니아 내부
내구성	불리	양호
응답성	불리	유리
가격	유리	불리

항목	질코니아	티타니아
특징	배기가스와 표준가스 분리	배기가스 중 소자 삽입
공연비	조정이 용이하다.	조정이 어렵다.
진한 혼합비 특성	1V 가까이 출력	0V 가까이 출력
희박 혼합비 특성	0V 가까이 출력	5V 가까이 출력

04 다이어프램 형식 클러치의 특징 3가지를 쓰시오.

해답 ① 회전 시 평형상태가 양호하며 압력판에서의 압력이 균일하게 작용한다.
② 고속회전 시 원심력에 의한 스프링의 압력변화가 적다.
③ 클러치 판이 마모되어도 압력판을 미는 힘의 변화량이 적다.
④ 릴리스 레버가 없으므로 레버 높이가 일정하기 때문에 조정이 불필요하다.
⑤ 클러치 페달의 답력이 적게 든다.
⑥ 구조 및 조작이 간편하다.

05 휠얼라인먼트에서 셋백이 무엇인지 설명하고 제조 시 허용공차를 적용하고 있으나 이상적인 셋백 값은 얼마인가?(출고 시 기준값)

해답 ① 셋백 : 자동차의 앞바퀴 차축과 뒷바퀴 차축의 중심선이 서로 평행한 정도. 즉 동일한 액슬에서 한쪽 휠이 다른 한쪽 휠보다 앞 또는 뒤로 차이가 있는 것을 말한다. 대부분의 차량은 공장에서 조립시 오차에 의해서 셋백이 발생하며 캐스터에 의해서도 발생한다.
② 셋백 값 : 셋백 값은 0의 값이 되어야 하나 일반적인 규정 값은 약 15mm 이내임

06 자동차가 선회 운동할 때 발생되는 코너링 포스가 접지면의 타이어 중심보다 뒤쪽에 생기는 이유를 쓰시오.

해답 ① 코너링 포스는 자동차가 선회할 때 타이어에 발생되는 원심력과 평행되는 힘을 말한다.
② 즉 자동차가 선회할 때 타이어 밑 부분은 변형하면서 회전하므로 타이어와 노면 사이에는 마찰력으로 인해 노면으로부터 타이어에 대해 안쪽으로 작동력이 발생하게 된다.
③ 이때 트래드 중심선은 대부분 뒤쪽으로 치우치게 된다.
④ 이 작용력은 타이어의 변형 결과로 인해 발생하므로 접지면의 중심보다 뒤쪽으로 작용한다.

07 킥다운에 대하여 기술하시오. (스로틀 개도 및 구동력 포함)

해답 ① 급가속을 얻기 위해 액셀러레이터 페달을 끝까지 밟으면 현재의 기어 단수보다 한 단계 낮은 기어로 선택되면서 순간적으로 강력한 가속력을 얻을 수 있다.
② 이때, 기어 변환에 따라 차량이 주춤거리는 현상이 있을 수 있으나, 이것은 가속력을 얻기 위한 정상적인 현상이다.

08 휠 림의 구조에서 림 험프를 두는 이유를 쓰시오.

해답 비드 시트에 접하고 있는 볼록하게 나온 부분이며 타이어가 안쪽으로 밀리지 않도록 하는 역할을 한다.

09 후진 경고장치(백 워닝)의 주요기능 3가지를 쓰시오.

해답 ① 초음파 센서를 사용하여 후방의 물체감지
② 부저를 통한 물체와의 거리에 따른 경보 제어기능
③ 표시창을 통한 감지된 물체의 방향표시 기능
④ 부저 또는 진단장비를 통한 자기진단기능

10 EBD에 대하여 설명하시오.

해답 EBD(Electronic Brake force Distribution)
승차인원이나 적재하중에 맞추어 앞뒤 바퀴에 적절한 제동력을 자동으로 배분함으로써 안정된 브레이크 성능을 발휘할 수 있게 하는 전자식 제동력 분배 시스템

11 리시버 드라이어의 기능 5가지를 쓰시오.

해답 ① 냉매의 이물질 제거
② 냉매 속의 기포 제거
③ 냉매 속의 수분 제거
④ 냉매저장기능
⑤ 압력밸브기능

12 자동차 조향륜의 옆미끄러짐량(사이드슬립) 측정조건(준비사항)과 측정방법을 각각 3가지씩 쓰시오.

해답 1) 측정조건
　　① 지시계의 지침이 0을 가리키고 있는지 확인한다.(전원OFF)
　　② 전원스위치를 ON하고 약 1분 후 지침이 0위치에 있는지 확인한다.
　　③ 답판 중앙의 고정장치를 푼다.

2) 측정방법
　　① 측정차량을 서서히(약 5km/h) 답판 위로 직진한다.
　　② 전륜이 답판을 완전히 통과할 때까지 지시계의 지침을 보고 그 최대치를 읽는다.
　　③ 측정이 끝나면 전원스위치를 OFF한다.

13 도장용 샌더의 종류 3가지에 대해서 서술하시오.

해답 ① 싱글액션샌더는 더블액션샌더에 비해 연마력이 매우 뛰어난 샌더로 강판에 발생된 녹을 제거하거나 구도막을 벗겨낼 때 많이 사용한다.
② 더블액션샌더는 중심축을 회전하면서 중심축의 안쪽과 바깥쪽을 넘나드는 형태로 한번 더 스트록(Stroke)하여 연마하는 샌더를 말한다.
③ 오비탈샌더는 일정한 방향으로 궤도를 그린다 하여 오비털샌더라 부른다. 종류에 따라 차이는 있지만 퍼티면의 거친 연마나 프라이머－서페이서 연마로 사용된다.
④ 기어액션샌더는 연마력이 높아 작업속도가 매우 빠른 편이다. 더블액션샌더의 연마력을 높이기 위해 강한 힘을 주면 회전하지 못하는 것을 보완한 연마기이다.

14 모노코크보디의 주요 충격 흡수부위(응력집중요소) 3가지를 쓰시오.

해답 ① 구멍(홀)이 있는 부위
② 단면적이 적은 부위
③ 곡면부 혹은 각이 있는 부위
④ 패널과 패널이 겹쳐진 부위
⑤ 모양이 변한 부위

15 모노코크보디에서 충격을 흡수하는 부위를 3곳 쓰시오.

해답 ① 구멍 부위　　　　② 단면적이 적은 부위
③ 곡면 부위　　　　④ 겹친 부위
⑤ 모양이 변한 부위

제46회 2009년도 후반기 / 제47회 2010년도 전반기

01 질코니아 산소센서와 인젝터의 작동을 오실로 스코프로 검출하였다. 조건에 맞는 답을 하시오.

① 산소센서는 혼합비가 농후할 때 출력전압은 어떻게 변하는가?
② 혼합비가 농후할 때 인젝터 작동시간은 어떻게 변하는가?
③ 산소센서는 혼합비가 희박할 때 출력전압은 어떻게 변하는가?
④ 혼합비가 희박할 때 인젝터 작동시간은 어떻게 변하는가?

해답 ① 1V 가까이 출력된다.
② 연료량을 줄이기 위해 작동시간이 감소된다.
③ 0V 가까이 출력된다.
④ 분사량을 늘이기 위해 작동시간을 증가한다.

02 LPG차량에서 액·기상 솔레노이드 밸브의 작동을 설명하시오.

해답 1) 액상 솔레노이드밸브
냉각수온이 일정온도(약 18도℃) 이상 올라가면 엔진 ECU의 제어에 의해 액상 솔레노이드 밸브가 열리면서 액체 상태의 LPG를 베이퍼라이저에 공급한다.

2) 기상 솔레노이드밸브
초기 시동 시[냉간 시] 냉각수온이 일정온도(약 18℃) 이하에서 작동하여 베이퍼라이저에 기체상태의 연료를 공급하여 시동성을 좋게 하고 베이퍼라이저에서의 기화잠열에 의한 빙결을 방지한다.

03 다음 물음에 답하시오.

1) 듀티 파형을 도시하시오.
2) 듀티를 설명하시오.
3) 자동차에서 듀티제어 부품 2가지를 쓰시오.

해답 1) 듀티 파형

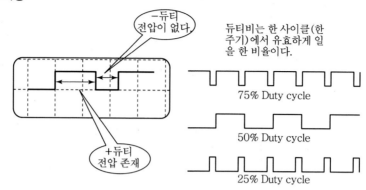

듀티비는 한 사이클(한 주기)에서 유효하게 일을 한 비율이다.

75% Duty cycle

50% Duty cycle

25% Duty cycle

듀티비는 한 사이클(한 주기)에서 유효하게 일을 한 비율이다.

2) 듀티율이 높음의 의미

듀티 제어는 ─제어와 ＋제어가 있는데 대부분 자동차에서는 ─제어를 많이 사용하고 있다.

듀티율이 높다는 것은 제어하는 양이 많다는 것을 말하며 그 만큼 작동하는 시간과 비례한다고 보면 된다.

3) 자동차에서 듀티제어 부품

① LPG 엔진의 믹서 : 메인 듀티 솔레노이드 밸브, 슬로 듀티 솔레노이드 밸브

② 자동변속기
- 댐퍼 클러치 솔레노이드 밸브(DCCSV)
- 압력조절 솔레노이드 밸브(PCSV)
- 시프트 컨트롤 솔레노이드 밸브(SCSV)

04 수동변속기 차량의 주행 중 기어빠짐이 예상되는 원인 3가지를 쓰시오.

해답 ① 변속레버, 링크 휨 ② 시프트 레일 마모
③ 시프트 포크 휨 ④ 록킹 볼 마모
⑤ 록킹 스프링 피로

05 고속 주행 시 시미현상의 원인 3가지를 쓰시오.

해답 ① 타이어 휠의 동적 불평형일 때
② 엔진 설치 볼트가 이완되었을 때
③ 프레임의 쇠약 또는 절손되었을 때

④ 휠 허브 베어링의 유격이 클 때
⑤ 타이어가 편심되었을 때
⑥ 추진축에서 진동이 발생될 때
⑦ 자재이음의 마모 또는 급유가 부족할 때

06 주행 중 핸들 쏠림의 원인 4가지를 쓰시오.

해답 ① 휠 얼라인먼트 조정 불량
② 타이어 공기압 부적정
③ 브레이크가 걸림(편 제동)
④ 프론트 스프링 쇠손
⑤ 스티어링 링키지의 변형
⑥ 너클암의 변형
⑦ 프론트 휠 베어링의 프리로드 조정불량
⑧ 타이어 편마모
⑨ 로어암과 어퍼암의 변형

07 브레이크 장치에 잔압을 두는 이유 3가지를 서술하시오.

해답 ① 브레이크 오일의 누설 방지
② 공기의 혼입 방지
③ 브레이크 작동지연 방지
④ 베이퍼 록 방지

08 자동차의 전구가 자주 끊어지는 원인 3가지를 쓰시오.

해답 ① 전구의 용량이 클 때
② 전구 자체의 결함이나 회로 내의 결함으로 과대전류가 흐를 때
③ 과충전으로 전구에 과대전류가 흐를 때

09 에어컨을 점검하였더니 냉매량이 과다하였다. 이때 물음에 답하시오.

1) 고압 파이프의 상태를(~ 뜨겁다. ~ 차갑다) 등으로 간략하게 쓰시오.
2) 고압 및 저압의 게이지 상태를 쓰시오.

해답 1) 비정상정적으로 뜨겁다.
2) 고압 및 저압의 게이지 상태가 정상치보다 높다.

10 축전지의 설페이션을 설명하시오.

해답 1) 축전지의 방전상태가 오랫동안 지속되어 극판이 결정화되어 사용하지 못하는 현상을 말한다.

2) 원인
① 전해액의 비중이 너무 높거나 낮다.
② 충전이 불충분하다.
③ 방전이 된 상태로 축전지를 장기간 방치하였다.

해답 납 축전지의 충·방전 화학식

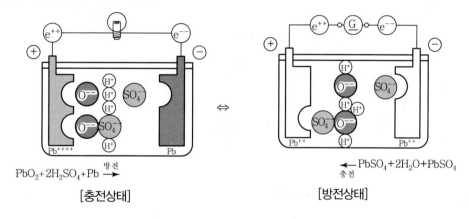

$$PbO_2 + 2H_2SO_4 + Pb \xrightarrow{\text{방전}}$$

[충전상태]

$$\xleftarrow[\text{충전}]{} PbSO_4 + 2H_2O + PbSO_4$$

[방전상태]

11 자동차 검사 시 속도계 지시오차 측정조건 4가지를 쓰시오.

해답 ① 공기 압축기를 가동시켜 압력이 7~8kg/cm²가 되게 한다.
② 측정차의 타이어를 규정압력으로 한다.
③ 타이어/롤러의 이물질을 제거한다.(특히 타이어에 박힌 돌)
④ 리프트를 상승시켜 차량이 롤러 중심에 직각되게 진입한다.(운진자 1명)
⑤ 리프트를 내리고 전륜 타이어 앞에 고임목을 설치한다.
⑥ 테스트 시 핸들을 움직여서는 안 된다.

12 모노코크보디의 특징을 서술하시오.

해답 1) 프레임을 사용하지 않고 일체 구조로 된 것이며 보디와 차체 표면의 외관이 상자형으로 구성되기 때문에 응력을 차체 표면에서 분산시킨다.

2) 장점
① 경량화시킬 수 있다.
② 실내공간이 넓다.
③ 충격 흡수가 좋다.
④ 정밀도가 크기 때문에 생산성이 높다.

3) 단점
① 소음 진동의 전파가 쉽게 된다.
② 충돌 시 차체가 복잡하여 복원 수리가 어렵다.
③ 충격력에 대해 차체 저항력이 낮다.

13 보수도장 퍼티의 종류 3가지를 쓰시오.

해답 ① 판금 퍼티
② 폴리에스테르 퍼티
③ 래커 퍼티
④ 기타(오일퍼티, 수지퍼티, 스프레이어블 퍼티)

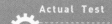
제48회 2010년도 후반기

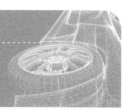

02 실전 다지기

01 디젤기관에서 연료분사 노즐의 분무 특성 3가지를 쓰시오.

해답 ① 미립화(Atomization)
② 관통(Penetration)
③ 분사(Dispersion)
④ 분포(Distribution)

02 전조등 밝기에 영향을 미치는 요소 5가지를 쓰시오.

해답 ① 발전기(제너레이터, 알터네이터) 충전 불량
② 전조등 반사경 불량(렌즈의 불량, 이물질 유입)
③ 배터리 성능저하(배터리 불량)
④ 전조등 전구 규격미달(헤드라이트 필라멘트 노후, 벌브 노후)
⑤ 전조등 회로의 접촉저항 과대(접촉불량, 접지불량, 전원배선불량, 전압강하)

03 판금 전개도의 종류 2가지를 제시하고 설명하시오.

해답 ① 평행선 전개법 : 능선이나 직선면에 직각방향으로 전개
② 방사선 전개법 : 각뿔이나 평면을 꼭지점을 중심으로 방사선 전개
③ 삼각형 전개법 : 입체의 표면을 몇 개의 삼각형으로 분할해 전개

04 가솔린 기관에서 다음 각 항목들이 NOx 의 발생에 미치는 영향을 쓰시오.(온도의 영향, 가감속의 영향, 행정체적의 영향, 행정/내경비의 영향, 밸브 오버랩의 영향)

해답 ① 온도의 영향 : 연소에 의한 온도가 높을수록(열손실이 적을수록) NOx가 증가한다.
② 가감속의 영향 : 가속은 NOx가 증가하고 감속은 NOx가 감소한다.
③ 행정체적의 영향 : 행정체적이 증가하거나 감소하면 NOx가 증가하거나 감소한다.
④ 행정/내경비의 영향 : 장 행정 엔진은 NOx가 증가하고 단 행정 엔진은 감소한다.
⑤ 밸브 오버랩의 영향 : 밸브오버랩이 작아지면 NOx가 증가하고 커지면 감소한다.

05 엔진의 과열로 기계적인 손상이 미치는 곳을 3가지 쓰시오.

해답 ① 실린더 헤드 변형 및 균열
② 실린더 벽의 긁힘 또는 파손
③ 피스톤 및 링의 고착
④ 엔진 베어링 손상, 크랭크축 저널 긁힘
⑤ 실린더 밸브 손상
⑥ 커넥팅 로드 변형 발생
⑦ 실린더 헤드 개스킷
⑧ 밸브 가이드 씰
⑨ 크랭크축 리테이너

06 기동전동기 무부하 시험시 준비해야 할 부품(장비) 5가지를 쓰시오.

해답 ① 전류계 　　　　 ② 전압계
③ 가변저항 　　　　 ④ 축전지
⑤ 회전계

07 운행자동차 정기검사방법 중 배기가스 검사 전 확인해야 할 준비사항 5가지를 쓰시오.

해답 ① 배기관에 시료 채취관이 충분히 삽입될 수 있는 구조인지 여부 확인
② 경유차의 경우 가속페달을 최대로 밟았을 때 원동기의 회전속도가 최대 출력시의 회전속도 초과 확인
③ 정화용 촉매, 매연 여과장치 및 기타 육안 검사가 가능한 부품의 장착 상태를 확인
④ 조속기, 정화용 촉매 등 배출가스 관련 장치의 봉인 훼손 여부 확인
⑤ 배출가스가 배출가스 정화장치 이전으로 유입 또는 최종 배기구 이전에서 유출되는지 확인

08 자동차 동력전달장치에서 차동제한장치(LSD)의 특징을 4가지 쓰시오.

해답 ① 눈길, 미끄러운길 등에서 미끄러지지 않으며 구동력이 증대
② 코너링 및 횡풍이 강할 때 주행 안전성 유지
③ 진흙길, 웅덩이에 빠졌을 때 탈출 용이
④ 경사로에서 주정차 용이
⑤ 급가속시 차량 안전성 유지

09 다기통 가솔린 엔진 설계 시 점화순서를 결정할 때 고려해야 할 사항 3가지를 쓰시오.

해답 ① 인접한 실린더와 연속하여 폭발이 되지 않도록 한다.
② 한 개의 메인 저널에 연속 하중이 걸리지 않도록 한다.
③ 흡입 공기 및 혼합기의 분배가 균일하도록 한다.
④ 크랭크축에 비틀림 진동이 발생하지 않도록 한다.
⑤ 연소간격이 일정하도록 한다.
※ 동력중첩, 저널 위치, 흡입 통로, 엔진 진동

10 디젤엔진의 운전정지 기본원리 3가지를 답하시오. (전자제어 엔진 제외)

해답 ① 연료공급 차단
② 흡입공기 차단
③ 압축해제 – 디콤프 장치(Decompression device)

11 자동차 보수도장에서 도장표면에 영향에 미치는 요소 4가지를 답하시오.

해답 ① 공기 압력 적정성 유지($3\sim4\text{kg/cm}^2$)
② 스프레이건과 피도물의 적정거리 유지(20~20cm)
③ 스프레이건의 이동속도(2~3m/s)
④ 스프레이건의 패턴 중첩부분(3분의 1 정도 중첩)
⑤ 작업장의 온도(20℃)
⑥ 압축공기 중의 수분함유상태
⑦ 도료의 점도
⑧ 도장횟수

12 변속기를 탈착할 때 주의해야 할 안전사항 3가지를 쓰시오.

해답 ① 잭으로 올린 다음 스탠드로 반드시 받쳐준다.
② 차체 밑에서 작업할 때는 보안경을 쓴다.
③ 주차 브레이크를 작동시킨다.
④ 필요시 고임목을 고인다.
⑤ 작업과정에서 요구하지 않는 한 키 스위치를 OFF한다.
⑥ Auto Transmission일 경우 특정한 경우 외에는 셀렉터 레버를 PARK에 둔다.
⑦ 금연 및 작업복장 단정(장신구 제거)

13 보수도장의 표준공정에서 (   )에 알맞은 답을 하시오.

> 판금－세척－(①)－연마－(②) 연마－도료조색－(③) 도장－광택

해답 ① 퍼티 작업
② 프라이머 서페이서
③ 상도

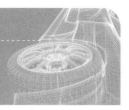

제49회 2011년도 전반기

01 실린더 헤드의 기계적 특성과 관련된 구비조건 3가지를 쓰시오.(단, 실린더 헤드의 필요조건이 아님)

> 해답 ① 열에 의한 변형이 적을 것
> ② 내압에 잘 견딜 수 있는 강성과 강도가 있을 것
> ③ 열전도가 좋고 주조나 가공이 쉬울 것

02 자동차 차체수리 작업시 실러(Body Sealer)의 목적을 쓰시오.

> 해답 ① 이음부의 밀봉
> ② 방수
> ③ 방진
> ④ 기밀성 유지
> ⑤ 부식방지

03 크랭크각 센서가 고장시 기관에 나타날 수 있는 엔진의 현상 4가지를 쓰시오.(단, 부품의 손상이나 연료소비량, 소음 및 충격, 배기가스에 대한 사항은 제외)

> 해답 ① 점화시기 불량   ② 열료분사시기 불량
> ③ 공기량계측 불량   ④ 시동 불량
> ⑤ 주행 중 시동꺼짐   ⑥ 가속 불량
> ⑦ 출력 부족

04 자동변속기 성능시험을 하기 전에 점검해야 할 사항 3가지를 기술하시오.

> 해답 ① 자동변속기 오일량 점검
> ② 변속레버 링크기구의 점검 및 조정
> ③ 엔진 작동상태 및 엔진 공전속도 점검
> ④ 자동변속기 오일 누유 점검

05 자동차의 앞부분의 하중을 지지하는 바퀴는 어떤 기하학적인 각도를 가지고 있다. 그 이유 3가지를 쓰시오.

> 해답 ① 캠버 : 바퀴의 조작력을 가볍게 하기 위함
> ② 캐스터 : 바퀴의 직진성 확보
> ③ 킹핀경사각 : 바퀴의 복원성 확보
> ④ 토인 : 캠버에 의한 바퀴의 편마모 방지

06 자동차에서 포토다이오드를 이용한 센서 5가지를 쓰시오.

> 해답 ① 옵티컬 방식의 크랭크각 센서
> ② 옵티컬 방식의 NO1 TDC 센서
> ③ ECS 차고 센서
> ④ ECS 조향휠 각도 센서
> ⑤ 와이퍼의 우적 감지센서(레인센서)
> ⑥ 일사 센서

07 자동차의 보수도장에서 다음 단계별 공정에 대하여 표의 (   ) 안에 해당되는 적당한 용어를 선택어 중에서 골라 쓰시오.

단계	도장 공정	선택어
1 단계	차체 혹은 도장부위 세정	
2 단계	구도막면(①)	
3 단계	눈메움 작업 및 도막면 (②)	
4 단계	비도장 부위 (③) 작업(최종)	세정, 연마, 전처리
5 단계	하도 도장 적용 및 도막면 연마	마스킹, 중도, 상도
6 단계	비도작 부위(④) 작업(최종)	
7 단계	색상(⑤)적용	
8 단계	투명 상도 적용 및 마무리	

> 해답 ① 전처리　　　　② 연마
> ③ 마스킹　　　　④ 마스킹
> ⑤ 상도

08 크랭크축 엔드플레이가 기관에 미치는 영향 3가지를 적으시오.

해답 ① 피스톤의 축압 과대
② 크랭크축 리테이너의 오일실 파손
③ 커넥팅로드의 휨 발생
④ 기관소음 발생

09 산소센서 피드백이 해제되는 조건 5가지를 쓰시오.

해답 전자 제어 공연비 피드백제어
① 급감속시
② 급가속시
③ 냉각수온이 낮은 경우
④ 산소센서 불량
⑤ 연료 컷 상태

10 디젤기관에서 분사노즐 분사시험을 하려고 한다. 분사노즐에 요구되는 조건 3가지를 쓰시오.

해답 ① 후적 상태 점검(후적 방지)
② 분사각도
③ 분사상태
④ 분사압력

11 사이드 슬립테스트시 사전 준비사항 중 자동차에 관련한 사항 5가지를 쓰시오.

해답 ① 타이어 공기압 확인
② 타이어 이물질 제거
③ 답판의 중앙진입
④ 타이어 트레드의 마모상태 및 편마모 점검/답판 서서히 진입
⑤ 답판 통과시 급발진·급제동 금지

12 제동력시험시 제동력을 판정하는 공식과 판정기준을 쓰시오.(단, 시험차량은 최고속도가 120km/h이고, 차량 총중량이 차량중량의 1.8배이다.)

해답 1) 제동력의 총합

(앞바퀴 좌제동력+앞바퀴 우제동력+뒷바퀴 좌제동력+뒷바퀴 우제동력)/차량중량 ×100=50% 이상 합격)

2) 앞바퀴 제동력의 합

(앞바퀴 좌제동력+앞바퀴 우제동력)/앞축중×100=50% 이상 합격)

13 조향특성에 나타나는 언더 스티어링과 오버 스티어링의 현상을 기술하시오.

해답 1) 언더 스티어링(Under Steering)

조향시 뒷바퀴에 발생하는 코너링 포스가 커지면 선회시 조향각이 커서 회전반경이 커지는 현상

2) 오버 스티어링(Over Steering)

조향시 앞바퀴에 발생하는 코너링 포스가 커지면 선회시 조향각이 작아 회전반경이 작아지는 현상

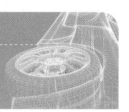

제50회 2011년도 후반기

02 실전 다지기

01 LPI 관련 구성 부품 5가지를 쓰시오. (믹서부분은 제외) (5점)

> **해답** ① 연료펌프　　　　　② 인젝터
> ③ 인터페이스 박스　　④ 펌프 드라이버
> ⑤ 연료압력조절기

02 A필러의 정의 및 A필러 앞쪽의 구성품을 3가지 적으시오. (6점)

> **해답** 1) A필러의 정의
> 　　　차체와 지붕을 연결하는 기둥
>
> 2) 구성품
> 　　　① 펜더 에이프런
> 　　　② 대시포트 패널
> 　　　③ 프런트 사이드 멤버
> 　　　④ 라디에이터 코어 서포트
> 　　　⑤ 플런트 펜더

03 차체견인작업시 기본 고정 외에 추가로 보정하는 이유 3가지를 설명하시오. (3점)

> **해답** ① 기본 고정 보강　　② 모멘트 발생 제거
> ③ 과도한 견인방지　　④ 용접부 보호
> ⑤ 작용부위 제한

04 제동시 자동차가 한쪽으로 쏠리는 원인 3가지를 적으시오. (3점)

> **해답** (조향장치, 현가장치, 타이어는 모두 정상임)
> ① 브레이크 라이닝의 편마모(간극의 불균일, 라이닝 마찰계수의 불균일)
> ② 한쪽 휠실린더의 작동 불량
> ③ 브레이크 드럼 편마모

05 자동차 조향장치 검사 중 조향핸들 유격 세부 검사내용 3가지를 적으시오. (6점)(자동차 조향핸들 검사항목)

> **해답** 1) 조향핸들 유격세부검사인 경우
> ① 조향핸들 유격(핸들)의(12.5)% 이내
> ② 조향너클과 볼조인트의 유격 점검
> ③ 허브너트의 유격 점검
> ④ 조향기어의 백래시 점검
>
> 2) 조향핸들 검사항목인 경우
> ① 조향핸들 유격(핸들)의(12.5)% 이내
> ② 조향력 검사(프리로드 검사)
> ③ 중립위치 점검
> ④ 조향각 점검
> ⑤ 복원력 점검

06 자동차 증가 시 지구환경에 미치는 영향 3가지를 적으시오. (3점)

> **해답** ① CO_2의 증가로 인한 지구 온난화현상 발생
> ② 대기오존층 파괴
> ③ 이상기후현상

07 차동장치 및 후차축 소음 발생 원인 4가지를 적으시오. (4점)

> **해답** (베어링, 윤활장치는 정상)
> ① 사이드기어와 액슬축의 스플라인 마모
> ② 액슬축의 휨
> ③ 링기어의 런 아웃 불량
> ④ 종감속기어의 접촉상태 불량
> ⑤ 종감속기어의 백래시 과대

08 도장의 목적 3가지를 적으시오. (3점)

> **해답** ① 부식방지
> ② 도장에 의한 표시
> ③ 상품성 향상
> ④ 외부오염물질에 의한 차체 보호

09 킥다운의 정의를 설명하시오. (3점)

해답 주행 중 가속을 위해 가속페달을 힘껏 밟아 전(FULL)스로틀 플랩이 부근까지 작동시 강제적으로 다운시프트되는 현상

10 작업효율 및 작업시간 단축을 위한 준비사항 5가지를 적으시오. (5점)

해답 ① 작업에 필요한 수공구 및 계측장비 준비
② 정확한 진단으로 작업예상시간 예측하여 완료시간 계획
③ 숙련된 작업자
④ 잘 정리 정돈된 작업장
⑤ 안전에 필요한 보호구 및 안전장치 착용

11 엔진의 온도와 가속 · 감속에 따른 CO, HC, NOx 증감 조건을 쓰시오. (8점)

해답 ① 엔진 고온시 : CO 감소, HC 감소, NOx 증가
② 엔진 저온시 : CO 증가, HC 증가, NOx 감소
③ 엔진 감속시 : CO 증가, HC 증가, NOx 감소
④ 엔진 가속시 : CO 증가, HC 증가, NOx 증가

제51회 2012년도 전반기

01 사이드 슬립 측정 전 준비사항을 적으시오. (안전사항을 포함하고 테스터기는 제외)

[해답] ① 타이어 공기압 확인
② 타이어 이물질 제거
③ 허브 베어링 유격상태 점검 및 조정
④ 각종 볼 조인트, 타이로드 헐거움
⑤ 현가장치의 이상 유무

02 전기배선 점검시 주의사항

[해답] ① 규정용량의 전기 배선을 사용한다.
② 단선 및 저항 점검은 키스위치 OFF 후 배터리(-) 탈거 후 작업한다.
③ 전원 확인 시에는 고압 케이블 감전에 주의

03 모노코보디의 장점과 단점을 적으시오.

[해답] 1) 장점
① 자동차를 경량화할 수 있다.
② 실내공간이 넓다.
③ 충격흡수가 좋다.
④ 정밀도가 커서 생산성이 높다.

2) 단점
① 소음 진동의 전파가 쉽다.
② 충돌 시 해체가 복잡하여 복원 및 수리가 어렵다.
③ 충격력에 대해 차체 저항력이 낮다.

04 ECS에 대하여 설명하시오.

해답 Electronic Control Suspension System

전자제어 현가장치는 운전자의 스위치 선택, 주행조건 및 노면상태에 따라 자동차의 높이와 스프링의 상수 및 완충 능력이 ECU에 의해 자동으로 조절되는 현가장치이다(이 내용이 반드시 포함되어야 좋은 점수를 얻을 수 있음). 승차감, 조향성 및 안전성을 향상시켜 안전하고 안락한 운행이 가능하다.

05 커먼레일 압력센서의 설명과 기능

해답 커먼레일방식의 디젤엔진에서 고압연료의 압력감지를 하여 ECU에 입력신호를 보내는 센서이며 ECU는 이 신호를 받아 연료량, 분사시기를 조정하는 신호로 이용한다.

06 자동변속기 1, 2 변속시 충격 발생시 원인(변속기 내부)

해답 ① 펄스제네레이퍼 A불량
② 밸브보디 불량
③ 세컨드브레이크 불량
④ 로우엔리버스 브레이크 압력 불량
⑤ 유압 컨트롤 밸브 불량

07 건조 전과 건조 후의 솔리드와 메탈릭에 대하여 기술하시오.

해답 (예 밝음, 어두움으로 표현)
① 솔리드 : 건조 전-밝음 , 건조 후-어두움
② 메탈릭 : 건조 전-어두움, 건조 후-밝음

08 엔진의 출력은 일정한 조건에서 차속을 올리는 방법

해답 ① 변속비를 낮춘다.
② 종감속 기어를 낮춘다.
③ 차량의 중량을 낮춘다.
④ 구름저항을 낮춘다.
⑤ 공기저항을 낮춘다.

09 에어컨 냉매오일 취급 시 주의사항

해답 ① 차체에 묻지 않게 한다.
② 피부에 닿지 않게 한다.
③ 규정용량의 냉매오일을 교환한다.
④ 냉매오일 교환 시 규정된 오일로 교환한다.

10 휠 얼라이먼트의 목적

해답 ① 직진성 확보
② 핸들의 조작력을 가볍게 한다.
③ 바퀴의 복원성 확보
④ 타이어의 편마모를 방지한다.

11 가솔린 엔진 공전 시 부조 원인(센서 및 점화장치 이상 무)

해답 ① 흡기관의 개스킷 불량으로 인한 공기 유입
② EGR 밸브의 공전 시 열림 고장(밀착 불량)
③ PCSV 진공호스의 누설 및 호수 빠짐
④ PCV 진공호스의 누설 및 호수 빠짐
⑤ 인젝터의 막힘/연료계통의 불량 요소 등

12 다음 그림의 논리회로 결과값과 간단한 설명을 하시오.

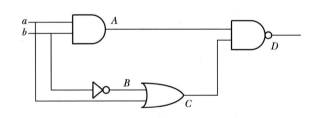

해답 a=1, b=1이다.
A는 AND(논리곱)회로이며
B는 NOT(부정)회로, C는 OR(논리합)회로, D는 NAND(부정 논리곱)회로이다.
a=1, b=1 입력조건에서 A의 AND 출력값은 1
b=1, 입력조건에거 B의 NOT 출력값은 0
B=0, a=1 입력조건에서 C의 OR 출력값은 1
A=1, C=1 입력조건에거 D의 NAND 출력값은 0이다.

제52회 2012년도 후반기

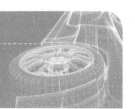

02 실전 다지기

01 부특성 서미스터 기호를 그리고 설명과 사용 예를 2가지 적으시오.

해답 ① 기호 : ──〈──/\/\/\──〉──

② 설명 : NTC Thermister : 온도와 저항이 반비례하는 반도체
③ 사용 예 : WTS(냉각수온센서), ATS(흡기온도센서)

02 육안 조색 시 기본원칙 5가지를 적으시오.

해답 ① 일출 및 일몰 직후에는 색상을 비교하지 않는다.
② 사용량이 많은 원색부터 혼합한다.
③ 수광 면적을 동일하게 한다.
④ 소량씩 섞어가면서 작업을 진행한다.
⑤ 동일한 색상을 장시간 응시하지 않는다.

03 시동불량과 부조 시 배출가스 제어장치에 관련된 사항을 적으시오.

해답 ① EGR 밸브 불량
② 촉매변환기 불량
③ PCSV 불량
④ PCV 불량
⑤ 산소센서 불량

04 축전지 충·방전 시의 화학방정식을 적으시오.

해답 충전시 : $PbO_2 + 2H_2SO_4 + Pb$
방전시 : $PbSO_4 + 2H_2O + PbSO_4$

05 커먼레일 연료분사상태에서 주 분사로 급격한 압력상승을 억제하기 위하여 예비분사량을 결정하는 요소 2가지를 적으시오.

해답 ① 냉각수 온도　　　　　　② 흡입 공기량

06 밸브의 서징현상과 방지법에 대하여 설명하시오.

해답 1) 밸브 서징현상
캠에 의한 밸브의 개폐횟수가 밸브스프링 고유진동과 같든가 또는 그 정수배가 되었을 때 밸브 스프링은 캠에 의한 강제진동과 스프링 자체의 고유진동이 공진하여 캠에 의한 작동과 상관없이 진동을 일으키는 현상

2) 방지법
① 부등피치의 스프링 사용
② 고유진동수가 다른 2중 스프링을 사용
③ 부등피치 원추형 스프링을 사용

07 ECS의 공압식 액티브 리어압력센서의 역할과 출력전압이 높을 시 승차감이 나빠지는 이유에 대하여 설명하시오.

해답 1) 리어압력센서의 역할
① 뒤쪽 쇼크업소버 내의 공기압력을 감지하는 역할을 한다.
② 자동차 뒤쪽의 무게를 감지하여 무게에 따라 뒤 쇼크업소버의 공기스프링에 급·배기를 할 때 급기시간과 배기시간을 다르게 한다.

2) 출력전압이 높을 시 승차감이 나빠지는 이유
출력전압이 높은 경우 자세를 제어할 때 뒤쪽 제어를 금하기 때문에 승차감이 나빠진다.

08 매뉴얼 밸브, 시프트 밸브, 유압제어 밸브를 설명하시오.

해답 ① 매뉴얼 밸브 : 유압밸브보디에 들어 있는 매뉴얼 밸브는 운전자가 셀렉터 레버를 조작하여 그 위치를 결정한다. 매뉴얼 밸브에는 주 작동압력이 작용한다.
② 시프트 밸브 : 솔레노이드 시프트 밸브를 ON-OFF시켜 유압식 시프트 밸브에 유압을 공급 또는 차단하는 방법을 사용하여 각 단의 변속요소들을 연결, 분리 또는 고정한다.
③ 유압제어 밸브 : 기관부하에 따라 주 작동압력을 제어한다.
TCU에 의해 듀티로 작동되며 해당클러치에 유압을 공급하고 해제하는 역할을 한다.

09 주행 중 스티어링 휠의 떨림 현상에 대하여 적으시오.

해답 ① 타이어 휠 밸런스 불량
② 브레이크 디스크 동적 · 정적 불균형
③ 등속조인트 변형
④ 프런트 허브 베어링 불량
⑤ 타이어 편마모

10 4단 자동변속기의 압력점검 요소 5가지를 적으시오.

해답 ① 언더 드라이브 클러치 압력(UD)
② 리버스 클러치 압력
③ 오버 드라이브 클러치 압력(OD)
④ 세컨드 브레이크 압력(2ND)
⑤ 로우 엔 리버스 브레이크 압력(LR)
⑥ 토크 컨버터 원웨이 클러치 압력(OWC)

11 라디에이터(방열기) 관련으로 엔진 과열 시 관련 원인 3가지를 적으시오.

해답 ① 코어 막힘(20% 이상)
② 코어 파손(냉각수 누수)
③ 냉각핀 손상, 전면부 이물질 부착(통기성 불량)
④ 오버플로 호스 막힘
⑤ 압력식 캡 불량(비등점 하강)

12 차량 충돌시 사고수리 손상분석 4요소를 쓰고 설명하시오.

해답 ① 센터라인(Center Line) : 언더 보디의 평행을 분석
② 데이텀(Datum) : 언더보디의 상하 변형을 분석
③ 레벨(Level) : 언더 보디의 수평상태를 분석
④ 치수(Measeurment) : 보디의 원래 치수와 비교

13 수동변속기의 변속 시 트랜스 액슬의 떨림 및 소음에 관련한 사항을 적으시오.

해답 ① 싱크로 메시 기구 불량
② 기어 마모
③ 싱크로 나이즈링 마모
④ 종감속장치의 링기어와 피니언 기어의 접촉불량

제53회 2013년도 전반기

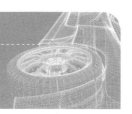

02 실전 다지기

01 내연기관의 유압이 낮아지는 원인 5가지를 쓰시오.

해답 ① 엔진이 과열되어 오일의 점도가 낮아지면 유압이 내려간다.
② 크랭크축 베어링의 현저한 마모
③ 오일펌프의 마멸
④ 유압회로의 누유로 윤활유 양이 부족
⑤ 유압조절밸브 스프링 소손 등 윤활장치의 성능저하

02 전자제어 가솔린 엔진에서 연료압력이 낮아지는 원인 3가지를 쓰시오.

해답 ① 연료 필터가 막힘
② 연료 압력조절기 불량
③ 연료펌프 불량

03 지르코니아 산소센서의 기능과 점검방법 및 주의사항을 쓰시오.

해답 1) 기능
배기가스 중의 산소농도를 대기 중의 산소와 비교해 농도 차이가 크면 1V에 가까운 전압이, 농도 차이가 작으면 0V에 가까운 전압이 출력된다. 이 전압을 이용해 ECU에서는 공연비 피드백 제어를 실시하게 된다.

2) 점검방법
① 0.2~0.6V 변화시간이 짧은지 점검(0.1초 이내)
② 아이들 시 : 산소센서는 0.1~0.9V까지 주기적 변화 점검
③ 급가속 시 : 산소센서는 0.8~0.9V를 유지(농후) 점검
④ 감속 직후 : 산소센서는 0.2~0.3V를 유지(희박) 점검
⑤ 감속 후 일정 시간이 지나면 : 산소센서는 0.1~0.9V까지 움직이며(농후 : 희박=50 : 50) 피드백을 시작하는지 점검

3) 점검시 주의사항
    ① 정상작동온도에서 점검(배기가스온도 300℃ 이상)
    ② 아날로그 테스터 사용금지
    ③ 출력 전압 쇼트 금지
    ④ 내부 저항 측정 금지
    ⑤ 유연 휘발유 사용금지

04 전자제어 가솔린 연료분사장치에서 점화시기를 제어하는 입력요소 5가지를 쓰시오.

해답 ① AFS ② CAS ③ BPS ④ WTS ⑤ 노크센서

05 DLI 점화장치에 대하여 아래 내용을 설명하시오.

해답 1) 배전방식
    점화코일에서 배전기를 거치지 않고 직접 점화플러그에 배전함

2) 1차 전류의 단속방법
    ECU가 파워 TR의 베이스 신호를 ON, OFF하여 점화코일의 1차 전류를 단속함

3) 점화시기 조정 작동원리
    엔진회전수, 엔진 부하 등 각종 센서의 정보를 받아 ECU가 최적 점화시기를 제어함

06 디젤기관의 후기 연소기간이 길어지는 원인 5가지를 쓰시오.

해답 ① 연료의 질이 불량할 때
    ② 압축압력이 낮을 때
    ③ 연료분사 시기가 늦을 때
    ④ 흡기 및 기관의 온도가 낮을 때
    ⑤ 분사노즐이 불량할 때
    ⑥ 연료의 분사 압력이 낮을 때

07 디젤엔진의 노크방지책 5가지를 쓰시오.

해답 ① 착화성이 좋은 연료 사용
    ② 분사 초기에 분사량을 적게
    ③ 실린더 내의 압력과 온도 상승
    ④ 흡입온도, 압력을 높게
    ⑤ 연소실 내의 공기 와류 발생

08 캠버각보다 토인 각이 클 경우 나타날 수 있는 증상 3가지를 쓰시오.

`해답` ① 타이어와 지면과의 계속적인 미끄럼 발생
② 조향효과 감소
③ 타이어 마멸량 과다

09 ABS 시스템의 구성요소와 기능을 3가지 쓰시오.

`해답` ① 휠 스피드 센서 : 차륜의 회전상태를 감지하여 ECU로 보낸다.
② 하이드롤릭 유닛 : 휠 실린더까지 유압을 증감시켜 준다.
③ ABS-ECU : 각 바퀴의 슬립률을 판독하여 고착을 방지하고 경고등을 점등한다.
④ 탠덤 마스터 실린더 : 실린더 내부에 내장된 스틸 센트럴 밸브에 의해 작동된다.
⑤ 진공 부스터 : 브레이크 페달에 가해진 힘을 증대시켜 주는 역할을 한다.

10 하이드로-다이내믹 브레이크(Hydrodynamic brake)기능을 설명하시오.

`해답` ① 구조는 유체클러치와 같다.
② 설치위치는 변속기와 차동장치 사이의 추진축에 설치된다.
③ 스테이터는 차체에 고정되어 있고 로터(회전자)는 추진축(디퍼렌셜)에 의해 구동된다.
④ 차륜에 의해 구동되는 로터(회전자)의 회전에 의해 액체를 고정자(Stator)에 충돌시켜 제동효과를 발생시키는 방식으로 제3브레이크의 일종이다.

11 축전지 셀페이션의 원인을 5가지 쓰시오.

`해답` ① 전해액의 부족
② 방전 후 장기간 방치
③ 전해액의 비중이 높거나 낮은 경우
④ 충전상태가 불량인 경우
⑤ 극판의 단락이나 탈락

12 후진 경고장치(백 위닝)의 주요 기능 3가지를 쓰시오.

`해답` ① 초음파 센서를 사용하여 후방의 물체 감지
② 부저를 통한 물체와의 거리에 따른 경보 제어기능
③ 표시창을 통한 감지된 물체의 방향표시기능
④ 진단장비를 통한 자기진단기능

13 탄성과 소성에서 소성을 설명하시오.

해답 물체에 외력을 가해 변형시킬 때 외력이 어느 정도 이상이 되면 외력을 제거한 후에도 원래의 형으로 돌아가지 않고 변형이 남는다. 이 성질을 소성이라 하며, 소실하지 않고 남은 변형을 소성변형이라 한다.

14 다이아몬드 변형에 대하여 설명하시오.

해답 차체의 한쪽 면이 전면이나 후면 쪽으로 밀려난 형태를 말하는 것으로 사각형의 구조물이 다이아몬드 형태로 변형을 일으킨 상태를 말한다.

15 자동차 차체의 모노코크 바디는 충격에 대하여 (①), (②), 및 (③) 변형을 일으킬 수 있다.

해답 ① 상하 굽음(Sag)
② 좌우 굽음(Sway)
③ 비틀림 파손(Twist)

16 도장의 목적을 쓰시오.

해답 ① 부식방지
② 도장에 의한 표시
③ 상품성 향상
④ 외부오염물질에 의한 차체 보호

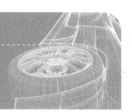
01 밸브서징현상을 설명하시오.

> **해답** 캠에 의한 밸브의 개폐 횟수가 밸브스프링 고유진동과 같든가 또는 그 정수배가 되었을 때 밸브 스프링은 캠에 의한 강제진동과 스프링 자체의 고유진동이 공진하여 캠에 의한 작동과 상관없이 진동을 일으키는 현상

02 가솔린엔진에서 노킹 발생시 엔진에 예상되는 현상을 쓰시오.(단, 부품 피해는 제외)

> **해답** ① 까르륵거리는 소음의 발생 ② 배기소음의 불규칙
> ③ 출력 부족 ④ 엔진의 과열
> ⑤ 엔진 경고등 점등

03 디젤엔진에서 배기가스가 흰색으로 나오는 원인 5가지를 쓰시오.

> **해답** ① 엔진오일 연소 ② 피스톤 링 마모
> ③ 헤드 개스킷 파손 ④ 밸브가이드 마모
> ⑤ 밸브가이드 오일 셀 열화

04 디젤 CPF(배기가스 후처리 장치) 장착 차량의 손상사례 4가지를 쓰시오.(3점)

> **해답** ① 이상연소에 의한 CPF 소손
> ② 재생 중 급격한 산소공급(재생-idle)에 의한 손상
> • 재생 중 급격히 아이들로 떨어져 산소과다공급에 의한 이상 연소
> • CPF 내부온도 1,050℃ 이상 상승시
> ③ Soot 과다 퇴적에 의한 손상(주행 중 흡기계 공기부족 등 순간적인 과다 Soot 퇴적에 의한 강재 재생)
> ④ 재(Ash) 퇴적
> 오일 성분이 재생 중 고온에서 연소하여 재로 퇴적

05 다음은 크랭크각 센서의 파형이다. 1주기가 60회인 엔진의 회전수를 구하시오.

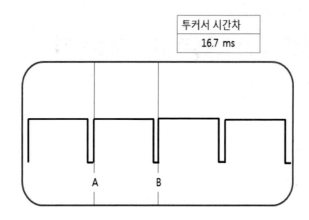

투커서 시간차
16.7 ms

해답 1주기가 60회일 때 주기를 f로 하고 시간을 T(초)일 때

$$f = \frac{1}{T}$$

$$60 = \frac{1}{T}$$

$$T = \frac{1}{60} = 0.17초$$

1분은 60초이므로

$$rpm = \frac{60}{0.17} = 3,529$$

∴ 약 3,529rpm

06 소형자동차에 선택된 FF방식의 단점 3가지를 쓰시오.

해답 ① 차의 앞쪽에 중량이 편중되어 핸들이 무겁다.
② 토크의 변동이 곧바로 스티어링에 영향을 미친다.
③ 회전 반경이 크다.

07 차량 충돌시 스티어링 샤프트의 충격을 흡수하는 장치 3가지를 나열하시오.

해답 ① 메시 형   ② 스틸 볼 형
③ 벨로즈 형   ④ 실리콘 고무 봉입 형

08 써미스터 연료 경고등 회로에서 연료량이 많을 시와 적을 시 써미스터의 작동과 연료 경고등의 점등에 관하여 설명하시오.

해답

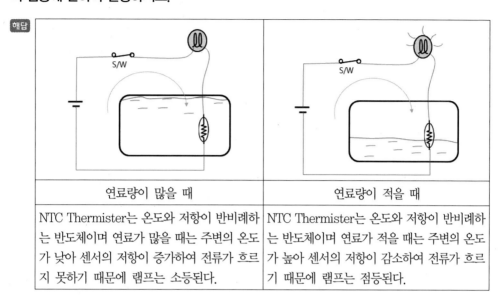

연료량이 많을 때	연료량이 적을 때
NTC Thermister는 온도와 저항이 반비례하는 반도체이며 연료가 많을 때는 주변의 온도가 낮아 센서의 저항이 증가하여 전류가 흐르지 못하기 때문에 램프는 소등된다.	NTC Thermister는 온도와 저항이 반비례하는 반도체이며 연료가 적을 때는 주변의 온도가 높아 센서의 저항이 감소하여 전류가 흐르기 때문에 램프는 점등된다.

09 전자제어 현가장치 점검 시 ECU가 제어하는 기능 5가지를 쓰고 설명하시오.

해답 ① 안티 롤 제어 : 선회시 좌우 움직임을 작게 한다.
② 안티 다이브 제어 : 브레이킹 시 앞쪽이 내려가고 뒤쪽이 올라가는 현상을 방지한다.
③ 안티 스쿼트 제어 : 급발진시 차체 앞부분의 들어 올림량을 작게 한다.
④ 안티 피칭 제어 : 차체의 상하 진동을 작게 한다.
⑤ 안티 바운싱 제어 : 노면상태에 따라 차체 흔들림을 작게 한다.

10 충전장치에서 발전기 충전 불량의 원인을 5가지 쓰시오. (단, 휴즈, 배선, 배터리는 정상)

해답 ① 전압조정기의 회로 불량
② 구동 벨트의 장력이 약할 때
③ 부싱 및 슬립 링의 불량
④ 브러시와 슬립 링의 접촉 불량
⑤ 스테이터 코일, 다이오드의 개회로

11 방향지시등이 좌우 점멸횟수가 다른 이유와 점등되지 않는 이유 3가지를 쓰시오.

해답 ① 전구 하나가 단선되었다.
② 방향지시등 릴레이 불량
③ 전구의 용량이 서로 다르다.

12 병렬형 하이브리드의 장점 3가지를 쓰시오.

해답 ① 내연기관차량의 동력 전달계 활용 가능
② 저성능전동기와 소용량 배터리로도 구현 가능
③ 에너지 변환 손실이 적음

13 트림게이지의 용도 3가지를 적으시오.

해답 ① 좌우 대각선 비교 측정
② 특정 부위의 길이 측정
③ 홀과 홀의 비교 측정

14 스푼의 용도 3가지를 쓰시오.

해답 ① 강판의 굽힘을 수정하는 데 사용
② 돌리의 대용으로 사용
③ Pry-bar, 드라이빙 툴의 대용으로 사용
④ 해머에 의한 타격 전달의 보조기구로 사용

15 스프레이 건의 종류 3가지와 설명을 쓰시오.

해답 ① 중력식 : 도료가 중력에 의해 노즐에 보내지는 방식
② 흡상식 : 도료가 부압에 의해 빨려 올라가 분출하는 방식
③ 압송식 : 도료가 가압되어 도료 노즐로 보내지는 방식

제55회 2014년도 전반기

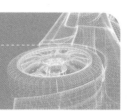

02 실전 다지기

01 엔진 마운팅의 역할에 대하여 3가지를 쓰시오.

> **해답** ① 엔진의 진동 완화
> ② 엔진의 진동 흡수
> ③ 엔진의 중량 지지

02 휠 밸런스 테스터기 취급 시 고려(주의)사항 5가지를 쓰시오.

> **해답** ① 휠을 회전시키기 전에 안전 커버를 내린다.
> ② 휠이 완전히 정지한 후에 안전커버를 들어올린다.
> ③ 고속으로 회전하는 휠에 손가락, 옷, 공구 등이 접촉되지 않도록 한다.
> ④ 휠을 회전시키기 전에 타이어에 묻어 있는 이물질을 깨끗이 제거한다.
> ⑤ 휠 밸런싱 작업을 할 때는 항상 보안경을 낀다.

03 돌리(Dolly Black)가 사용할 수 사용할 수 없는 좁은 곳에 사용하며 양질의 강철로 열처리 되어 있고 각종 모양이 개발되어 있다. 이 공구의 명칭을 쓰시오.

> **해답** 스푼

04 보디 수정 장치는 사용자의 사용방법에 따라 능률의 차이가 크다. 보디 수정 장치의 3대 요소를 쓰시오.

> **해답** ① 고정
> ② 계측
> ③ 견인

05 엔진 회전수를 검출하는 센서의 종류 3가지를 쓰시오.

해답 ① 홀센서 타입
② 인덕티브 타입
③ 광학식 센서(옵티컬) 타입

06 자동변속기 유압회로의 회로압력 시험 항목 5가지를 적으시오.

해답 ① 프론트 클러치 압력
② 리어 클러치 압력
③ 엔드 클러치 압력
④ 킥 다운 서보 압력
⑤ 로우 엔 리버스 브레이크 압력
⑥ 토크 컨버터 원웨이 클러치 압력

07 가솔린 기관에서 공회전 시 HC가 발생하는 원인 3가지를 적으시오. (단, 점화시기, 연료압력은 정상)

해답 ① PCV(포지티브 크랭크 케이스 벤틸레이션 밸브) 불량
② PCSV(퍼지 컨트롤 솔레노이드 밸브) 불량
③ 인젝터 불량
④ 에어 필터 불량

08 점화 플러그의 열가를 설명하고 그림에서 저속형과 고속형을 표시하시오.

해답 열가 : 점화 플러그의 열 방산 정도를 나타낸 것

(1) 저속엔진인 경우 : 열형 플러그
(2) 고속엔진인 경우 : 냉형 플러그

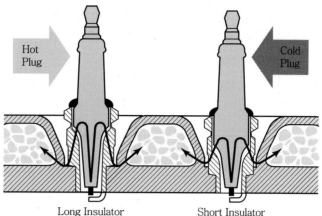

Long Insulator   Short Insulator

09 안료를 도료의 착색제로 사용하는 이유를 2가지 쓰시오.

> 해답 ① 도막을 불투명하게 하여 하지를 은폐시킨다.
> ② 화학적으로 안정하여 색이 일광이나 대기의 작용에 대해 강하다.
> ③ 도료를 중복 도장할 경우 하도막의 색이 위의 도막의 유나 용제에 녹아 나오지 않는다.

10 전자제어 가솔린 엔진에서 시동불량 원인 5가지를 쓰시오. (단, GDI 제외)

> 해답 ① 크랭크각 센서 불량
> ② 점화코일 불량
> ③ 파워 트랜지스터 불량
> ④ 인젝터 불량
> ⑤ ECU 불량

11 자동차의 스프링 위 질량 진동인 요 – 모멘트로 인하여 발생되는 현상 3가지를 쓰시오.

> 해답 ① 오버 스티어링
> ② 언더 스티어링
> ③ 드리프트 아웃

12 VDC 캔 통신 데이터를 오실로스코프로 검출한 결과 데이터 프레임의 ID펄스가 그림과 같이 나타났을 때 빈칸의 2진수 코드를 완성하고 16진수 ID를 쓰시오. (단, 우성 : 0, 열성 : 1)

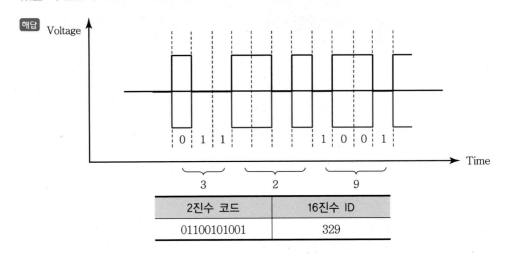

2진수 코드	16진수 ID
01100101001	329

13 내연기관의 연소실 구비조건을 5가지 쓰시오.

해답 ① 충진율이 높아야 한다.
② 혼합기 형성 촉진
③ 연소가스 완전 방출 구조
④ 연소실이 조밀하여야 한다.
⑤ 연소실의 표면적이 작아야 한다.

제56회 2014년도 후반기

01 냉각시스템에서 냉각수 입구제어 방식의 장단점을 쓰시오.

해답 ① 냉각수 온도 변화폭이 적다.
② 바이패스 통로가 없어도 가능하다.
③ 냉각수 교환 후 냉각수 순환과 에어빼기가 곤란하다.

02 LPG 엔진에서 역화가 일어나는 근본적인 원인을 쓰시오.

해답 ① 점화시기가 지연될 때
② 밸브 오버랩이 넓을 경우
③ 크랭크 앵글 센서 시그널 불량

03 DLI 점화방식이 배전기 점화방식보다 나은 장점 3가지를 적으시오.

해답 ① 배전기가 없기 때문에 전파 장해의 발생이 없다.
② 엔진의 회전속도에 관계없이 2차 전압이 안정된다.
③ 점화시기가 정확하고 점화 성능이 우수하다.
④ 고전압이 감소되어도 유효 에너지의 감소가 없기 때문에 실화가 적다.
⑤ 진각의 폭에 제한을 받지 않고 내구성이 크다.
⑥ 고압 배전부가 없기 때문에 배전 누전이 없다.
⑦ 실린더별 점화시기 제어가 가능하다.

04 FF 타입 차량의 타이어 편마모(안쪽 또는 바깥쪽)의 원인과 대책을 쓰시오.

해답 ① 타이어 공기압 불량-규정압력으로 보충
② 기계적 장치 불량(쇼크업소버 또는 휠 베어링)-기계장치 점검수리 후 휠 얼라인먼트 보정
③ 휠 얼라인먼트 불량-휠 얼라인먼트 보정

05 주행 중 조향핸들의 쏠림에 영향을 주는 요인 3가지를 적으시오. (단순주행, 타이어 상태는 양호)

해답 ① 휠 얼라인먼트 조정불량
② 타이어 공기압 부적정, 타이어 편마모
③ 프론트 스프링 쇠손

06 제동안전장치에서 안티스키드(Anti-skid)를 위한 하이드로닉 유닛의 구성 밸브 4가지를 쓰시오.

해답 ① 노멀 오픈 솔레노이드
② 노멀 클로즈 솔레노이드 밸브
③ 트랙션 컨트롤 밸브
④ 하이드로닉 셔틀 밸브

07 자동차의 주행저항 4가지와 계산공식을 적으시오.

해답 1) $Rr = \mu \times W$

여기서, Rr : 구름저항(kgf)
μ : 구름저항계수
W : 차량 총 중량(kgf)

2) $R_F = F \times A \times V^2$

여기서, R : 공기저항(kgf)
F : 공기저항계수
A : 전면투영면적(m^2)
V : 주행속도(m/s^2)

3) $Rg = G \times W$

여기서, Rg : 구배저항(kgf)
G : 구배율(%)
W : 차량 총 중량(kgf)

4) $R_a = \dfrac{(W + W')}{g} \times a$

여기서, R_a : 가속저항

W : 차량 총 중량(kgf)

W' : 회전부분 상당 중량(kgf)

a : 가속도(m/s²)

g : 중력가속도(9.8m/s²)

5) 총 저항=구름저항+공기저항+구배저항+가속저항

$$R = Rr + R_F + F_g + R_a$$

08 전조등의 밝기가 어두워지는 원인 5가지를 쓰시오.

해답 ① 발전기(제네레이터, 알터네이터) 충전 불량

② 전조등 반사경 불량(렌즈의 불량, 이물질 유입)

③ 배터리 성능저하(배터리 불량)

④ 전조등 전구 규격미달(헤드 라이트 필라멘트 노후, 벌브 노후)

⑤ 전조등 회로의 접촉저항 과대(접촉불량, 접지불량, 전원배선불량, 전압강하)

09 에어컨 냉동오일 취급 시 주의사항 3가지를 적으시오.

해답 ① 차체 및 피부에 묻지 않게 한다.

② 규정용량으로 냉매오일을 교환한다.

③ 규정된 냉매오일을 사용한다.

10 에어백 장치의 점검 시 주의사항 5가지를 적으시오.

해답 ① 배터리 단자를 탈거 후 30초 이상 지나서 정비할 것

② 손상된 배선은 수리하지 말고 교환할 것

③ 점화회로에 수분, 이물질이 묻지 않도록 할 것

④ 진단 유닛 단자 간 저항을 측정하거나 테스터 단자를 직접 단자에 접속하지 말 것

⑤ 탈거 후 에어백 모듈의 커버 면이 항상 위쪽으로 향하도록 보관할 것

⑥ 주위 온도가 100℃ 이상 되지 않도록 할 것

⑦ 부품에 충격을 주지 말 것

11 다음 그림을 보고 캔 통신 종단저항 측정값을 적으시오. (종단저항 120)

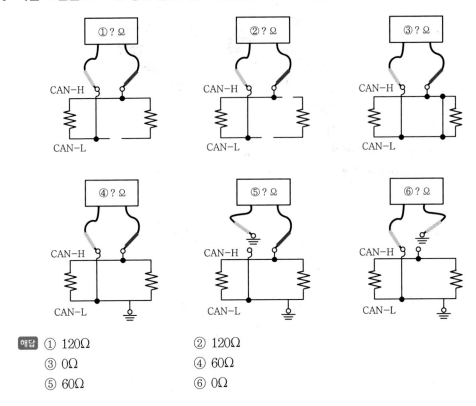

해답 ① 120Ω
② 120Ω
③ 0Ω
④ 60Ω
⑤ 60Ω
⑥ 0Ω

12 해머와 돌리를 이용한 패널 수정방법 2가지를 쓰시오.

해답 ① 해머 온 돌리(Hammer On Dolly)
② 해머 오프 돌리(Hammer Off Dolly)

13 차체수리를 위한 유압 보디잭 사용 시 주의사항을 쓰시오.

해답 ① 램에 과부하가 걸리지 않도록 할 것
② 램 플런저가 완전히 확장되었으면 더 이상 유압을 가하지 말 것
③ 유압호스 취급에 주의할 것
④ 유압펌프, 실린더의 패킹 부위에 고열을 가하지 말 것

14 광택 전동 폴리셔의 사용 회전속도는?

해답 1,000~2,000rpm

15 그림과 같은 차량용 겹판 스프링의 허용응력과 처짐양의 계산식을 쓰고 답을 구하시오. (단,
P : 2,240kg, 스프링 매수 : 8, E=2.2×10⁶kg/cm²)

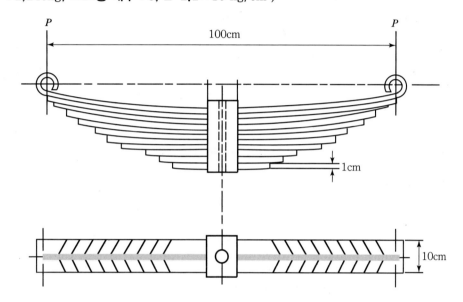

해답 1) 허용응력

$$\sigma = \frac{3Pl}{2nbh^2}$$

$$= \frac{3 \times 2,240 \times 100}{2 \times 8 \times 10 \times 1^2}$$

$$= 4,200 \, \text{kg/cm}^2$$

2) 처짐양

$$\delta = \frac{3Pl^3}{8nbh^3 E}$$

$$= \frac{3 \times 2,240 \times 100^3}{8 \times 8 \times 10 \times 1^3 \times 2.2 \times 10^6}$$

$$= 4.77 \, \text{cm}$$

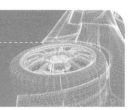

제57회 2015년도 전반기

02 실전 다지기

01 피스톤링의 플러터(Flutter) 현상 방지방법 2가지를 쓰시오.

해답 ① 피스톤링의 장력을 증가시켜 면압을 높게 한다.
② 링의 중량을 가볍게 하여 관성력을 감소시킨다.

02 라디에이터 입구제어방식의 장점과 단점을 한가지씩 쓰시오.

해답 ① 냉각수 온도 변화폭이 적다.
② 냉각수 교환 후 냉각수 순환과 에어 빼기가 곤란하다.

03 분배형 디젤기관의 연료분사장치 구비조건 4가지를 쓰시오.

해답 ① 고압 형성   ② 연료분배
③ 분사시기 제어   ④ 분사량 제어

04 커먼레일 엔진의 연료온도센서가 사용되는 이유를 쓰시오.

해답 ① 설치목적 : 고압펌프 보호
② 사용되는 이유 : 커먼레일 내의 연료온도를 부특성 서미스터로 측정하여 ECU로 입력하면 ECU는 연료온도를 낮추기 위해 엔진의 최고회전수를 제한한다.

05 CRDI 엔진의 CPF의 재생과정 순서를 쓰시오.

해답 필터에 매연 포집 → 계측 → 재생

06 연소실 와류 발생의 종류 3가지 쓰고 설명하시오.

해답 ① 스월(Swirl) : 흡입 시 생성되는 선회 와류
② 스쿼시(Squash) : 압축 상사점 부근에서 연소실 벽과 피스톤 윗면과의 압축에 의하여 생성되는 와류
③ 텀블(Tumble) : 피스톤 하강 시 흡입되는 공기가 실린더 내에서 세로 방향으로 강한 에너지를 가지며 생성되는 와류

07 터보차저에서 A/R의 의미에 대하여 쓰시오.

해답 터보차저의 컴프레서/터빈 하우징의 용적비율로써 수치의 크고 작음으로 터보차저의 부스팅 특성을 파악한다.

08 OBD – II 시스템에서 ECU가 모니터링하는 종류 4가지를 쓰시오.

해답 ① 촉매 고장 감시기능
② 실화 감시기능
③ 산소센서 성능 감시기능
④ 증발가스 누설 감시기능

09 블로바이, 블로 백, 블로다운에 대하여 설명하시오.

해답 ① 블로 바이 : 압축(폭발)행정 시 피스톤과 실린더 사이에서 혼합가스가 누출되는 현상
② 블로 백 : 밸브와 밸브시트 사이에서 가스가 누출되는 현상
③ 블로 다운 : 배기행정 초기에 배기밸브가 열려 배기가스가 자체 압력에 의하여 배출되는 현상

10 종감속 기어 장치에서 하이포이드 기어의 장점 3가지를 쓰시오.

해답 ① 추진축의 높이를 낮게 할 수 있다.
② 차실의 바닥이 낮게 되어 거주성이 향상된다.
③ 자동차의 전고가 낮아 안전성이 증대된다.

④ 구동 피니언 기어를 크게 할 수 있어 강도가 증가된다.
⑤ 기어의 물림률이 크기 때문에 회전이 정숙하다.

11 4WS(4 Wheel Steering)가 2WS보다 나은 장점 6가지를 쓰시오.

해답 ① 차선변경 용이   ② 고속에서 직진성능 향상
③ 고속선회 가능   ④ 저속 주행 시 최소회전반경 감소
⑤ 일렬 주차편리   ⑥ 미끄러운 도로에서 주행 안정성 향상

12 ABS 장치에서 휠 스피드 센서의 종류 중 액티브 방식 홀 센서(IC)의 특징 4가지를 쓰시오.

해답 ① 소형 경량이며 차륜속도를 극히 저속까지 감지가능
② 에어 갭 변화에 민감하지 않다.
③ 노이즈 내성 우수
④ 디지털 파형 출력

13 논리회로 AND, OR, NOT 기호와 진리표를 완성하시오.

해답

기호	회로명	압력		출력
	AND 회로 논리적 회로 (직렬)	0	0	0
		0	1	0
		1	0	0
		1	1	1
	OR 회로 논리합 회로 (병렬)	0	0	0
		0	1	1
		1	0	1
		1	1	1
	NOT 회로 논리 부정	0		1
		1		0

14 스프레이건의 종류 중 흡상식, 중력식을 각각 설명하시오.

> **해답** ① 흡상식 : 도료가 부압에 의해 빨려 올라가 분출하는 방식
> ② 중력식 : 도료가 중력에 의해 노즐에 보내지는 방식

15 백화현상의 원인과 방지책을 각각 2가지씩 쓰시오.

> **해답** 1) 현상
> 도막면이 하얗게 되면서 광택이 나지 않음
>
> 2) 원인
> ① 기온과 습도가 높을 때
> ② 시너가 부적당할 때
>
> 3) 방지방법
> ① 도장 중지
> ② 규정의 시너 사용

16 보수도장 표면 검사방법 중 육안확인법과 감촉확인법을 각각 설명하시오.

> **해답** ① 육안확인법 : 태양, 형광등 등을 이용하여 육안으로 관측하여 확인한다.
> ② 감촉확인법 : 면장갑을 끼고 도장면을 손바닥으로 감지하여 확인한다.

제58회 2015년도 후반기

02 실전 다지기

01 6기통(우수식) 엔진에서 4번 실린더가 폭발행정 초일 때 크랭크 축 회전방향으로 180도 회전시키면 각 실린더의 행정은 어떻게 변화하는가?

> **해답** ① 우수식의 점화순서 : 1-5-3-6-2-4
> ② 각 실린더의 행정 변화 : 1번(폭발 중)-5번(압축 말)-3번(압축 초)-6번(흡입 중)-2번(배기 말)-4번(배기 초)

실린더 번호 \ 크랭크 축 회전각도	0~180도	180~360도	360~540도	540~720도
1	흡입	압축	폭발	배기
2	압축	폭발 · 배기	배기 · 흡입	흡입 · 압축
3	폭발 · 배기	흡입	압축	폭발
4	흡입 · 압축	폭발	배기	흡입
5	배기 · 흡입	압축	폭발	배기
6	폭발	배기	흡입	압축

4번 실린더가 폭발행정 초   크랭크 축 회전방향으로 180도 회전

02 엔진의 연소실에 스쿼시 에리어를 설치하는 이유를 설명하시오.

> **해답** 압축 시 혼합가스가 연소실의 모양에 따라 압축되면서 생기는 와류현상이며 특히 노즐 분사부분에 연료와 공기를 잘 혼합시켜 연소 효율을 높이기 위해 설치한다.

03 부동액의 구비조건 4가지를 적으시오. (2점)

> **해답** ① 냉각수와 잘 혼합될 것
> ② 물재킷, 방열기 등 냉각계통을 부식시키지 않을 것
> ③ 비점이 높고 빙점은 물보다 낮을 것
> ④ 증발성이 없을 것

04 디젤 기관의 터보차저 VGT를 점검할 때 자기 진단기(공회전, 가속, 스톨테스터)에 입력되는 신호를 아래 보기에서 4가지 고르시오.

> ① 엑셀 포지션센서 신호　　　② 산소센서 신호
> ③ 인히비터 스위치 신호　　　④ VGT 액추에이터 신호
> ⑤ 부스터 압력센서 신호　　　⑥ 스월 제어밸브 신호
> ⑦ 엔진 회전수 신호　　　　　⑧ 자동변속기 오일 온도 신호

해답　① 엑셀 포지션센서 신호
　　　④ VGT액추에이터 신호
　　　⑤ 부스터 압력센서 신호
　　　⑦ 엔진 회전수 신호

05 공회전 시 아이들 업을 해야 할 시기를 3가지 적으시오.

해답　① 에어컨 스위치 ON 시(냉각팬, 콘덴서 팬 작동 시)
　　　② 변속레버가 N단에서 D단 변속 시(공전 시)
　　　③ 안개등, 헤드 라이트 점등 시
　　　④ 파워 스티어링 작동 시

06 TPS의 기능과 불량 시 나타나는 기관의 현상을 5가지 적으시오.

해답　1) 기능 : 스로틀 밸브의 개도를 검출하여 ECU로 입력한다.

　　　2) 고장 시 증상
　　　　① 공회전시 엔진 부조현상이 있거나 주행 가속력 저하
　　　　② 연료소모가 많다.
　　　　③ 공회전 또는 주행 중 갑자기 시동이 꺼진다.
　　　　④ 배기가스 배출 증가
　　　　⑤ 출력 부족

07 파워 TR의 기호를 보고 전류의 흐름 내용을 작성하시오.

해답 ① 소전류 흐름 : 에미터에서 베이스 통전
② 대전류 흐름 : 에미터에서 컬렉터로 통전

[PNP TR]

08 기계식 4WD보다 전자식 4WD의 장점을 적으시오.

해답 ① 조작의 편의성
② 주행 중 조작가능
③ 도로의 상황에 따른 자동 제어
④ 연비향상 및 소음 감소

09 자동변속기 유압성능 시험방법 3가지를 적으시오.

해답 ① 스톨 시험
② 타임 래그 시험
③ 라인 압력 시험

10 제동 안전장치의 리미팅 밸브 기능을 적으시오.

해답 급제동 시 발생한 과대한 마스터 실린더의 유압이 뒤 휠 실린더에 전달되는 것을 차단하여 뒷바퀴가 잠기는 현상을 방지하고 제동 안정성을 유지하는 밸브이다.

11 차량 제동력 시험 시 후축중 제동력과 좌우 제동력의 차이를 구하는 공식과 적합판정기준을 적으시오.

해답 ① 후축중 제동력 $= \dfrac{\text{좌축 제동력} + \text{우축 제동력}}{\text{후축중}} \times 100$ 판정기준 : 축중의 20% 이상

② 좌, 우 제동력의 차 $= \dfrac{\text{좌,우 제동력 편차}}{\text{해당 축중}} \times 100$ 판정기준 : 축중의 8% 이하

12 차선 이탈 방지장치(LDWS)의 정의와 센서의 종류 2가지를 적으시오.

해답 ① 정의 : LDWS(Lane Departure Warning System)은 졸음운전 등 차선 이탈을 경고하는 장치로 고속도로와 같은 간선도로상에서 운전자가 차선을 이탈하지 않고 운전할 수 있도록 지원해 주는 편의장치이다.
② 센서의 종류 : 적외선 수광 및 발광 다이오드 센서

13 HEV에서 리튬 이온 폴리머 배터리에 셀 밸런싱을 하는 이유를 적으시오.

해답 배터리 셀이 직렬로 연결되어 있는데 셀 간 밸런스가 달라지면 배터리 수명(성능)이 줄어들기 때문에 이를 방지하기 위해 밸런싱을 해주어야 한다.

14 도장작업의 겔화 현상을 설명하시오.

해답 도료의 점도가 높아 유동성을 잃어가는 현상으로 고체화 상태가 된다.

15 퍼티작업의 주의사항 4가지를 적으시오.

해답 ① 퍼티를 한 번에 두껍게 도포하지 않는다.
② 퍼티에 실버, 시너 및 기타 도료를 혼합하여 사용치 않는다.
③ 퍼티의 밀도를 높이기 위하여 초벌퍼티와 마무리퍼티로 나누어 한다.
④ 연마는 한쪽 방향으로만 하지 않도록 한다.

16 오렌지 필의 발생 원인 4가지를 적으시오.

해답 1) 현상 : 건조된 도막이 귤껍질 같이 나타나는 현상

2) 원인
① 도료 점도가 너무 높을 때
② 시너 건조가 너무 빠를 때
③ 건조도막 두께가 너무 얇을 때
④ 표면온도, 부스 온도가 높을 때
⑤ 분무 시 미립화가 잘 안 될 때
⑥ 스프레이 건에서 공급되는 페인트량이 적을 때

01 밸브 간극이 클 때 엔진에서 발생하는 현상 3가지를 적으시오.

해답 ① 출력 저하
② 과열
③ 소음 발생

02 실린더 마모 시 발생하는 현상 5가지를 쓰시오. (단, 기관 본체에 한함)

해답 ① 압축압력 저하로 출력, 열효율 감소
② 블로바이로 오일 희석
③ 오일 연소실 침입에 의한 불완전 연소
④ 오일 및 연료 소비량 증가
⑤ 피스톤 슬랩 발생

03 OBD 장치의 연료탱크 누설감지모드에서 다음 물음에 답하시오.

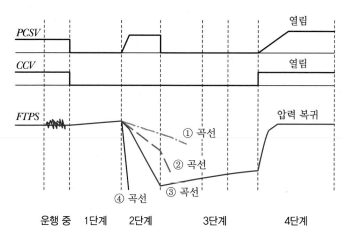

1) 누설감지 모드에서 ECU가 부압 상승을 제어하기 위해 작동하는 단계는?

해답 2단계

2) 연료 캡 분실 시 나타나는 곡선을 고르시오.

해답 ① 곡선

04 차량자세 제어장치에서 VDC 입력신호 센서의 종류 4가지를 쓰시오.

해답 ① 휠 속도 센서
② 요레이트 센서
③ 횡 G 센서
④ 조향각 센서

05 휠 얼라이먼트에서 캠버가 불량 시 발생하는 현상 3가지를 적으시오.

해답 ① 타이어 편마모
② 핸들 및 차체의 떨림
③ 핸들 조작이 무거워짐

06 브레이크 장치에서 잔압을 두는 목적 3가지를 적으시오.

해답 ① 브레이크 오일의 누설 방지
② 공기의 혼입 방지
③ 브레이크 작동지연 방지
④ 베이퍼 록 방지

07 제동력 편차와 합을 구하는 공식을 기술하시오.

해답 1) 제동력 편차 : 좌우 바퀴의 제동력의 편차는 당해 축중의 8% 이하, 적합

$$좌우\ 제동력의\ 차 = \frac{좌우제동력\ 편차}{해당\ 축중} \times 100 \qquad 판정기준 : 축중의\ 8\%\ 이상$$

2) 제동력 합 : 각축의 제동력의 합 : 차량중량의 50% 이상, 적합
단, 후축의 경우는 당해 축중의 20% 이상, 적합

$$제동력의\ 합 = \frac{전축제동력 + 후축제동력}{차량중량} \times 100 \qquad 판정기준 : 차량중량의\ 50\%\ 이상$$

$$후축중제동력 = \frac{좌축제동력 + 우축제동력}{후축중} \times 100 \qquad 판정기준 : 축중의\ 20\%\ 이상$$

08 TCS의 차륜 슬립율을 구하는 공식을 쓰시오.

> S : 슬립률
> V : 자동차의 주행속도(m/s)
> W : 차륜(TCS 구동륜)의 원주속도(m/s)

해답 $S = \dfrac{W - V}{V}$

09 다음 보기의 (   ) 안에 들어갈 내용을 쓰시오.

> 아주 얇은 유리섬유로 된 특수매트가 배터리 연판들 사이에 놓여있어 모든 전해액을 잡아주고 높은 접촉압력이 활성물질의 손실을 최소화 하면서 내부저항을 극도로 낮게 유지되며 전해액과 연판재료 사이의 반응이 빨라져 까다로운 상황보다 많은 양의 에너지가 전달되도록 한 것을 (   ) 배터리라고 한다.

해답 AGM

10 스태틱 밴딩 라이트(코너링 램프)와 다이내믹 밴딩 라이트를 설명하시오.

해답 ① 스태틱 밴딩 라이트(코너링 램프) : 별도의 라이트를 점등시켜 코너구간의 시야를 확보해 준다.
② 다이내믹 밴딩 라이트 : 헤드램프의 각도를 조절시켜 진행방향의 시야를 확보해 준다.

11 다음 회로에서 합성저항, 통합전류, 개별전류를 구하시오.

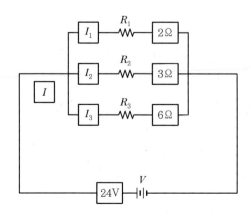

해답 1) 합성저항

$$R = \cfrac{1}{\cfrac{1}{R_1} + \cfrac{1}{R_2} + \cfrac{1}{R_3}} = \cfrac{1}{\cfrac{1}{2} + \cfrac{1}{3} + \cfrac{1}{6}} = \cfrac{1}{\cfrac{3+2+1}{6}} = 1\Omega$$

2) 통합전류

$$I = \frac{E}{R} = \frac{24}{1} = 24A$$

3) 개별전류

$$1_1 = \frac{24}{2} = 12 \qquad\qquad 1_2 = \frac{24}{3} = 8A \qquad\qquad 1_1 = \frac{24}{6} = 4A$$

12 보디 프레임 수정작업에 필요한 계측기를 3가지 적으시오.

해답 ① 센터링 게이지(Centering Gauge)
② 트램(트래킹) 게이지(Tram Gauge)
③ 측정자(줄자)

13 스프레이건의 조절부 3곳을 쓰고 설명하시오.

해답 ① 페인트 스프레이 레귤레이터 : 도료의 토출량을 조절한다.
② 패턴 레귤레이터 : 패턴의 폭, 모양을 조절한다.
③ 에어 갭 : 도료를 미립화시키고 분사공기를 이용하여 패턴을 조절한다.
④ 에어 플로우 레귤레이터 : 스프레이건에 요구되는 공기량을 조절한다.

14 도장의 건조상태를 2가지 설명하시오.

해답 ① 점착건조 : 손가락 끝에 힘을 주지 않고 도막면을 가볍게 좌우로 스칠 때 손끝 자국이 심하게 나타나지 않는 상태(반경화 건조)
② 지촉건조 : 도막을 손가락으로 가볍게 대었을 때 점착성은 있으나 도료가 손가락에 묻지 않는 상태

15 프라이머 서페이서의 공정 중 보조공정으로 굴곡 및 움푹 패임을 막는 공정은?

해답 메움기능(Filling)

제60회 2016년도 후반기

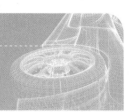

02 실전 다지기

01 피스톤 간극이 크면 발생하는 현상 3가지를 기술하시오.

> [해답] ① 블로바이가 발생하여 압축압력 저하
> ② 연소실에 윤활유 유입
> ③ 피스톤 슬랩 발생
> ④ 윤활유가 연료로 희석
> ⑤ 기관의 시동이 어려워짐
> ⑥ 기관의 출력이 저하됨

02 자동차 냉각제어장치 중 입구제어방식의 특징 4가지를 기술하시오.

> [해답] ① 냉각수 온도 변화폭이 적다.
> ② 바이패스 통로가 없어도 가능하다.
> ③ 냉각수 교환 후 냉각수 순환과 에어빼기가 곤란하다.
> ④ 냉각효과가 좋다.

03 가솔린 엔진의 연소 시, 압력파의 누적에 의해 말단가스가 보통의 압력파의 진행속도보다 빠른 속도로 연소되는 현상을 기술하시오.

> [해답] ① 정상적인 연소는 고온 고압의 혼합가스가 점화되어 화염이 연소실 전체로 확산되는 데 비하여(연소속도는 20m/sec 정도)
> ② 노킹은 미연소된 말단가스가 자발화하여 화염면이 서로 충돌하는 현상으로 연소속도가 200~300m/sec 정도이다.
> ③ 데토네이션은 강력한 노킹을 유발하는 경우인데 화염전파속도는 정상보다 훨씬 커서 1,000~3,500m/sec 정도이며 엔진 파괴의 원인이 된다.

04 LPG 엔진의 베이퍼라이저 기능을 3가지 기술하시오.

> [해답] ① 감압　　　　　② 기화　　　　　③ 조압

05 3원 촉매장치의 촉매부분이 붉게 가열되는 근본 원인을 2가지 기술하시오.

해답 ① 실화(Misfire) 등에 의해 발생하는 고온에 의한 열적 열화
② 연료의 연소 후 발생하는 연소가스 내의 유해성분에 의한 화학적 열화

06 전자제어 가솔린 기관에서 기본 연료분사량을 결정하는 센서 2가지를 기술하시오.

해답 ① 공기흐름 센서(AFS)
② 크랭크 각 센서(CAS)

07 전자제어 가솔린엔진에서 지르코니아 산소센서의 오픈 루프 조건 2가지를 기술하시오.

해답 ① 센서가 단선일 때
② 센서 온도가 360℃ 이하일 때
③ 0.34~0.54V 사이의 일정 값을 유지할 때
④ AFS 고장일 때
⑤ TPS 고장일 때

08 전자제어 가솔린엔진의 3원촉매 전·후방의 산소센서 중 후방 산소센서의 역할을 기술하시오.

해답 ① 촉매와 전방 산소센서 고장을 진단하는 역할을 수행하며
② 보다 더 정밀한 공연비 제어를 위해 사용된다.

09 튜블리스(tubeless) 타이어의 장점 3가지를 기술하시오.

해답 ① 공기압의 유지가 좋다.
② 못 등에 찔려도 급속한 공기 누출이 없다.
③ 주행 중 열 발산이 좋다.
④ 튜브 물림 등의 튜브에 의한 고장이 없다.
⑤ 튜브 조립이 없으므로 작업성이 향상된다.

10 킹핀 경사각의 기능 2가지를 쓰시오.

해답 ① 핸들 조작을 가볍게 하며 핸들의 흔들림(Shimmy)을 방지하고
② 복원성을 주어 직진위치로 쉽게 돌아오도록 한다.

11 자동차 스프링 위 질량 진동 3가지를 쓰고 설명하시오.

해답 ① 바운싱(Bouncing) : Z축을 중심으로 차체가 상하로 진동
② 롤링(Rolling) : X축을 중심으로 차체가 좌우로 진동
③ 피칭(Pitching) : Y축을 중심으로 차체가 앞뒤로 진동
④ 요잉(yawing) : Z축을 중심으로 차체가 좌우로 회전하는 진동

12 전기회로를 설계할 때 배선의 단면적과 관련하여 고려 사항 2가지를 쓰시오.

해답 ① 허용전류
② 배선저항

13 축전지 설페이션 현상의 원인을 3가지를 쓰시오.

해답 ① 전해액의 부족
② 방전 후 장기간 방치
③ 전해액의 비중이 높거나 낮은 경우
④ 충전상태가 불량인 경우
⑤ 극판의 단락이나 탈락

14 크랭킹 시 크랭킹 전류가 규정값보다 높을 때의 원인을 2가지 쓰시오.

해답 ① 베어링의 윤활불량으로 부하 증가
② 전기자 축이 휘어서 부하 증가
③ 전기자 또는 계자가 접지

15 다음 보기의 ( )에 알맞은 용어를 써 넣으시오.

AC발전기의 스테이터 코일에서 발생하는 (   )에 의해 최대 출력에 제한을 받기 때문에 전압 조정기가 필요하게 되고 컷아웃릴레이는 실리콘 다이오드가 역방향 흐름을 방지하기 때문에 필요 없게 되었다.

해답 임피던스

16 FATC 에어컨 컨트롤 유닛에 입력되는 센서 3가지와 기능을 기술하시오.

해답 ① 일사량 센서 : 일사량 감지
② 실내온도 센서 : 실내 온도를 감지
③ 외기온도 센서 : 외기 온도를 감지
④ 수온 센서 : 엔진 냉각수 온도 감지, 과열 시 에어컨 컴프레서를 OFF
⑤ 핀 서모 센서 : 에바의 온도를 감지하여 동결 방지

17 트램 트래킹 게이지의 측정방법 2가지를 쓰시오.

해답 ① 좌우 대각선 비교 측정
② 특정 부위의 길이 측정
③ 홀과 홀의 비교 측정

18 차체의 응력이 집중되는 부위 3군데를 쓰시오.

해답 ① 구멍(홀)이 있는 부위
② 단면적이 적은 부위
③ 곡면부 혹은 각이 있는 부위
④ 패널과 패널이 겹쳐진 부위
⑤ 모양이 변한 부위

19 도료의 구성 원료 3가지 중 수지와 안료의 기능을 쓰시오.

해답 ① 수지 : 안료를 균일하게 분해 도막 형성
② 안료 : 도막에 착색 부여

제61회 2017년도 전반기

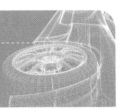

02 실전 다지기

01 단행정 엔진의 특징 5가지를 쓰시오. (5점)

해답 ① 단위 실린더 체적당 출력을 크게 할 수 있다.
② 흡·배기밸브의 지름을 크게 할 수 있어 체적효율을 높일 수 있다.
③ 직렬형 기관의 경우에는 높이가 낮아진다.
④ 피스톤이 과열되기 쉽다.
⑤ 폭발압력이 커 크랭크축 베어링의 폭이 넓어야 한다.
⑥ 실린더 안지름이 커 기관의 전체길이가 길어진다.

02 윤활유의 구비조건 4가지를 쓰시오. (4점)

해답 ① 점도가 적당할 것
② 비중이 적당할 것
③ 인화점 및 자연발화점이 높을 것
④ 강인한 오일 막을 형성할 것(유성이 좋을 것)
⑤ 응고점이 낮을 것
⑥ 기포 발생 및 카본 생성에 대한 저항력이 클 것
⑦ 열과 산에 대하여 안정성이 있을 것

03 디젤분사노즐의 점검항목 3가지를 쓰시오. (연료 소비, 매연 과다)(3점)

해답 ① 노즐의 개변압력 점검
② 후적 여부 점검
③ 분무형태(분사각, 분사방향, 관통도, 분산도) 점검

04 CO, HC, NOx의 발생원인과 저감대책을 쓰시오. (6점)

> 해답 ① CO 발생원인 : 산소 부족에 의한 불완전 연소 시 발생
> 저감대책 : 산소센서 및 3원촉매장치에 의한 저감
> ② HC 발생원인 : 낮은 연소온도에 의한 불완전 연소, 블로바이가스, 증발가스등에 의한 발생
> 저감대책 : 산소센서 및 3원촉매장치에 의한 저감, PCSV 작동으로 인한 블로바이가스 저감, 캐니스터에 의한 저감
> ③ NOx 발생원인 : 높은 연소 온도에 의한 산소와 질소의 화학반응으로 발생
> 저감대책 : EGR 밸브, 3원촉매장치에 의한 저감

05 토크 컨버터의 3요소와 1단, 2상에 대해서 설명하시오. (3점)

> 해답 ① 3요소 : 펌프, 터빈, 스테이터
> ② 1단 : 펌프와 터빈이 한 조를 이룬 상태를 말한다.
> ③ 2상 : 스테이터의 작용상태를 말하는 것으로서 스테이터가 전혀 회전하지 않는 것을 단상이라고 하며, 터빈의 회전력이 일정 수준에 도달하면 스테이터가 회전하는 경우와 같이 오버러닝 클러치 형태로 되어있는 것을 2상이라 한다.

06 등속 조인트 분해 시 점검 요소 2가지를 쓰시오. (2점)

> 해답 ① 부트 회손 상태
> ② 베어링 접촉부의 그리스 도포 상태

07 자동차 선회 시 롤링 현상을 잡아주는 스태빌라이저의 기능을 설명하시오. (2점)

> 해답 스태빌라이저는 좌우 바퀴가 동시에 상하로 움직일 때는 작용하지 않으나, 좌우 바퀴가 상하 운동을 서로 반대로 할 때는 비틀리면서 이때 발생하는 스프링의 힘으로 차체가 기우는 것을 최소화한다.

08 제동력시험 시 제동력을 판정하는 공식과 판정기준을 쓰시오. (단, 시험차량은 최고속도가 120km/h이고, 차량 총중량이 차량중량의 1.8배이다.) (4점)

해답 ① 제동력의 총합

$$\frac{\text{앞바퀴좌·우 제동력 합}+\text{뒷바퀴좌·우 제동력 합}}{\text{차량중량}}\times100=50\% \text{ 이상 합격}$$

② 앞바퀴 제동력의 합 : $\dfrac{\text{앞바퀴좌·우 제동력의 합}}{\text{앞 축중}}\times100=50\%$ 이상 합격

③ 뒤바퀴 제동력의 합 : $\dfrac{\text{뒷바퀴좌·우 제동력의 합}}{\text{뒤 축중}}\times100=20\%$ 이상 합격

④ 좌우 제동력의 편차 : $\dfrac{\text{좌·우 제동력의 편차}}{\text{해당 축중}}\times100=8\%$ 이하 합격

⑤ 주차 브레이크 제동력 : $\dfrac{\text{뒷바퀴 좌·우 제동력의 합}}{\text{차량중량}}\times100=50\%$ 이상 합격

09 도난방지장치의 입력요소 3가지를 쓰시오. (3점)

해답 ① 후드 스위치　② 트렁크 스위치　③ 도어 스위치

10 클럭 스프링 작업공정 4가지를 쓰시오. (4점)

해답 ① 클럭 스프링을 시계방향으로 최대한 회전시킨다.
② 왼쪽으로 2.4~3 바퀴 정도 회전시킨다.
③ 중립점(▶◀)을 맞춘다.
④ 에어백 모듈 커넥터를 확실히 체결한다.

11 FATC 입력요소 3가지를 쓰시오. (3점)

해답 ① 일사량 센서
② 실내온도 센서
③ 외기온도 센서
④ 냉각수온 센서
⑤ 핀 서모

12 모노코크 보디의 응력이 집중되는 부분 3가지를 쓰시오. (3점)

해답 ① 구멍(홀)이 있는 부위
② 단면적이 적은 부위
③ 곡면 부위

13 프라이머 서페이스의 기능 4가지를 쓰시오. (4점)

해답 ① 부식방지
② 후속도막과의 부착력 향상
③ 미세한 단차 메꿈
④ 충격에 의한 완충작용

14 오렌지 필의 정의와 발생원인 4가지를 쓰시오. (4점)

해답 1) 오렌지 필 정의 : 건조된 도막이 귤껍질같이 나타나는 현상

2) 발생원인
① 도료 점도가 너무 높을 때
② 시너 건조가 너무 빠를 때
③ 건조도막 두께가 너무 얇을 때
④ 표면온도, 부스온도가 높을 때
⑤ 분무 시 미립화가 잘 안 될 때
⑥ 스프레이 건에서 공급되는 페인트 양이 적을 때

제62회 2017년도 후반기

02 실전 다지기

01 가솔린 기관의 연소실에서 화염전파속도에 영향을 미치는 요인 5가지를 쓰시오. (조건 : 점화계통, 연료계통 이상무) (5점)

해답 ① 난류(스월, 스쿼시)
② 공연비
③ 연소실의 온도
④ 연소실의 압력
⑤ 잔류가스의 비율

02 실린더 라이너 내경이 마모되었을 때의 영향 3가지를 쓰시오. (3점)

해답 ① 압축압력 저하로 출력, 열효율 감소
② 블로바이로 오일 희석
③ 오일 연소실 침입에 의한 불완전 연소
④ 오일 및 연료 소비량 증가
⑤ 피스톤 슬랩 발생

03 전자제어 엔진의 공연비 피드백 제어가 해제되는 경우 5가지를 쓰시오. (5점)

해답 ① 급감속 시
② 급가속 시
③ 냉각수온이 낮은 경우
④ 산소센서 불량
⑤ 연료 컷 상태

04 DIS의 장점 3가지를 쓰시오. (3점)

해답 ① 배전기가 없기 때문에 전파 장해의 발생이 없다.
② 엔진의 회전속도에 관계없이 2차 전압이 안정된다.
③ 점화시기가 정확하고 점화 성능이 우수하다.
④ 고전압이 감소되어도 유효 에너지의 감소가 없기 때문에 실화가 적다.
⑤ 진각의 제한이 없이 이루어지고 내구성이 크다.
⑥ 고압 배전부가 없기 때문에 배전 누전이 없다.
⑦ 실린더별 점화시기 제어가 가능하다.

05 자동차에 사용되는 마이크로 컴퓨터(컨트롤 유닛) 3가지를 쓰고 각각의 역할에 대해 설명하시오. (6점)

해답 ① ECU : 엔진 전자제어장치
② TCU : 자동변속기 전자제어장치
③ FATC : 에어컨 전자제어장치
④ ETACS : 편의장치, 전자제어장치

06 자동변속기 1, 2단 변속 시 충격 발생원인 4가지를 쓰시오. (4점)

해답 ① 밸브보디(밸브) 불량
② 펄스제네레이터 A 불량
③ 킥다운 서보 스위치 불량
④ 서보 피스톤 불량

07 자동차가 주행 중 핸들이 쏠리는 원인과 대책을 3가지 이상 쓰시오. (조건 : 노면의 영향은 무시할 것)(6점)

해답 ① 휠 얼라인먼트 불량/조정
② 프론트 스프링 불량/교환
③ 스티어링 링키지의 변형/교환
④ 너클 암의 변형/교환
⑤ 프론트 휠 베어링의 프리로드 불량/교환
⑥ 로어암과 어퍼암의 변형/교환

08 전동식 파워스티어링(MDPS)의 종류 3가지를 쓰시오. (3점)

해답 ① 칼럼형 MDPS   ② 피니언형 MDPS   ③ 랙형 MDPS

09 스프링 위 질량진동 3가지를 쓰시오. (3점)

해답 ① 바운싱(Bouncing) : Z축을 중심으로 차체가 상하로 진동
② 롤링(Rolling) : X 축을 중심으로 차체가 좌우로 진동
③ 피칭(Pitching) : Y 축을 중심으로 차체가 앞뒤로 진동
④ 요잉(Yawing) : Z축을 중심으로 차체가 좌우로 회전하는 진동

10 FATC로 입력되는 신호 센서의 종류 4가지를 쓰시오. (4점)

해답 ① 일사량 센서 : 일사량 감지
② 실내온도 센서 : 실내 온도 감지
③ 외기온도 센서 : 외기 온도 감지
④ 수온 센서 : 엔진 냉각수 온도 감지
⑤ 핀 서모 센서 : 에바(evaporator, 증발기) 온도 감지

11 하이브리드 자동차의 고전압 정비 시 주의사항 3가지를 쓰시오. (3점)

해답 ① 시동 키 ON, 또는 시동 상태에서 절대 작업 금지
② 고압 케이블은 손으로 만지거나 임의로 탈거하지 말 것
③ 엔진 룸 고압 세차 금지

12 다음 (   )에 알맞은 내용을 써 넣으시오. (3점)

차체 변형에는 다이아몬드 변형, (①)변형, (②)변형, (③)변형 등이 있다.

해답 ① 상하 구부러짐(sag)
② 좌우 구부러짐(twist)
③ 찌그러짐(mash)

기타 변형으로 뒤틀림(twist), 구부러짐이 조합된 경우(Collapse)가 있다.

13 보수도장의 마스킹테이프의 구비조건 4가지를 쓰시오. (2점)

해답 ① 점착력이 우수할 것
② 용제에 녹지 않을 것
③ 건조 후 도료가 벗겨지지 않을 것
④ 붙인 자국이 남지 않을 것

제63회 2018년도 전반기

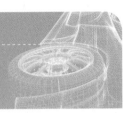

01 흡·배기 밸브 간극이 연소에 미치는 영향을 설명하시오. (2점)

> 해답 밸브 간극이 너무 작으면 압축 불량이 발생하고 너무 크면 밸브가 완전히 열리지 않아 흡배기
> 가 충분하지 못하여 엔진의 출력이 감소된다. 또한 밸브 소음이 증가한다.
>
> ① 비정상적인 혼합비 형성
> ② 비정상적인 연소
> ③ 출력 저하
> ④ 엔진 과열
> ⑤ 소음 발생

02 실린더 배열의 따른 엔진의 종류 4가지를 쓰시오. (4점)

> 해답 1) 수랭식 기관
> ① 직렬형
> ② V형
>
> 2) 공랭식 기관
> ① V형
> ② 방사형
> ③ 수평대향형

03 엔진 오일의 유압이 낮아지는 원인 3가지를 설명하시오. (3점)

> 해답 ① 오일펌프 마멸
> ② 윤활유량 부족
> ③ 크랭크축 베어링의 현저한 마모
> ④ 오일 점도 저하
> ⑤ 유압조절밸브 성능저하

04 냉각수 입구제어방식의 장단점을 각각 2가지 설명하시오. (4점)

해답 1) 장점
    ① 냉각수의 온도 변화폭이 작다.
    ② 냉각효과가 좋다.
    ③ 바이패스 통로가 없어도 가능하다.

  2) 단점
    ① 냉각수 교환 후 냉각수 순환과 에어빼기가 곤란하다.
    ② 수온조절기 하우징 구조가 복잡하다.
    ③ 웜업 시간이 길다.

05 베이퍼라이저와 믹서의 역할에 상응하는 LPI 구성부품 4가지를 설명하시오. (4점)

해답 액상으로 유지하며 연소에 필요한 분사량을 확보하기 위해서는 BLDC 연료펌프 → 펌프 드라이버 → 차단밸브 → 온도센서 → 인젝터 → 압력센서 → 압력 레귤레이터 → 탱크 내 압력을 LPG 증기압 이상으로 유지시키는 장치가 필요하다.

  ① 연료펌프
  ② 펌프 드라이버
  ③ 인터페이스박스
  ④ 인젝터
  ⑤ 연료압력조절기(차단밸브+온도센서+압력센서+압력 레귤레이터)

06 배전기방식과 비교한 DLI의 장점에 대해 4가지를 쓰시오. (4점)

해답 DLI는 Distributor(배전기) Less(~없이) Ignition(점화)의 약어로 간단하게 설명하면 DLI (Distributor Less Ignition), 즉 배전기(Distributor)가 없는 방식의 점화장치이다.
DLS와 한 글자만 다를 뿐 같은 시스템이다. DIS는 각 실린더마다 점화코일이 있는 타입으로 다이렉트 이그니션 시스템을 의미한다.
예전 점화방식에서는 ECU에서 점화시기를 결정하면 배전기를 통하여 점화시기에 맞춰 각 플러그로 전기가 공급되는 방식이었지만 DLI에서는 배전기를 통하지 않고 ECU가 파워 TR 베이스에 전류를 제어하여 점화플러그를 동작시키는 방식이다.

  ① 배전기가 없기 때문에 전파 장해의 발생이 없다.
  ② 엔진의 회전속도에 관계없이 2차 전압이 안정된다.
  ③ 점화시기가 정확하고 점화성능이 우수하다.
  ④ 고전압이 감소되어도 유효 에너지의 감소가 없기 때문에 실화가 적다.
  ⑤ 진각의 제한이 없이 이루어지고 내구성이 크다.
  ⑥ 고압 배전부가 없기 때문에 배전 누전이 없다.
  ⑦ 실린더별 점화시기 제어가 가능하다.

07 다이어프램 형식 클러치의 특징 4가지를 설명하시오. (4점)

해답 다이어프램형은 압력판과 클러치커버 사이에 원판의 스프링 강으로 되어 있는 방사형의 다이어프램 스프링이 설치된 방식으로 주로 승용차에 사용된다.
① 회전 시 평형상태가 양호하고, 압력판에서의 압력이 균일하게 작용한다.
② 고속회전 시 원심력에 의한 스프링의 압력변화가 적다.
③ 클러치 판이 마모되어도 압력판을 미는 힘의 변화량이 작다.
④ 릴리스 레버가 없으므로 조정이 불필요하다.
⑤ 클러치 페달의 압력이 적게 든다.
⑥ 구조 및 조작이 간편하다.

08 싱크로메시 기구의 구성요소 3가지를 쓰시오. (3점)

해답 수동변속기의 종류에는 여러 가지가 있지만 최근에는 변속과정에서 기어의 물림을 원활하게 하기 위한 장치로 싱크로메시 기구가 설치된 상시 물림 동기치합식이 주로 이용된다.
이 형식은 변속 시 시프트 레버를 이용하여 싱크로나이저 슬리브를 좌·우 축방향으로 이동시키면 싱크로나이저 링이 기어의 테이퍼 면(싱크로나이저 콘)과 접촉하여 발생하는 마찰력에 의해 변속되는 기어의 회전수가 동기화되어 부드럽고 조용한 변속이 가능하다.

싱크로메시 기구는 그림과 같이 구성된다.
① 싱크로나이저 링(Synchronizer Ring)
② 싱크로나이저 키(Synchronizer Key)
③ 싱크로나이저 허브(Synchronizer Hub)
④ 싱크로나이저 슬리브(Synchronizer Sleeve)
⑤ 싱크로나이저 스프링(Synchronizer Spring)

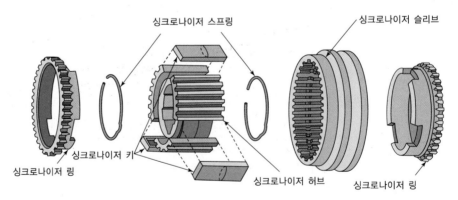

싱크로나이저 스프링　　싱크로나이저 슬리브

싱크로나이저 링　　싱크로나이저 키　　싱크로나이저 허브　　싱크로나이저 링

09 자동변속기 ATF가 유백색으로 변하고 있다. 변색되는 원인을 설명하시오. (3점)

> 해답 • 자동변속기 오일이 맑은 적포도주 색깔이면 정상이며 검은색으로 변질되면 교환해 주어야 한다. 특히 쇳가루 같은 물질이 눈에 보이는 경우 최대한 빨리 자동변속기 오일을 교환해야 한다.
> • 유백색을 나타낼 경우 엔진 윤활유와 마찬가지로 ATF에 수분이 다량 혼입되었다고 판단할 수 있다. 이러한 상태에서는 ① 오일 냉각 장치의 파손으로 ② 냉각수가 혼입되어 발생될 수 있으므로 이때는 라디에이터와 오일 쿨러를 수리하고, 오일을 교환하며 변속기 손상 여부도 점검해야 된다.

10 후륜구동 차량에서 사용되는 슬립이음과 자재이음에 대해 설명하시오. (4점)

> 해답 1) 슬립이음 : 슬립이음은 변속기 주축 끝의 스플라인에 설치되며 뒤차축의 상하 운동에 따른 변속기와 차동장치 간의 길이 변화에 대응하기 위해 사용된다.
> 2) 자재이음 : 자재이음은 각도를 가진 두 개의 축 사이에 동력을 전달하기 위한 장치로 자동차에서는 변속기와 차동장치 간의 구동각 변화에 대응하기 위해 사용된다.

11 제동력을 판정하는 공식과 판정기준을 쓰시오. (단, 시험차량은 최고속도가 120km/h이고 차량총중량이 차량중량의 1.8배이다.) (4점)

> 해답 1) 뒷바퀴 제동력의 합 공식과 판정기준
>
> $$뒷바퀴\ 제동력의\ 합 = \frac{뒷바퀴\ 좌 \cdot 우\ 제동력의\ 합}{뒤\ 축중} \times 100 = 20\%\ 이상\ 합격$$
>
> 2) 앞바퀴 제동력의 편차공식과 판정기준
>
> $$앞바퀴\ 제동력의\ 편차 = \frac{좌 \cdot 우\ 제동력의\ 편차}{앞\ 축중} \times 100 = 8\%\ 이하\ 합격$$

12 파워 트랜지스터 기호(PNP)에 대한 각 물음에 답하시오. (5점)

1) 파워 TR의 그림에서 각 번호에 해당하는 단자명칭을 쓰시오.
2) 전류의 흐름내용을 설명하시오.

> 해답 1)

① 컬렉터(C)
② 베이스(B)
③ 에미터(E)

파워 트랜지스터(PNP)

2) 대부분의 전류는 에미터에서 컬렉터로 흐르고(동작전류), 작은 전류가 에미터에서 베이스로 흐른다.(신호전류)
① 소전류 흐름 : 에미터에서 베이스로 흐른다.
② 대전류 흐름 : 에미터에서 컬렉터로 흐른다.

13 자동차보수도장의 강제건조과정에서 도막 건조상태에 영향을 미치는 요인 4가지를 설명하시오. (4점)

해답 강제건조(Force Dry)는 열을 가함으로써 건조를 빠르게 하는 것을 의미하며, 이때 스프레이 부스의 온도는 60~80℃이고 20~30분 동안 건조한다.

[건조상태에 영향을 미치는 요인]
① 온도
② 습도
③ 공기 중의 유분, 수분, 이물질
④ 스프레이 부스의 균일한 공기의 흐름, 급배기 밸런스

14 자동차보수도장에서 페더에지를 설명하시오. (2점)

해답 페더에지란 기존의 구도막과 철판면(강판면)과의 경계를 말한다. 이 경계층을 연마해서 없애고(단 낮추기) 퍼티 작업이 가능하도록 하여 구도막과 신도막 사이에 경계선이 발생하지 않아야 한다.

① 패널을 보수도장 할 경우
② 퍼티나 프라이머 또는 서페이서 등의 도료와 부착력을 증진시켜 주기 위해
③ 단위 표면적을 넓게 만들어 주는 작업을 말한다.

제64회 2018년도 후반기

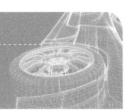

02 실전 다지기

01 정비 작업 시 재사용하지 않고 신품으로 교체하는 부품 3가지를 쓰시오. (3점)

> [해답] ① 액체류 : 엔진오일, 냉각수, 브레이크오일
> ② 개스킷, 오일 실, 리테이너
> ③ 각도측정 볼트, 스프링 와셔

02 엔진 해체정비 여부를 판단할 기준을 3가지 쓰시오. (3점)

> [해답] 실린더 압축압력시험에서
>
> ① 각 실린더의 차이가 10% 이상일 때
> ② 규정값보다 10% 높을 때
> ③ 규정값보다 70% 이하일 때

03 흡·배기 밸브 간극이 연소에 미치는 영향 4가지를 쓰시오. (4점)

> [해답] 일반적으로 밸브 간극은 엔진이 냉각된 상태일 때가 정상온도일 때보다 크고 배기밸브 간극이 흡기밸브 간극보다 더 크다. 엔진성능의 향상은 가능한 한 많은 공기를 연소실로 흡입하는 데 달려 있으며, 그중 흡입밸브의 개폐시기는 흡입효율의 향상과 밀접한 관계가 있다.
>
> ① 흡기밸브 간극이 작을 때 : 흡기밸브가 완전히 닫히지 않아 스파크 불꽃이 흡기다기관으로 역류하게 되어 역화가 발생될 수 있어 출력이 저하된다.
> ② 배기밸브 간극이 작을 때 : 배기밸브가 닫혀 있는 시간이 단축되어 밸브가 과열, 소손되고, 배기밸브가 완전히 닫히지 않아 배기가스가 흡입될 수 있어 출력이 저하된다.
> ③ 흡기밸브 간극이 클 때 : 밸브가 너무 늦게 열리고 아주 일찍 닫힌다. 밸브가 열려 있는 시간이 단축되어 체적효율이 낮아져 출력이 저하되고, 소음이 증가된다.
> ④ 배기밸브 간극이 클 때 : 밸브가 열려 있는 시간이 단축되어 엔진이 과열되고 출력이 저하된다. 밸브의 기계적 부하가 증가하여 소음이 커지게 된다.

04 다음 배기가스의 색깔에 따른 연소상태를 설명하시오. (4점)

> 해답 ① 무색 : 정상연소
> ② 백색 : 냉각수 혼입 연소
> ③ 흑색 : 진한 혼합비 – 연료의 불완전연소
> ④ 푸른 회색 : 엔진오일 연소

05 MAP 센서 불량 시 엔진에 미치는 영향 4가지를 적으시오. (4점)

> 해답 MAP 센서는 흡기 매니폴드의 압력 변화에 따라 흡입 공기량을 간접적으로 검출하여 연료의 기본 분사량과 분사시간, 점화시기를 결정하는 데 사용한다. 진공호스로 서지탱크(Surge Tank)에 연결되어 흡기관 내의 절대압력 변화를 측정한다. 엔진이 작동되고 있을 때 흡기 매니폴드 내의 압력은 엔진 상태에 따라 변화된다.
>
> ① 엔진 부조 또는 시동 꺼짐
> ② 연료소비율 증가
> ③ 가속 불량 및 출력 감소
> ④ 매연 증가 및 엔진 경고등 점등

06 크랭크 각 센서 고장 시 기관에 나타날 수 있는 엔진의 현상 4가지를 쓰시오. (단, 부품의 손상이나 연료소비량, 소음 및 충격, 배기가스에 대한 사항은 제외) (4점)

> 해답 크랭크 각 센서(CKP)는 엔진의 회전수 및 크랭크 축의 위치를 감지하여 연료분사시기 및 점화시기 등의 기준 신호를 제공한다.
>
> ① 크랭킹은 가능하지만 엔진 시동이 어렵다.
> ② 연료펌프 구동이 어렵고, 점화불꽃이 발생되지 않는다.
> ③ 주행 중 엔진이 가끔 정지되고, 재시동이 불량하다.
> ④ 가속력이 떨어진다.
> ⑤ 공회전 시 엔진 부조현상이 있다.

07 댐퍼 클러치의 기능에 대한 설명으로 다음 (   )안에 알맞은 내용을 적으시오. (3점)

> 댐퍼 클러치는 자동차의 주행속도가 일정 값에 도달하면 (①)의 펌프와 터빈을 기계적으로 (②)시켜 (③)에 의한 손실을 최소화하여 정숙성을 도모하는 장치이다.

> 해답 ① 임펠러   ② 직결   ③ 슬립

08 ECS 현가장치의 감쇠력 제어의 기능 4가지를 설명하시오. (4점)

해답 감쇠력 가변식은 쇼크업소버의 감쇠력이 차체에 발생되는 고유진동(Roll, Dive, Squat, Pitching, Bouncing, Shake)을 강/약으로 변환시켜 억제한다. 감쇠력 제어기능은 주행조건이나 노면상태에 따라 쇼크업소버의 감쇠력이 Super Soft, Soft, Medium, Hard의 4단계로 컴퓨터에 의해 제어된다. 컴퓨터는 제어모드에 따라 쇼크업소버 상단부에 설치된 스텝모터(Step Motor)를 구동하고, 스텝모터의 구동에 의해 쇼크업소버 내부로 연결되는 컨트롤 로드가 회전하게 된다.

선택 모드	감쇠력 제어	특징
Auto 모드	• Super Soft • Soft • Medium • Hard	Auto 모드 선택 시 기본 감쇠력은 Super Soft이며, 차속, 주행조건, 노면상태에 따라 Super Soft, Soft, Medium, Hard의 4단계로 제어된다.
Sport 모드	• Medium • Hard	Sport 모드 선택 시 기본 감쇠력은 Medium으로 변환되고, 주행조건이나 노면상태에 따라 Medium, Hard 2단계로 자동 제어된다.

09 브레이크 베이퍼 록(Vapor Lock) 현상의 원인을 3가지 쓰시오. (3점)

해답 ① 긴 내리막길에서 과도한 브레이크 사용
② 드럼과 라이닝의 끌림에 의한 가열
③ 마스터 실린더, 브레이크 슈 리턴 스프링의 불량에 의한 잔압저하
④ 불량오일의 사용 및 오일의 변질에 의한 비점저하

10 다음 ETACS(시간경보장치) 스위치의 ON, OFF 기능을 판단하는 방법 3가지를 쓰시오. (3점)

해답 ① 풀업 저항 방식 : ETACS에서는 풀업 전압 5V가 항상 출력되며 스위치 OFF 시 입력단에는 5V가 걸리나, ON 시에는 풀업 전압이 접지로 흘러 입력단은 0V가 된다. 따라서 파형은 0V에서 5V로 변화된다.

풀업 저항 방식	파형
풀업5V 입력단 에탁스	CH A 1.0 V 20 mS CH B 0.5 V 5V 0V HOLD TIME VOLT CHNL GRID MORE

② 풀다운 저항 방식 : 에탁스는 스위치 ON 시 입력단에 12V 전원이 걸리고, OFF 시 0V가 걸리게 된다.

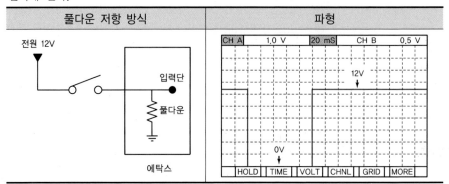

풀다운 저항 방식	파형

③ 스트로브 방식
- 에탁스 내의 펄스발생기에는 0~5V 펄스가 10mS 간격으로 항상 출력된다. 따라서 스위치 OFF 시 입력단에는 그림과 같은 형태의 펄스가 입력되고, 스위치 ON 시에는 풀업 전압이 접지로 흘러 일정한 0V가 입력된다.
- 에탁스는 입력단의 신호가 약 40ms 동안 0V로 입력되면 스위치가 ON 되었다고 인식한다. 이 방식은 멀티미터를 사용하여 점검하면 정확한 전압의 변화를 알기 힘들다. 따라서 반드시 오실로 스코프를 이용하여 파형을 통해 점검하여야 한다.

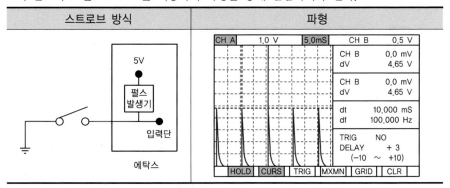

스트로브 방식	파형

11 복선식 배선을 사용하는 이유에 대하여 설명하시오. (2점)

해답

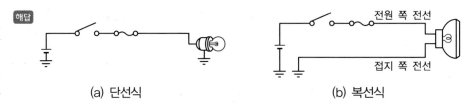

(a) 단선식   (b) 복선식

복선식은 그림 (b)와 같이 접지 쪽에도 반드시 전선을 사용하여

① 접촉 불량 등을 일으키지 않도록 프레임에 확실하게 접지하는 방식으로
② 전조등 회로와 같이 비교적 큰 전류가 흐르는 회로에 사용된다.

12 다음 그림의 오토라이트 회로도를 이용하여 조도센서(CdS), 트랜지스터(TR₁, TR₂), LED의 ON, OFF 관계를 ✓로 체크하시오. (4점)

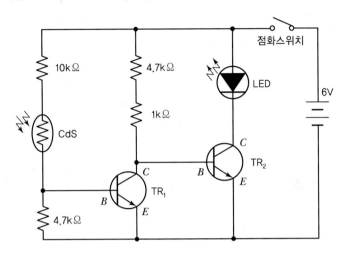

해답 1) 자동차 주위가 밝을 때

조도센서(CdS)의 저항이 낮을 때이다. 점화 스위치 ON 상태에서 전류의 흐름은

① 배터리 → 점화스위치 → 저항(10kΩ) → 조도센서(CdS) → TR₁의 B → TR₁의 E → 접지, 따라서 ①의 결과로 TR₁이 ON이므로

② 배터리 → 점화스위치 → 저항(4.7kΩ) → 저항(1kΩ) → TR₁의 C → TR₁의 E → 접지 결과는 TR₂가 OFF이므로 자동 전조등(LED)은 OFF이다.

2) 자동차 주위가 어두울 때

조도센서(CdS)의 저항이 높을 때이다. 점화 스위치 ON 상태에서 전류의 흐름은 ① 배터리 → 점화스위치 → 저항(4.7kΩ) → 저항(1kΩ) → TR₂의 B → TR₂의 E → 접지, 따라서 ①의 결과로 TR₂가 ON이므로 ② 배터리 → 점화스위치 → 자동 전조등(LED) → TR₂의 C → TR₂의 E → 접지 결과는 TR₂가 ON이므로 자동 전조등(LED)은 ON이다.

구분	CdS 센서저항	TR₁	TR₂	LED 표시등
주간	높음( ) 낮음(✓)	ON(✓) OFF( )	ON( ) OFF(✓)	ON( ) OFF(✓)
야간	높음(✓) 낮음( )	ON( ) OFF(✓)	ON(✓) OFF( )	ON(✓) OFF( )

13 차체 수정 작업에서 센터링 게이지로 판단할 수 있는 프레임 손상 3가지를 쓰시오. (3점)

해답 ① 언더보디의 상하 변형
② 언더보디의 좌우 변형
③ 언더보디의 비틀림 변형

14 보수 도장의 스프레이 부스의 역할에 대하여 3가지 쓰시오. (3점)

해답 ① 먼지와 오물이 묻지 않도록 청결한 작업환경을 유지하여 도장의 품질을 향상시킨다.
② 2액형 도료를 열처리하여 단단한 도막이 되도록 한다.
③ 도장 시 발생하는 도료 더스트나 분진을 필터링하여 외부로 방출한다.

15 도장의 가사 시간(Pot Life)에 대하여 설명하시오. (3점)

해답 ① 2액형(二液型) 도료에서 주제(主劑)와 경화제를 혼합한 후, 정상적인 도장(塗裝)에 사용하는 시간을 말한다.
② 이것을 초과하면 젤리 상태가 되어 분사 도장을 할 수 없게 된다.
③ 도료의 종류 및 기온에 따라 차이가 있으며 우레탄 도료는 8~10시간(20℃)이 일반적이다.

제65회 2019년도 전반기

02 실전 다지기

01 차대 번호를 보고 알 수 있는 정보 5가지를 설명하시오. (5점)

해답 ① 제작사 및 제작군 : 첫째~둘째 자리
② 자동차 종별표시 : 셋째 자리
③ 차종, 차체형상 : 넷째~다섯째 자리
④ 배기량 : 여덟째 자리
⑤ 운전석의 위치 : 아홉째 자리
⑥ 제작년도 : 열째 자리
⑦ 생산공장 : 열한째 자리

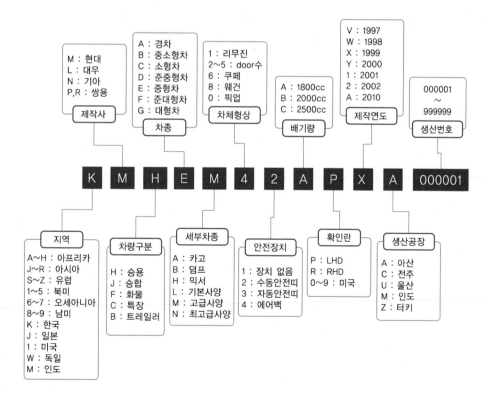

02 밸브 스프링의 종류 3가지를 적으시오. (3점)

해답 ① 2중 스프링   ② 부등 피치 스프링   ③ 원뿔형 스프링

※ 밸브 스프링 서징 현상 : 기관의 고속회전에서 밸브 스프링의 신축(伸縮)이 심하여 밸브 스프링의 고유 진동수와 캠 회전속도의 공명(共鳴)에 의하여 스프링이 튕기는 현상이다. 서징 현상이 발생하면 밸브 개폐가 불량하여 흡·배기 작용이 불충분해진다.

03 피스톤의 평균 속도를 구하는 공식을 설명하시오. (3점)

해답 $S = \dfrac{2 \times L \times N}{60}$

여기서, S : 피스톤 평균속도(m/s)
L : 피스톤 행정(m)
N : 엔진 회전수(rpm)

04 3원 촉매장치의 손상의 원인 5가지를 설명하시오. (단, 외부 충격은 제외) (5점)

해답 3원 촉매장치는 실화(Misfire)로 인해서 실린더의 연소실에서 미처 연소되지 못한 휘발유가 촉매에서 연소되어 그 열이 촉매 내부를 녹여 버리는 경우가 있다. 카본 슬러지나 타다 만 이물질이 촉매를 막아버리는 일도 있으며 배기계의 부식으로 촉매까지 손상시킨다.

① 점화장치의 고장으로 연소되지 못한 연료가 촉매에 쌓여 연소, 과열하여 파손된다.
② 산소센서(공연비센서, 람다센서) 고장 시 농후 혼합기를 조성하여 과열하여 파손된다.
③ 과다한 엔진오일의 연소로 이물질이 담채를 막아 열 응집이나 막힘으로 파손된다.
④ 전자제어 시스템의 이상으로 농후 혼합기를 조장하면 위와 같은 상황이 초래된다.
⑤ 배기계의 부식으로 촉매까지 손상시킨다.

05 엔진에서 흡입 체적 효율을 올리기 위한 방법 5가지를 설명하시오. (5점)

해답 ① 외기를 가능한 한 뜨겁지 않게 하여 흡기관에 도입하고, 과급기가 있는 엔진은 인터쿨러를 사용하여 흡기 온도를 올리지 않도록 한다.
② 밸브 수를 많게 한다든지, 덕트 및 매니폴드를 가능한 한 크게 하고, 구부러진 반경을 크게 하는 등 흡기 저항을 작게 한다.
③ 밸브의 직경과 밸브 리프트를 크게 하고, 밸브 타이밍을 적정하게 한다.
④ 흡기 매니폴드 길이를 저속 회전에서는 길게, 고속 회전에서는 짧게 하여 관성 효과와 맥동 효과를 잘 이용한다.
⑤ 과급기를 설치하여 흡기압력을 높인다.

06 흡배기 밸브 작동 시 캠의 각부 명칭 3가지를 설명하시오.

해답 캠의 형상은 밸브개폐 상태, 열림시간, 밸브의 양정을 결정한다.
어느 형상에서나 로커암(또는 밸브 리프터)과 캠이 직접 접촉하므로 이 부분과의 마찰과 마모를 감소시키기 위해 접촉면의 하나는 반드시 원호형으로 하고 있다.

① 기초원(Base Circle) : 캠축의 중심부분
② 노즈(Nose) : 캠의 정상지점
③ 양정(Lift) : 기초원과 노즈 사이의 거리
④ 플랭크(Flank) : 밸브 리프터 또는 로커암이 접촉되는 캠의 옆면
⑤ 로브(Lobe) : 캠의 돌기부

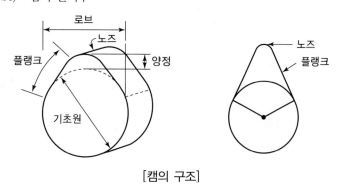

[캠의 구조]

07 산소센서가 피드백하지 않는 원인을 4가지 설명하시오. (4점)

해답 ① 피드백 시스템에 이상이 있을 때(산소센서 자체의 고장이나 피드백 시스템의 이상)
② 산소센서의 리치(농후) 또는 린(희박) 상태가 15초 이상 지속될 때
③ 오픈 루프 조건일 때(기관의 작동 조건이 산소센서의 활성화 온도 및 시간 이전일 때, 50rpm/50sec 전후, 또한 연료 컷 구간)
④ 냉간 시동조건일 때(과랭이나 45℃ 이하)
⑤ 고부하 상태일 때(기관이 고부하일 때는 오픈 루프로 간주)

08 자동차 감속 시 연료 컷의 목적 3가지를 설명하시오. (3점)

해답 ① 배기가스 저감(HC) : 연료 컷은 주행 중 긴 내리막 구간이나 관성주행 중의 감속구간에서 차속 10km/h 이상, 스로틀 밸브 전폐 구간에서 연료를 차단하는 기능으로 감속구간 및 탄력 무부하 구간에서 동력의 생성을 연료 차단으로 억제하여 배기가스 중의 연료 주성분인 HC를 감소한다.
② 연료 절감 : 내리막 구간이나 관성주행 구간 중 차속 10km/h 이상, 스로틀 밸브 전폐 상태에서 연료를 차단하여 연료를 절감한다.
③ 촉매과열 방지 : 촉매장치의 파손 원인은 HC 과농에 의한 과열이며 탄력 구간에서 연료를 차단하여 촉매의 평균 온도를 유지할 수 있어 촉매과열을 방지한다.

09 자동변속기의 오일이 산화되거나 교환 주기가 지났을 때 변속기에 미치는 영향 3가지를 설명하시오. (3점)

해답 ① 윤활불량 : 오일의 산화는 오일의 기본조건인 윤활 기능을 상실하게 한다.
② 작동지연 : 오일의 산화변질로 과도한 점도에 의해 각부클러치 및 브레이크의 작동 지연 및 슬립이 초래된다.
③ 작동 충격 : 산화된 오일의 점도가 낮아지면 작동 충격이 발생하고 그 충격은 클러치 및 어큐뮬레이터 등의 파손을 초래한다.

10 무단변속기에서 변속기 내부 동력손실 3가지를 설명하시오. (3점)

해답 무단변속기는 동력입력부, 변속부, 출력부로 나뉜다.
① 입력부 : 마그네틱 클러치나 토크 컨버터 형태를 사용하는데, 발진 시의 충격보호를 위한 일정의 슬립이 발생하여 동력이 손실된다.
② 변속부 : 풀리와 금속벨트의 접촉 시 슬립이 발생되어 동력이 손실된다.
③ 출력부 : 동력 손실은 미소하나 출력축의 방향과 성향에 따른 마찰 저항, 기계적 구조에 의한 동력 손실이 있다.

11 홀센서 효과, 피에조 효과, 펠티어 효과에 대하여 설명하시오. (3점)

해답 ① 홀센서 효과 : 자기장속의 도체에서 자기장의 직각방향으로 전류가 흐르면 자기장과 전류 모두에 직각방향으로 전기장이 나타나는 현상으로 차속센서, 캠축센서 등 회전수를 측정하는 데 사용한다.
② 피에조 효과 : 도체에 압력을 가하면 힘의 정도에 따라 전압이 발생하는 효과로 노크센서 등 압전 소자로 사용한다.
③ 펠티어 효과 : 두 종류의 도체를 결합하고 전류를 흘려보내면 한쪽의 접점은 발열하여 온도가 상승하고, 반대쪽은 온도가 낮아지는 현상으로 냉장고의 열전소자 등에 사용된다.

12 배터리 충 · 방전 시 각 번호에 해당하는 화학기호를 작성하시오. (5점)

구분	방전 시	충전 시
(+) 극판	(1)	(2)
(−) 극판	(3)	(4)
전해액	$2H_2O$	(5)

해답 (1) PbSO₄ (2) PbO₂ (3) PbSO₄ (4) Pb (5) 2H₂SO₄

충전 상태	방전 상태
PbO₂ + 2H₂SO₄ + Pb (양극) (전해액) (음극)	PbSO₄ + 2H₂O + PbSO₄ (양극) (전해액) (음극)

13 차량 충돌 시 사고수리 손상부위를 분석하는 방법 3가지를 설명하시오. (단, 레벨은 제외)(3점)

해답 ① 센터라인(Center Line) : 언더 보디의 평행분석
② 데이텀(Datum) : 언더 보디의 상하 변형분석
③ 치수(Measurement) : 보디의 원래 치수 비교분석

14 다음 무기안료에 대한 설명에서 (   )에 알맞은 용어를 쓰시오. (2점)

무기안료는 (   )안료라고도 불리며, 내후성·내약품성에는 강하나 색상에는 미흡하다.

해답 무기안료는 (광물성) 안료라고도 한다. 천연광물 그대로 만드는 것, 천연광물을 가공·분쇄하여 만드는 것, 아연·타이타늄·납·철·구리·크로뮴 등의 금속화합물을 원료로 하여 만드는 것이 있다. 유기안료에 비해 일반적으로 불투명하고 농도도 불충분하지만, 내광성과 내열성이 좋고 유기용제에 녹지 않는다. 또한 가격이 저렴하고 사용량도 많다.

제66회 2019년도 후반기

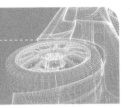

01 실린더 배열별 엔진의 종류 4가지를 적으시오. (4점)

해답 1) 수랭식 기관
　　① 직렬형
　　② V형

2) 공랭식 기관
　　① V형
　　② 방사형
　　③ 수평대향형

02 엔진의 냉각수가 과열되는 원인 5가지를 적으시오. (5점)

해답 ① 냉각팬 작동불량
② 라디에이터 코어 막힘
③ 서모스탯 불량(닫힘 상태로 고착)
④ 윤활유 부족
⑤ 배기밸브 및 배기매니폴드 막힘

03 실린더 흡입공기의 와류종류를 3가지 설명하시오. (3점)

해답 ① 스월(Swirl) : 흡입공기의 소용돌이 현상으로 연소효율의 개선을 도모한 것
② 스쿼시(Squash) : 흡입공기가 압축할 때 소용돌이 현상으로 연소효율의 개선을 도모한 것
③ 텀블(Tumble) : 연소실에 텀블 유동(종와류)을 발생시켜 연소효율의 개선을 도모한 것

04 삼원촉매 장치의 화학반응식을 쓰시오. (3점)

해답 배기가스가 촉매컨버터 속을 통과할 때 담체 속의 귀금속과 산화·환원반응을 일으켜 무해성
가스로 정화한다.

CO의 산화작용	$CO + \dfrac{1}{2}O_2 = CO_2$
HC의 산화작용	$mHC + \dfrac{5}{4}O_2 = H_2O + mCO_2$
NO의 환원작용	$NO + CO \rightarrow CO_2 + \dfrac{1}{2}N_2$ 또는 $NO + H_2 \rightarrow H_2O + \dfrac{1}{2}N_2$

05 IQA 인젝터의 장점 3가지를 적으시오. (3점)

해답 IQA(Injection Quantity Adaptation)는 인젝터 간 연료 분사량 편차를 보정한다는 의미이다.

① 실린더별 분사연료량의 편차를 줄여 엔진의 정숙성을 향상시킨다.
② 배기가스 규제 대응에 용이하다.
③ 최적의 연료분사 제어가 가능하다.
④ 연료분사량 학습이 가능하다.

06 타이어의 히트 세퍼레이트(The Heat Sereration)의 원인 3가지를 쓰시오. (3점)

해답 타이어는 과속, 과적 또는 공기압이 낮은 상태의 주행 등 사용 조건이 가혹할 경우, 내부 발열이 급속히 증가한다. 이와 같은 타이어의 이상발열로 인하여 벨트부의 온도가 125℃ 이상 올라가면, 타이어를 구성하고 있는 고무나 코드 등이 열화되거나 접착력이 약해져서 타이어의 내구력이 저하된다. 심할 경우 타이어의 구성물질이 용해되고 트레드가 분리되어 떨어져 나가는 현상이 발생하는데, 이런 현상을 히트 세퍼레이션이라고 한다.

① 과속주행
② 과적주행
③ 타이어 압력 과소상태 주행
④ 타이어 코드 층간 접착력 불량

07 VDC 입력요소 4가지를 적으시오. (4점)

해답 VDC(Vehicle Dynamic Control : 차량 자세제어장치)의 입력요소
① 휠 스피드 센서
② 조향 휠 각속도 센서
③ 브레이크 마스터 실린더 압력센서
④ 요 레이트 센서
⑤ 브레이크 스위치
⑥ 횡가속도 센서
⑦ VDC OFF 스위치

08 리미팅 밸브를 설명하시오. (2점)

해답 리미팅 밸브는 브레이크 페달을 강력하게 밟았을 때 뒷바퀴에 먼저 제동이 걸리지 않게 하기 위해서 유압이 일정 압력을 초과하면 그 이상 뒷바퀴 쪽으로 가는 유압을 상승시키지 않는 형태의 조정 밸브이며 제동 안정성을 유지하는 밸브이다.

09 레졸버 보정시기를 3가지 쓰시오. (3점)

해답 MCU가 모터(리어 플레이트)에 장착되어 있는 레졸버의 정확한 상(Phase)의 위치 검출을 통해 정확한 토크를 지령하여야 하는데, 일반적으로 레졸버는 정확한 위치로 모터와 조립되어 보정이 필요 없도록 해야 하지만 차량의 파워트레인과 조립되는 하이브리드 차량의 경우에는 하드웨어적으로 로터와 레졸버 상의 위치가 맞도록 조립하는 것이 어렵다(기계적인 조립 공차 발생).
따라서 정확한 상의 위치값과 레졸버 출력값이 같아지도록 자동적으로 보정해주는 방법이 제공되어야 한다.

① 하이브리드 모터 교환 시
② 하이브리드 자동변속기 교환 시
③ 하이브리드 엔진 교환 시
④ ECU 업데이트 시

10 다음 AND 회로의 출력값을 적으시오. (4점)

해답 기호	회로명	입력		출력
	AND 회로 논리적 회로 (직렬)	0	0	0
		0	1	0
		1	0	0
		1	1	1

11 자동차 배터리의 설페이션 원인 4가지를 쓰시오. (4점)

해답 설페이션은 축전지의 방전상태가 오랫동안 지속되어 극판이 결정화되어 사용하지 못하는 현상을 말한다.
① 전해액의 비중이 너무 높거나 낮을 경우
② 전해액이 부족할 경우
③ 방전된 상태로 축전지를 장기간 방치하였을 경우
④ 전해액에 불순물이 혼입되었을 경우

12 기동전동기 회전이 느린 원인 3가지를 적으시오. (3점)

해답 ① 전기자 축 휨
② 전기자 코일 단락, 접지
③ 계자철심 단락, 접지
④ 전기자와 계자철심 단락
⑤ 베어링 윤활 불량

13 모노코크 보디의 사고발생 시 변형의 종류를 3가지 쓰시오. (3점)

해답 ① 상하 구부러짐(Sag)
② 좌우 구부러짐(Twist)
③ 찌그러짐(Mash)
④ 뒤틀림(Twist)

14 프레임 수정기의 종류 3가지를 적으시오. (3점)

해답 ① 이동식 프레임 수정기
② 정치식 프레임 수정기
③ 바닥식 프레임 수정기
④ 폴식 프레임 수정기

15 프라이머 서페이서의 기능 3가지를 적으시오. (3점)

해답 ① 부식방지
② 후속도막과의 부착력 향상
③ 미세한 단차를 메꿈
④ 충격에 의한 완충작용

제67회 2020년도 전반기

01 자동차 엔진의 압축압력을 측정할 때 준비사항 5가지를 쓰시오. (5점)

해답 ① 엔진을 시동하여 냉각수온이 80~95℃가 되도록 워밍업 한다.
② 엔진에 장착된 모든 점화플러그를 탈거하고 압축압력 게이지를 설치한다.
③ 스로틀 밸브를 완전히 열고 엔진을 크랭킹 시킨다.
④ 엔진이 250rpm 이상으로 회전할 수 있도록 완충된 배터리를 사용한다.
⑤ 하나 또는 그 이상의 실린더의 압축압력이 규정치 이하라면 해당 실린더 점화 플러그 홀을 통해 소량의 기관 오일을 넣고 다시 측정한다.
  • 엔진에 오일 첨가 후 압축압력이 상승한 경우 피스톤 링 또는 실린더 벽이 마모 및 손상되었을 수 있다.
  • 압축압력이 상승하지 않은 경우 밸브 고착, 밸브 시트 접촉 불량 또는 개스킷을 통한 가스 누설일 수 있다.

02 자동차 엔진의 실린더 헤드 고착 시 헤드 탈거방법 3가지를 쓰시오. (3점)

해답 실린더 헤드볼트를 풀고
① 플라스틱 해머로 헤드를 두들겨 고착을 푼다.
② 호이스트를 이용하여 헤드를 들어올려 고착을 푼다.
③ 압축공기를 이용하여 헤드 고착을 푼다.

03 냉각수 부동액의 구비조건 3가지를 쓰시오. (3점)

해답 ① 냉각수와 잘 혼합될 것
② 물재킷, 방열기 등 냉각계통을 부식시키지 않을 것
③ 비점이 높고 빙점은 물보다 낮을 것
④ 증발성이 없을 것

04 엔진 냉각시스템의 입구제어 방식의 특징 3가지를 쓰시오. (3점)

해답 ① 냉각수 온도 변화폭이 작다.
② 냉각효과가 좋다.
③ 바이패스 통로가 없어도 가능하다.
④ 냉각수 교환 후 냉각수 순환과 에어빼기가 곤란하다.
⑤ 수온조절기 하우징 구조가 복잡하다.
⑥ 웜업 시간이 길다.

05 커먼레일 디젤엔진에 연료 온도센서가 사용되는 이유를 쓰시오. (2점)

해답 연료 온도센서가 연료온도를 제한하여 적당한 윤활작용으로 고압펌프를 보호하기 위함이다.
(커먼레일 내의 연료온도를 부특성 서미스터로 측정하여 ECU로 입력하면 ECU는 연료온도
를 낮추기 위해 엔진의 최고회전수를 제한한다.)

06 다음 조건에서 엔진 회전속도가 2,400rpm일 때 추진축 회전수를 계산하시오. (4점)

해답 • 변속기 입력축 기어 : 20T
• 입력축 기어와 물리는 부축 기어 : 40T
• 출력축 2단 기어 : 30T
• 출력축 2단 기어와 물리는 부축 기어 : 50T

$$변속비 = \frac{부축\ 기어}{입력축\ 기어} \times \frac{출력축\ 기어}{부축\ 기어}$$

$$추진축\ 회전수 = \frac{엔진회전수}{변속비}$$

$$= \frac{2,400}{\frac{40}{20} \times \frac{30}{50}}$$

$$= 2,000 rpm$$

07 현가장치에서 스프링 위 질량 4가지를 쓰고 설명하시오. (4점)

해답 ① 바운싱(Bouncing) : 수직축(Z축)을 중심으로 차체가 상하로 진동
② 롤링(Rolling) : X축을 중심으로 차체가 좌우로 회전하는 진동
③ 피칭(Pitching) : Y축을 중심으로 차체가 앞뒤로 회전하는 진동
④ 요잉(Yawing) : Z축을 중심으로 차체가 좌우로 회전하는 진동

08 VDC 입력요소 4가지를 적으시오. (4점)

해답 VDC(Vehicle Dynamic Control : 차량 자세제어장치)의 입력요소
① 휠 스피드 센서
② 조향 휠 각속도 센서
③ 브레이크 마스터 실린더 압력센서
④ 요 레이트 센서
⑤ 브레이크 스위치
⑥ 횡가속도 센서
⑦ VDC OFF 스위치

09 SSB(Start Stop Button : 스타트 스톱 버튼)의 PDM(전원분배모듈)이 작동시키는 릴레이 4가지를 쓰시오. (4점)

해답 ① ACC 릴레이
② IG1 릴레이
③ IG2 릴레이
④ 시동 릴레이

브레이크 페달을 밟은 상태에서 시동버튼을 누르면 그 신호가 PDM(전원분배모듈) 및 스마트 키 유닛으로 전달되며, PDM은 다시 ECU에 버튼 신호를 전달하여 인증작업을 요구한다. ECU는 인증이 완료되면 PDM에 인증완료를 피드백한다. 인증이 완료되었다는 신호를 ECU 로부터 받은 PDM은 ACC 릴레이, IG1 릴레이, IG2 릴레이 및 시동 릴레이를 작동시켜 크랭 킹 작업을 한다.

10 다음 NOR 회로의 논리기호를 보고 진리표를 작성하시오. (4점)

해답 NOR 회로는 OR–NOT로 구성된 회로로서 OR의 부정연산회로이다.
입력 A, B 중 최소한 어느 한쪽의 입력이 1이면 출력은 0이 된다.

논리기호	논리식	진리표		
		A	B	Q
A ▷ Q B	$Q = \overline{A+B}$	0	0	1
		0	1	0
		1	0	0
		1	1	0

11 주행상태, 도로조건, 조명상태에 대응하여 전조등의 조사방향을 상하, 좌우로 제어할 수 있는 오토 전조등의 조사각도 관련 부품 3가지를 쓰시오. (3점)

해답 ① ECU
② 조향각센서 또는 요잉률센서
③ 스텝모터

12 자동차 보수도장의 전처리작업 중에서 화성처리의 장점 4가지를 쓰시오.

해답 화성처리(Chemical Conversion Coating, 化成處理)는 화학적 처리에 의해 금속표면에 산화막이나 무기염의 얇은 피막을 만들어 금속의 방청이나 도장 하지로 만드는 처리를 말한다. 예를 들어 크로메이트 처리, 인산염 처리 등이다.

[화성처리의 장점]
① 전기도금에 비하여 가공방법이 간단하고 설비비용이 저렴하다.
② 전류가 필요 없는 화학처리이기 때문에 형태에 구애받지 않고 대량생산이 가능하다.
③ 처리온도 100℃ 이하에서는 재질이 물리적으로 변화하지 않는다.
④ 내마모성이 양호하다.
⑤ 피막의 두께를 임의로 할 수 있다.

13 자동차 보수도장 도막의 주요소는 (①)이고 부요소는 (②)이며, 조요소는 (③)이다. (3점)

해답 ① 수지와 안료 ② 첨가제 ③ 용제

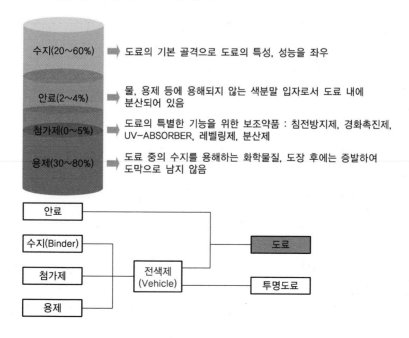

수지(20~60%) ➡ 도료의 기본 골격으로 도료의 특성, 성능을 좌우

안료(2~4%) ➡ 물, 용제 등에 용해되지 않는 색분말 입자로서 도료 내에 분산되어 있음

첨가제(0~5%) ➡ 도료의 특별한 기능을 위한 보조약품 : 침전방지제, 경화촉진제, UV-ABSORBER, 레벨링제, 분산제

용제(30~80%) ➡ 도료 중의 수지를 용해하는 화학물질, 도장 후에는 증발하여 도막으로 남지 않음

안료
수지(Binder)
첨가제
용제
전색제 (Vehicle)
도료
투명도료

14 보수도장 시 신체보호구 4가지를 쓰시오. (4점)

해답 ① 보안경(Safety Goggle) : 작업 중 먼지, 용제, 경화제, 기타 이물질이 눈에 들어갈 위험이 있으므로 늘 착용하도록 한다.

② 내용제성 고무장갑(Gloves) : 박리제, 탈지제, 스프레이 작업 건 청소 등 통상적인 작업 시에 손을 보호하기 위해 사용한다.

③ 방진마스크(Dust Respirator) : 작업할 때 발생하는 연마 및 기타 먼지를 걸러준다.

④ 방독마스크(Respirator) : 활성탄이 함유된 필터가 도료에 함유된 이소시아네이트 및 눈에 보이지 않는 유독가스와 래커나 에나멜의 스프레이 먼지로부터 작업자를 보호한다.

⑤ 스프레이 보호복(Protective Clothing) : 화학제품으로부터 인체와 피부를 보호하기 위해 사용한다.

제68회 2020년도 후반기

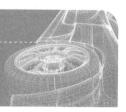

02 실전 다지기

01 자동차관리법상 자동차검사의 종류를 5가지 쓰시오. (5점)

해답 ① 신규검사
② 정기검사
③ 튜닝검사
④ 임시검사
⑤ 수리검사
⑥ 종합검사

[자동차관리법 제43조 및 제43조 2(자동차검사)]
① 신규검사 : 신규등록을 하려는 경우 실시하는 검사
② 정기검사 : 신규등록 후 일정 기간마다 정기적으로 실시하는 검사
③ 튜닝검사 : 자동차를 튜닝한 경우에 실시하는 검사
④ 임시검사 : 자동차관리법에 따른 명령이나 자동차 소유자의 신청을 받아 비정기적으로 실시하는 검사
⑤ 수리검사 : 전손 처리 자동차를 수리한 후 운행하려는 경우에 실시하는 검사
⑥ 종합검사 : 운행차 배출가스 정밀검사 시행지역에 등록한 자동차 소유자의 검사

02 제동열효율이 400%일 때 저위발열량은 10,500kcal/kg이다. 이때 제동연료소비율(g/PSh)을 구하시오. (5점)

해답 $\eta = \dfrac{\text{실제 일로 변한 열에너지}}{\text{기관에 공급된 열에너지}} \times 100(\%)$

$= \dfrac{632.3 \times BPS}{B \times C} \times 100(\%)$

여기서, BPS : 제동마력
B : 매 시간당 연료 소비율(kg/PSh)
C : 연료의 저위발열량(kcal/kg)
632.3 : 1마력의 1시간당의 열량(kcal)

$B = \dfrac{632.3}{\eta \times C} = \dfrac{632.3}{400 \times 10,500} \times 100 = 0.015\text{kg/PSh} = 15\text{g/PSh}$

03 노킹이 가솔린 엔진에 미치는 영향을 3가지 쓰시오. (3점)

> 해답 ① 출력 부족
> ② 엔진의 과열
> ③ 배기소음의 불규칙

04 EGR 계산식을 쓰시오. (5점)

> 해답 EGR율$(\%) = \dfrac{EGR\,가스량}{EGR\,가스량 + 흡입공기량} \times 100$

05 자동차에 사용되는 마이크로 컴퓨터(컨트롤 유닛) 4가지를 쓰고 역할을 설명하시오. (4점)

> 해답 ① ECU : 엔진 전자제어장치
> ② TCU : 자동변속기 전자제어장치
> ③ FATC : 에어컨 전자제어장치
> ④ ETACS : 편의장치, 전자제어장치

06 LSD 차동제어장치의 특징을 5가지 쓰시오. (5점)

> 해답 ① 눈길, 미끄러운 길 등에서 미끄러지지 않으며 구동력이 증대
> ② 코너링 및 횡풍이 강할 때 주행 안전성 유지
> ③ 진흙길, 웅덩이에 빠졌을 때 탈출 용이
> ④ 경사로에서 주정차 용이
> ⑤ 급가속 시 차량 안전성 유지

07 어큐뮬레이터의 기능을 3가지 쓰시오. (3점)

> 해답 ① 회로 내 충격압력의 흡수
> ② 에너지 저장
> ③ 응급상황 시 작동보상

08 전자제어 제동력 배분장치(EBD)의 특징을 3가지 쓰시오. (3점)

해답 ① 차량 중량의 변동조건에 따라 후륜 제동력을 조절함으로써 최대 제동력을 가능하게 한다.
② 중량 증가 시의 제동거리 증가를 최소화한다.
③ 작은 브레이크 페달 작동력에서 제동이 가능하게 한다.

[EBD(Electronic Brake force Distribution)]
승차인원이나 적재하중에 맞추어 앞뒤 바퀴에 적절한 제동력을 자동으로 배분함으로써 안정된 브레이크 성능을 발휘할 수 있게 하는 전자식 제동력 분배 시스템이다.

09 전기자동차의 V2G 시스템 특징을 설명하시오. (3점)

해답 ① 전기자동차의 V2G 커넥티비티 모듈(VCM)을 통해 전력을 수요와 공급의 양방향으로 활용할 수 있다.
② 차주가 요구하는 충전시간, 전력량 등에 따라 자동 충전을 할 수 있다.
③ 전력회사의 피크 타임을 피해 충전하고, 필요시 거꾸로 전력회사에 전기 공급, 판매할 수도 있다.

[V2G시스템(Vehicle to Grid System)]
전기자동차 보급이 확대됨과 동시에 충전이 특정 시간대에 몰리거나 전력수요가 높은 시간대가 늘어나면 전력수급 균형이 불안해질 수 있다. 따라서 전기자동차 충전으로 인한 전력수요가 증가함과 동시에, 전기자동차의 전력수요를 분산시키고, 전기자동차 배터리의 여분의 전기를 활용할 수 있는 스마트그리드 구축이 중요해진다. 스마트그리드가 전기자동차의 전력망 영향 관리에 어느 정도 영향을 미치는지에 대한 연구는 아직 국내에서 미흡한 실정이다.

10 HID 전조등의 특징 3가지를 쓰시오. (3점)

해답 ① 적은 소비전력으로 3배 이상의 밝기를 나타낸다.
② 운전자 시야에 부담이 없어 장시간 운전에 좋다.
③ 일반 전조등보다 넓은 범위로 빛을 반사하므로 반대편 차량 운전자의 시야를 방해한다.

[HID 전조등(High Intensity Discharge : 고전압 방출)]
HID는 전류를 흘려보내고 이와 대전할 때 빛을 낼 가스 입자를 활용한 방식으로, 형광등과 비슷한 원리로 작동한다. 기존 할로겐 전구와 비교했을 때 적은 소비전력으로 3배 이상 밝은 자연색에 가까운 백색광을 내는데, 눈에 부담도 없어 장시간 운전에 좋다는 것이 특징이다. 하지만 일반 전조등보다 넓은 범위로 빛을 반사하는 HID는 반대편 차량 운전자의 시야를 방해하므로 HID로 교체할 때는 반드시 광축을 자동으로 조절하는 장치도 함께 설치해야 한다.

11 CO_2 용접 시 아크 불량의 원인 3가지를 쓰시오. (3점)

해답 ① 기공
② 용융(용착) 부족
③ 용입 부족
④ 언더 컷

12 센터링 게이지의 설치 방법을 5가지 쓰시오. (5점)

해답 ① 차체를 3~4개 부분으로 나누어 앞에서부터 설치한다.
② 차체 프레임의 행거 로드의 높이를 수평으로 조절하여 건다.
③ 크로스바의 설치 지점을 확인하고 설치한다.
④ 비대칭 차체와 좌·우 대칭인 차체를 구분해야 한다.
⑤ 센터 사이팅 핀을 정확하게 설치한다.

센터라인(Center Line)은 차체 중심을 가르는 가상 기준선으로 언더 보디의 평형 정렬 상태,
즉 센터링 게이지의 센터 핀 일치 여부를 확인하여 차체 중심선의 변형을 판독할 수 있다.
센터링 게이지를 부착하려면 게이지 훅, 스프링 훅, 마그네틱을 사용할 수 있으며 언더 플로
어가 정상일 때 앞뒤 사이드멤버의 상하좌우 처짐과 쏠림, 즉 레벨을 눈으로 확인할 수 있는
간단하고 강력한 계측기이지만 데이텀라인이 없다면 얼마나 쏠리고 얼마나 처졌는지 수치 제
어가 불가능하다.

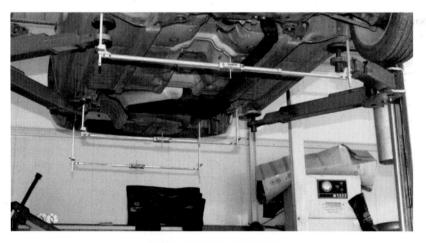

센터링 게이지의 설치 장면

13 도장 작업에서 중도의 기능을 3가지 쓰시오. (3점)

해답 ① 하도 도막과 상도 도막 사이의 부착성을 증강시킨다.
② 조합 도막층 두께를 증가시킨다.
③ 평면 또는 입체성의 개선 등을 위해서 한다.

[중도]
하도와 상도의 중간층으로서 중도용의 도료를 칠하는 것이다.

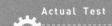
제69회 2021년도 전반기

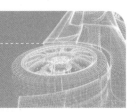

01 베이퍼라이저의 고장으로 인한 엔진의 공회전 부조의 원인 5가지를 쓰시오. (5점)

> **해답** ① 베이퍼라이저 각 밸브의 밀착 불량
> ② IAS 조정 불량, 마모
> ③ 2차 밸브 레버 불량
> ④ 타르 퇴적
> ⑤ 1, 2차 다이어프램 파손

02 크랭크각 센서 고장 시 엔진에 미치는 영향 3가지를 쓰시오. (단, 부품의 손상이나 연료소비량, 소음 및 충격, 배기가스에 대한 사항은 제외) (3점)

> **해답** ① 점화시기 불량
> ② 연료분사시기 불량
> ③ 공기량 계측 불량
> ④ 시동 불량
> ⑤ 주행 중 시동 꺼짐
> ⑥ 가속 불량
> ⑦ 출력 부족

03 산소센서의 공연비 피드백 금지 조건(Open Loop)을 5가지 쓰시오. (5점)

> **해답** ① 냉각수온이 낮을 경우(35℃ 이하)
> ② 시동 상태일 경우
> ③ 시동 후 연료 증량일 경우
> ④ 고부하 주행일 경우(TPS 개도량 80% 이상)
> ⑤ 연료 컷 상태의 경우
> ⑥ 산소센서, MAP 센서, 인젝터 등 공연비에 영향을 주는 센서의 고장일 경우

04 산소 센서 점검 시 주의사항을 3가지 쓰시오. (3점)

해답 ① 엔진의 정상작동온도에서 점검(배기가스온도 300℃ 이상)
② 출력 전압 측정 시 일반 아날로그 테스터 사용 금지
③ 출력 전압 쇼트 금지
④ 내부 저항 측정 금지

05 GDI 가솔린 엔진에서 ECU에 입력되어 연료분사시기를 제어하는 방법 3가지를 쓰시오. (3점)

해답 ① 시동 시는 압축과정에 연료를 분사한다.
② 촉매 히팅 시는 흡기와 압축과정에서 분사한다.
③ 일반 주행 시는 흡입과정과 흡입 말기에 분할 분사한다.

※ GDI 가솔린 엔진은 MPI 엔진과 연료분사시기가 확연히 차이가 있다. 시동 시는 압축과정
에 연료를 분사하여 공기와 연료의 성층화 현상에 의해 연료가 스파크 플러그 주변으로
모이면서 스파크 플러그 근처에만 농후하게 되어 시동성을 좋게 하고 연료를 절약할 수
있다. 촉매 히팅 시는 흡기와 압축과정에서 분사한다. 분사량은 흡입행정 시 약 70%, 압
축행정 시 약 30%로 나누어 분사하며 점화시기는 ATDC 10~15°에서 점화한다. 이렇게
늦게 점화하면 배기밸브가 열릴 때까지 화염이 전파되어 배기온도를 상승시킬 수 있다.
그 외 일반 주행 시는 흡입과정과 흡입 말기에 분할 분사하여 화염전파 속도를 빠르게 해
서 토크와 연비가 좋아진다.

06 GDI 엔진의 인젝터 탈거 시 신품으로 교환할 부품을 5가지 쓰시오. (5점)

해답 ① O-링
② 백업 링
③ 인젝터 고정 클립
④ 러버 와셔
⑤ 컴버스천 실

07 MPI 엔진의 인젝터 파형을 그리고 주요 4항목을 분석하시오. (4점)

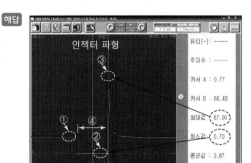 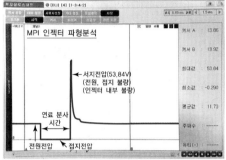

① 전원전압 : 발전기에서 발생되는 전압(12~13.5V 정도)이다.
② 접지전압 : 인젝터에서 연료가 분사되고 있는 구간(0.8V 이하)으로써 접지전압이 상승하면 인젝터에서 ECU까지 저항이 있는 것으로 판단하고 커넥터의 접촉상태를 점검한다.
③ 서지전압 : 서지전압 발생구간으로 서지전압(65~85V)이 낮으면 전원과 접지의 불량, 인젝터 내부의 문제로 볼 수 있다.
④ 연료 분사시간 : 2.8ms, TR ON구간(투커서 시간차)

08 스톨테스트 시 아래와 같은 경우에 원인을 설명하시오. (3점)

① 엔진의 회전이 높은 경우
② 엔진의 회전이 낮은 경우
③ 엔진의 회전이 특정 단에서 높은 경우

해답	
① 엔진의 회전이 높은 경우	rpm이 올라가는 정도가 2,000~2,500rpm일 경우 정상이며 그 이상일 경우 자동변속기에 이상이 있다.
② 엔진의 회전이 낮은 경우	rpm이 2,000rpm 미만이면 엔진 출력 부족으로 엔진에 이상이 있다.
③ 엔진의 회전이 특정 단에서 높은 경우	자동변속기의 특정 단에 이상이 있다.

09 4WD(4 Wheel Drive) **구동에서 선회 시 뒷바퀴와 앞바퀴의 회전 반지름 차이로 인한 브레이크 걸림 현상의 용어가 무엇인지 쓰시오.** (2점)

해답 타이트 코너 브레이킹 현상(Tight Corner Braking Development)

※ 타이트 코너 브레이킹 현상은 타이트 코너를 선회할 때 앞바퀴와 뒷바퀴의 회전 반지름이 달라서 브레이크가 걸린 듯이 **뻑뻑해지는** 현상을 의미한다. 2WD/4WD로 전환할 수 있는 4WD 차량(파트타임 4WD)의 경우, 4WD로 하여 포장로의 작은 커브를 저속으로 회전할

때(차고에 넣을 때), 이를 타이어의 슬립으로 커버할 수 없게 되면 이 같은 현상이 생긴다. 이 경우, 2WD로 전환하면 해소될 수 있다.

10 브레이크 유압라인의 잔압의 기능을 3가지 쓰시오. (3점)

해답 ① 브레이크 오일의 누설 방지
② 공기의 혼입 방지
③ 브레이크 작동 지연 방지
④ 베이퍼 록 방지

11 하이브리드 차량의 고전압 배터리 제어기(BMS)의 주요 기능을 4가지만 쓰시오. (4점)

해답 ① 고전압 배터리 파워 제한(과충전, 과방전 방지)
② 배터리 충전상태(SOC) 예측
③ 배터리 셀 밸런싱
④ 배터리 고장진단
⑤ 고전압 릴레이 제어
⑥ 냉각제어

12 배터리 설페이션현상의 원인을 4가지 쓰시오. (4점)

해답 ① 전해액의 비중이 너무 높거나 낮을 경우
② 전해액이 부족할 경우
③ 방전이 된 상태로 축전지를 장기간 방치하였을 경우
④ 전해액에 불순물이 혼입되었을 경우

※ 설페이션은 축전지의 방전상태가 오랫동안 지속되어 극판이 결정화되어 사용하지 못하는 현상을 말한다.

13 차체 판금 작업 시 실링의 효과를 3가지 쓰시오. (3점)

해답 ① 부식 방지
② 이음부의 밀봉작용
③ 방수, 방진 기능
④ 기밀성 유지 및 미관 향상

14 조색 방법을 3가지 쓰시오. (3점)

해답 ① 계량컵에 의한 방법
② 무게비에 의한 방법
③ 비율자에 의한 방법

제70회 2021년도 후반기

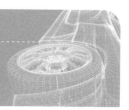

02 실전 다지기

01 피스톤 간극이 클 때 엔진에 미치는 영향을 3가지 쓰시오. (3점)

해답 ① 블로바이가 발생하여 압축압력이 저하
② 연소실에 윤활유가 유입
③ 피스톤 슬랩이 발생
④ 윤활유가 연료로 희석
⑤ 기관의 시동이 어려워짐
⑥ 기관의 출력이 저하됨

02 터보차저 점검 시 주의사항을 3가지 적으시오. (3점)

해답 ① 엔진 오일량, 오염, 점도, 누유상태를 점검한다.
② 엔진의 회전 중에 이상한 소리 발생 유무를 점검한다.
③ 웨스트게이트, 가변 노즐 링크 라인의 마모상태를 점검한다.
④ 에어클리너 막힘, 오염, 파손 상태를 점검한다.
⑤ 터빈 샤프트의 상태를 점검한다.

※ • 웨스트게이트 : 배기가스의 일부를 터빈의 상류에서 하류로 우회시키는 장치
 • 가변 노즐 : 터빈에 들어가는 배기가스 흐름의 크기를 변화시키는 장치
 • 터보차저 차량 운전방법
  – 수온계의 지침이 움직이기 전까지는 엔진을 고속 회전시키거나 급가속을 금지한다.
  – 운행 후, 특히 등판이나 고속 주행 후에는 엔진을 공회전하고 터보차저를 식힌 후에 엔진을 정지시켜야 한다.

03 인터쿨러의 기능을 설명하시오. (2점)

해답 실린더에 공급되기 전에 외부공기나 냉각수를 이용해 압축된 공기를 냉각시키면 과급공기의 밀도가 상승하여 체적효율을 개선시킬 수 있다.

※ 과급기에 의해 압축된 공기는 온도가 약 180℃ 정도까지 상승한다. 온도가 상승하면 공기는 팽창하여 산소의 밀도가 낮아지므로 체적효율이 떨어진다. 따라서 결과적으로 한정된

체적에 더 많은 공기를 흡입하므로 더 많은 양의 연료를 공급할 수 있게 되어 출력이 상승한다. 인터쿨러는 수랭식과 공랭식이 있으나 자동차에서는 주로 공랭식이 사용된다. 설치 위치를 엔진과 가까이에 하면 응답성이 좋아지고, 엔진의 앞쪽으로 하면 주행풍에 의해 냉각효율이 향상되는 특성이 있다.

04 MAP 센서의 흡입공기량 검출 방법을 설명하시오. (2점)

해답 스로틀 밸브 뒤쪽의 흡기관 압력을 측정하여 간접적으로 흡입공기량을 산출하는 방식이다.

※ 대기온도나 고도에 따른 변화가 있지만 간단하고 가격이 저렴하기 때문에 국내 자동차에 많이 사용된다.

05 산소센서 교환 작업 시 주의사항을 5가지 쓰시오. (5점)

해답 ① 센서 감지부에 이물질이 묻지 않게 한다.(감도 저하)
② 커넥터에 컨택트 스프레이, 그리스 등의 오일 성분 사용을 금지한다.(산소센서 내부 공기의 산소농도 품질에 영향을 미침)
③ 엔진을 청소하기 전에 커넥터를 연결하고 실시한다.(이물질 유입방지)
④ 배기 시스템에 접촉되어 열에 의해 손상되지 않게 장착한다.
⑤ 엔진오일, 실리콘, 냉각수 등의 이물질이 배기가스 내부로 들어오는 것을 방지한다.(센서 세라믹 성능을 저하시킴)

06 지르코니아 산소센서의 백금이 기전력에 미치는 영향에 대하여 쓰시오. (2점)

해답 백금의 촉매작용이 기전력의 발생에 영향을 미치는 이유는 다음과 같다.
① 농후한 혼합기가 연소되었을 경우에 배기가스가 백금(Pt)에 접촉되면 백금의 촉매작용에 의해 배기가스 중 낮은 농도의 산소는 배기가스 중의 일산화탄소나 탄화수소와 반응해 산소는 거의 없어진다. 이렇게 되면 배기가스 중에 노출된 백금표면의 산소 농도는 아주 낮아지게 되어 센서 양측의 산소 농도차가 아주 크게 된다. 산소센서 양표면의 산소 농도차가 크게 되면 약 1V 정도의 기전력이 발생된다.
② 희박한 혼합기가 연소되었을 경우에는 배기가스 중에 산소가 많고 일산화탄소의 양이 적기 때문에 일산화탄소와 산소가 반응해도 배기가스 중의 산소농도는 크게 낮아지지 않는다. 따라서 센서 양측의 산소 농도차가 적어 기전력이 거의 발생되지 않는다.

※ 고체 전해질의 지르코니아(ZrO_2) 소자 양면에 백금 전극이 있고 이 전극을 보호하기 위해서 전극의 외측을 세라믹으로 코팅했다. 그리고 센서의 안쪽에는 산소농도가 높은 대기가 외측에는 산소 농도와 낮은 배기가스가 접촉되도록 되어 있다. 지르코니아 소자는 고온에서 양측의 산소 농도차가 크면 기전력을 발생시키는 성질이 있다. 대기 측의 산소 농도와

배기가스 측의 산소 농도, 즉 산소 분압이 큰 차이를 나타내므로 산소 이온은 산소 분압이 높은 대기 측에서 산소 분압이 낮은 배기가스 측으로 이동한다. 그 결과 전극 간에는 기전력이 발생된다. 기전력은 산소센서 표면의 산소 농도차가 클수록 증가한다. 지르코니아 산소센서 내부에는 히팅코일을 내장하여 활성화 온도와 반응속도를 빠르게 한다.

07 휠 얼라이먼트의 셋백에 대하여 그림을 그려서 설명하시오. (2점)

해답
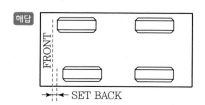

① 셋백 : 자동차의 앞바퀴 차축과 뒷바퀴 차축의 중심선이 서로 평행한 정도
② 셋백 값 : 약 15mm 이내임

※ • 한쪽 바퀴가 반대쪽 바퀴에 비해 뒤쪽에 있는 상태
  • 대부분 차량은 공장에서 조립 시 오차에 의해서 셋백이 발생하고 캐스터 변화에 의해서도 발생한다.

08 다음 제동시험기 검사 방법에 대한 설명을 보고 빈칸을 채우시오. (5점)

> ① 테스터에 차량을 (①)으로 진입시킨다.
> ② 잠시 후 리프트가 하강 후 (②)가 회전한다.
> ③ "(③)"라는 문구가 나오면 브레이크 페달을 밟는다.
> ④ 측정이 끝난 후 자동으로 (④)를 판정한다.
> ⑤ 측정이 끝나면 자동으로 (⑤)가 상승한다.
> ⑥ 서서히 차량을 이동시킨다.

해답 ① 테스터에 차량을 직각으로 진입시킨다.
② 잠시 후 리프트가 하강 후 롤러가 회전한다.
③ "밟으시오"라는 문구가 나오면 브레이크 페달을 밟는다.
④ 측정이 끝난 후 자동으로 합, 부를 판정한다.
⑤ 측정이 끝나면 자동으로 리프트가 상승한다.
⑥ 서서히 차량을 이동시킨다.

09 하이브리드 및 전기자동차 분야에서 고전압은 DC는 (①)V 초과 (②)V 이하이며 AC는 (③)V 초과 (④)V 이하로 규정하고 있다. (4점)

해답 고전압 범위는 DC ① 1,500V 초과 ② 7,000V 이하, AC ③ 1,000V 초과 ④ 7,000V 이하이다.

DC	1,500V 초과 7,000V 이하
AC	1,000V 초과 7,000V 이하

10 하이브리드 자동차 점검 시 주의사항을 4가지 적으시오. (4점)

해답 ① 시동 키 ON 또는 시동 상태에서 작업을 금지한다.
② 고압 케이블은 손으로 만지거나 임의로 탈거하지 않는다.
③ 엔진 룸에 고압 세차를 금지한다.
④ 정비작업 시 고전압 배터리의 안전 플러그로 고전압 회로를 차단하고 작업을 한다.

11 배터리 설페이션 현상의 원인을 4가지 적으시오. (4점)

해답 ① 전해액의 비중이 너무 높거나 낮을 경우
② 전해액이 부족할 경우
③ 방전이 된 상태로 축전지를 장기간 방치하였을 경우
④ 전해액에 불순물이 혼입되었을 경우

※ 설페이션은 축전지의 방전상태가 오랫동안 지속되어 극판이 결정화되어 사용하지 못하는 현상을 말한다.

12 자동차 계기판의 경고등을 색깔별로 구분하여 설명하시오. (4점)

해답 ① 빨강(냉각수 온도, 엔진오일 등) : 위험 신호이며 차량을 멈추고 즉시 점검한다.
② 주황(타이어 공기압 등) : 주의 신호이며 당장 위험하지는 않지만, 확인이 필요하다.
③ 녹색(미등 등) : 현재 자동차가 수행 중인 상태를 표시한다.
④ 청색(상향 전조등) : 정상작동이나 상대에게 피해를 줄 수 있다.

13 차량의 사고수리 분석을 단계별로 설명하시오. (3점)

해답 ① 1차 파손 : 사고 차량을 해체(탈거) 전 외관 점검 시 나타난 파손의 정도를 확인한다.
② 2차 파손 : 뒤 펜더 등의 패널 손상 부분에 대한 파손의 정도를 확인한다.
③ 3차 파손 : 대파손 차량의 부품 탈거 후 계측시스템을 사용한 프레임 손상부분의 파손 정
도를 확인하고 판금 또는 교환수리 한다.

[차량 파손 분석내용 5가지]
① 상대 물체 파악
② 손상에 따른 상대 물체 판단
③ 충격지점 확인
④ 충격방향 및 각도 분석
⑤ 손상부위 분석

14 해머, 돌리 사용방법과 변형 수정방법을 적으시오. (2점)

해답

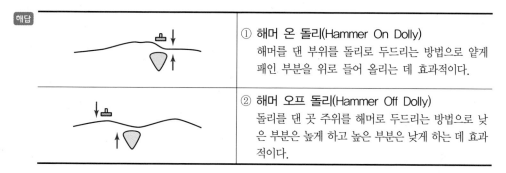

	① 해머 온 돌리(Hammer On Dolly) 해머를 댄 부위를 돌리로 두드리는 방법으로 얕게 패인 부분을 위로 들어 올리는 데 효과적이다.
	② 해머 오프 돌리(Hammer Off Dolly) 돌리를 댄 곳 주위를 해머로 두드리는 방법으로 낮은 부분은 높게 하고 높은 부분은 낮게 하는 데 효과적이다.

15 마스킹테이프 구비요건을 5가지 적으시오. (5점)

해답 ① 점착력이 우수할 것
② 용제에 녹지 않을 것
③ 건조 후 도료가 벗겨지지 않을 것
④ 붙인 자국이 남지 않을 것
⑤ 점착제가 섞여 용제가 도막을 손상시키지 않을 것

MEMO

자동차정비기능장 실기(작업형)

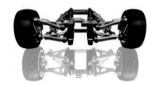

Master Craftsman
Motor Vehicles Maintenance

예문사

Preface

최근에 자동차정비기능장 실기시험은
문제 자체가 어렵지는 않으나 폭넓게, 새로운 문제가
자주 출제되기 때문에 수험자들로서는
그만큼 더 어려움을 겪고 있습니다.

실기 작업형 문제는 2015년을 정점으로 해서 크게 한번 바뀌었고,
지난해부터는 안정화되어 출제되는 양상을 보여 이에 대비해서
수험자들의 혼란을 덜어줄 수 있는 교재를 구상한 결과물로서
이 책을 내게 되었습니다.

이 책의 특징

1. 가장 최근에 실시되었던 시험문제를 바탕으로 작업별 정리
2. 짧은 시간에 실기 준비를 할 수 있도록 핵심 내용으로만 구성
3. 시험장에서 직접 필요한 파형, 장비, 부품 등을 올컬러로 수록

추후로도 시험문제는 계속 바뀌게 될 것입니다. 그때마다 신속하게
대처할 수 있는 방안을 고민하여 독자 여러분들이 혼란을 겪지 않
고 시험에 대비할 수 있도록 보완해 나갈 것을 약속드리며, 부디 이
책을 통해 독자들이 자동차 기술 분야에서 개인적인 성취와 보람을
이루시기를 바랍니다.

저자 일동

국가기술자격 실기시험문제

자격종목	자동차정비기능장	과제명	자동차정비작업

※ 시험시간 : 6시간 30분[엔진 : 140분   섀시 : 130분   전기 : 120분]

1. 요구사항

가. 엔진

1) 주어진 전자제어 엔진에서 감독위원의 지시에 따라 부품을 탈거하고, 감독위원에게 확인 후, 다시 조립(부착)하여 엔진 및 시동 관련회로를 점검한 후 시동작업과 기록표의 요구사항을 점검 및 측정하고 기록표에 기록하시오.(단, 시동되지 않는 경우 "2)"는 작업할 수 없음)

※ 부품탈거 항목 : 타이밍벨트(체인), 타이밍벨트 텐셔너, 타이밍벨트 아이들베어링, 스로틀바디, 흡기캠축, 배기캠축, 오토래쉬(HLA), 밸 브태핏(MLA), 캠축 오일 리테이너, 크랭크축 오일 리테이너, 오일펌프, 인젝터, 고압연료펌프(CRDI), 가변 밸브 타이밍 장치(CVVT 또는 VVT), EGR밸브 등

※ 기록표 항목 : 흡기매니폴드 진공도, 연료펌프 작동전류 및 공급압력, 캠 높이 및 양정, MLA 간극, 오일압력, 오일압력 스위치 전압, 연료탱크 압력센서 출력전압, 오일 컨트롤 밸브(OCV) 저항, 산소센서 출력 전압 등

2) 주어진 엔진에서 감독위원의 지시에 따라 기록표 요구사항을 점검 및 측정하여 기록하시오.

※ 파형 항목 : 점화파형, 가변 밸브타이밍 기구 파형, 가솔린엔진 인젝터 전압 및 전류파형, CRDI엔진 인젝터 전압 및 전류파형 등

※ 점검 및 측정 항목 : 배출가스, TPS출력전압, 공기유량센서 출력전압, 연료압력 조절밸브 듀티 값(CRDI), 연료온도센서 출력전압(CRDI), 액셀 포지션 센서 출력전압 등

3) 주어진 자동차에서 크랭킹은 가능하나 시동되지 않고, 시동된 후에도 부조가 발생합니다. 고장원인을 찾아 수리 후 기록표에 기록하시오.

나. 섀시

1) 주어진 자동차에서 감독위원의 지시에 따라 부품을 탈거하고 감독위원에게 확인 후, 다시 조립(부착)하여 작동상태를 확인하고, 기록표의 요구사항을 점검 및 측정하여 기록하시오.

※ 부품탈거 항목 : 브레이크 마스터 실린더(에어빼기), ABS 모듈(에어빼기), 전(후)륜 허브베어링, 전륜 로어암, 쇽업쇼버 코일 스프링, 조향기어박스 등

※ 기록표 항목 : 최소회전반경, 제동력, 조향핸들 유격, 사이드 슬립, 타이어 점검(호칭치수 등) 등

2) 주어진 전자제어 섀시 시스템 자동차에서 감독위원의 지시에 따라 부품을 교환(탈부착)하여 작동상태를 확인하고, 기록표의 요구사항을 점검 및 측정하여 기록하시오.

※ 전자제어 섀시 시스템 : 유압식 P/S 시스템, MDPS, 자동변속기, VDC(또는 ESP) 시스템 등

※ 부품탈거 항목 : P/S 펌프(에어빼기), 핸들 컬럼 샤프트, 인히비터 스위치, 브레이크 캘리퍼(에어빼기), 등속 조인트(부트교환) 등

※ 파형 항목 : MDPS모터 전류파형, EPS 솔레노이드 밸브 작동파형, ABS 휠 스피드센서 파형, 자동변속기 입(출)력센서 파형, 레인지 변환(N → D) 시 유압제어 솔레노이드 파형 등

※ 점검 및 측정 항목 : P/S 오일펌프 최고압력, P/S 유량제어 솔레노이드 밸브 저항, A/T 클러치 압력, A/T 솔레노이드 저항, 전륜 캠버, 전륜 토우, 브레이크 디스크 런아웃, 휠 스피드센서 에어 갭 등

다. 전기

1) 감독위원의 지시에 따라 자동차에서 부품을 탈거하고 감독위원에게 확인 후, 다시 조립(부착)하여 작동상태를 확인하고, 기록표의 요구사항을 점검 및 측정하고 기록표에 기록하시오.

※ 부품탈거 항목 : 시동모터, 와이퍼모터, 블로워모터, 발전기 및 관련 벨트, 에어컨 컴프레셔(냉매회수 및 충전), 중앙집중제어장치(리모컨 입력), 라디에이터 팬, 파워 윈도우 레귤레이터 등

※ 기록표 항목 : 시동모터 부하시험, 배터리와 시동모터 간 전압강하량, 와이퍼 모터 작동전압, 와셔 모터 작동전압, 냉매 압력과 토온도, 블로워모터 작동전압 및 작동전류, 암전류, 발전기 출력 전류, 라디에이터 팬 구동 전압 및 전류, 파워윈도우 모터 전압과 전류 등

2) 주어진 자동차에서 정비지침서의 회로도를 이용하여 기록표에서 요구하는 회로를 점검하고, 이상내용을 기록표에 기록한 후 정비하시오.

※ 요구회로 항목 : 파워윈도우회로, 미등회로, 와이퍼회로, 에어컨회로, 전조등회로, 방향지시등회로, 블로워 모터회로, 정지등회로, 실내등회로, 사이드미러(폴딩 포함) 회로, 뒷유리 열선회로, 시트벨트경고등회로 등

3) 주어진 자동차에서 감독위원의 지시에 따라 기록표의 요구사항을 점검 및 측정하여 기록하시오.

※ 파형 항목 : CAN통신 파형, LIN통신 파형, 시트벨트 차임벨 타이머 파형, 감광식 룸램프 작동 파형

※ 점검 및 측정 항목 : CAN 라인저항, 핀 서모센서 저항 및 출력전압, AQS센서 출력 전압, 외기온도센서 저항 및 출력전압, 도어 록 액추에이터 작동 전압 및 전류, 도어 스위치 신호 전압, 전조등 광도 및 광축, 경음기 음량, 배기음량 등

01 기관

제1장 | 부품 탈부착 및 시동

제2장 | 측정

제3장 | 파형

제4장 | 점검 및 측정

제5장 | 고장수리(시동불량 및 부조)

02 전기

제3장 | 회로점검

제4장 | 파형

제5장 | 점검 및 측정

자동차정비기능장 실기 **차 례**

03 새시

제1장 | **부품 탈부착**

제2장 | 측정

제3장 | 파형

제4장 | 점검 및 측정

Master Craftsman

Motor Vehicles Maintenance

자동차정비기능장 실기(작업형)

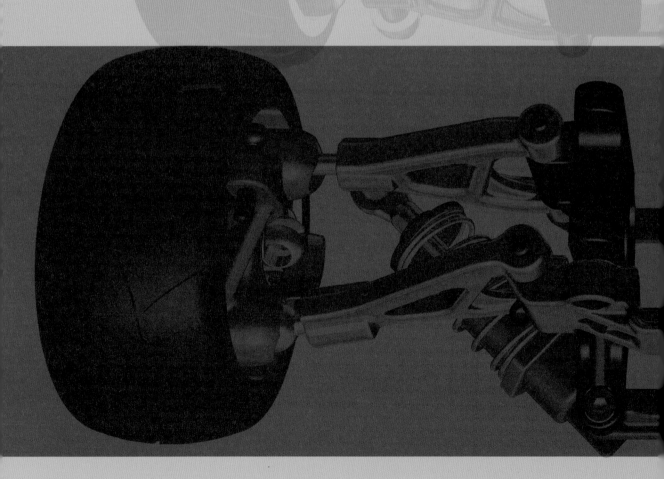

01

기관

CHAPTER 01 부품 탈부착 및 시동

1-1. 타이밍 체인(가솔린 NF쏘나타-θ엔진)

① 타이밍 마크를 정렬한다.

② 드라이브 벨트(A)를 탈거한다.

③ 아이들러 풀리(A)를 탈거한다.

④ 냉각수 펌프 풀리, 드라이브 벨트 텐셔너, 크랭크샤프트 풀리를 탈거한다.

⑤ 점화코일을 탈거한다.

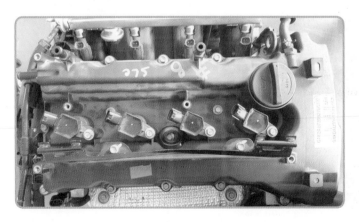

⑥ 실린더 헤드커버를 탈거한다.

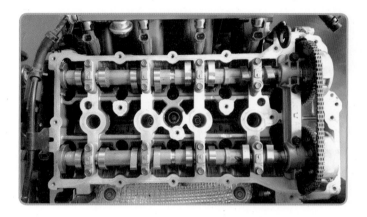

⑦ 에어컨 컴프레서의 아래쪽 고정볼트 2개를 탈거한다.

⑧ 에어컨 장착 브래킷(A)을 탈거한다.

⑨ 오일팬을 탈거한다.

⑩ 드라이버로 표시된 4곳을 이용하여 타이밍 체인 커버(A)를 탈거한다.

⑪ 타이밍 체인 텐셔너의 라쳇홀에 드라이버를 이용하여 라쳇을 해제시킨 상태에서 피스톤을 뒤로 밀어 고정용 핀으로 고정한다.

⑫ 타이밍 체인 텐셔너(A)를 탈거한다.

⑬ 타이밍 체인 텐셔너 암(B)을 탈거한다.

⑭ 타이밍 체인 가이드 및 체인을 탈거한다.

⑮ 조립은 분해의 역순으로 한다.

1-2. 크랭크 축

① 로어 크랭크 케이스 마운팅 볼트를 탈거한다.

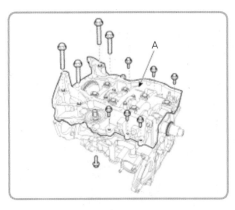
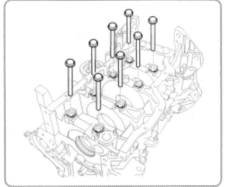

② 메인 베어링 캡 볼트를 탈거한다.
③ 피스톤 및 커넥팅 로드 어셈블리를 분리한다.
④ 피스톤 및 커넥팅 로드 어셈블리를 상부 베어링과 함께 실린더 블록 위쪽으로 밀어낸다.
⑤ 커넥팅 로드와 캡에 베어링이 조립된 상태로 놓아둔다.
⑥ 피스톤 및 커넥팅 로드 어셈블리를 순서대로 정렬해 둔다.

⑦ 엔진 블록에서 크랭크 샤프트(A)를 들어낸다. 이때, 저널이 손상되지 않도록 주의한다.

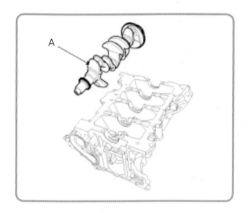

⑧ 탈거의 역순으로 크랭크 샤프트를 장착한다.

1-3. CVVT 및 캠 샤프트(NF쏘나타-θ엔진)

① 시험위원이 요구하는 방향의 흡기 및 배기 CVVT 어셈블리를 탈거한다.

② CVVT 고정볼트(14mm) 탈거 시(에어공구 미사용 시) 2번과 3캠 사이 캠 샤프트의
   슬롯부분(A)을 스패너로 잡고 탈거한다.

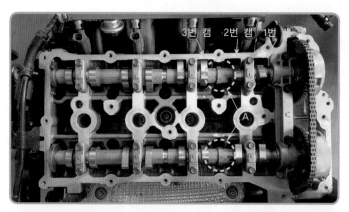

③ 캠 샤프트 베어링 캡을 순서에 따라 탈거한다.

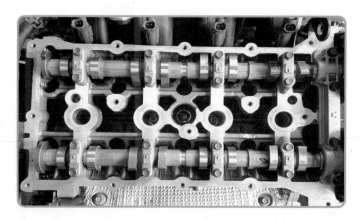

④ 시험위원이 요구하는 방향의 캠 샤프트를 탈거한다.

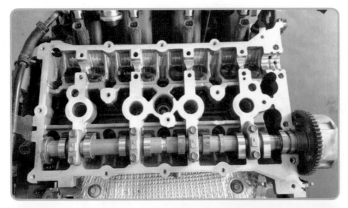

⑤ 탈거의 역순으로 캠 샤프트를 장착한다.

1-4. 타이밍 체인(디젤 쏘렌토−A엔진)

① 준비된 디젤 엔진의 상태를 확인하고 쿨링팬 & 클러치(A)를 탈거한다.

② 크랭크 샤프트 풀리를 돌려서 타이밍 마크를 맞추고, 드라이브 벨트(A)를 탈거한다.

③ 12mm 볼트 9개를 풀고 타이밍 커버 탈거용 홈(A) 사이에 (-)자 드라이버를 넣고 밀어서 타이밍 체인 상부 프런트 커버를 탈거한다.

④ 10mm 볼트 2개를 풀고 타이밍 체인 오토 텐셔너(A), 14mm 볼트를 풀고 타이밍 체인 레버(B)를 탈거한다.
⑤ 타이밍 체인 가이드(C)와 가이드(D)를 탈거한다.

⑥ 타이밍 체인을 탈거한다.

⑦ 탈거의 역순으로 체인을 장착한다.

1-5. 연료 고압펌프(쏘렌토−A엔진)

① 점화 스위치를 OFF하고, 배터리에서 (−)단자 케이블을 분리한다.
② 연료 압력 조절 밸브 커넥터(A)를 분리한다.

③ 고압 연료 파이프 [커먼 레일 ↔ 고압 연료 펌프] (B)를 탈거한다.

④ 연료 공급 튜브 커넥터(A)와 연료 리턴 튜브 커넥터(B)를 분리한다.

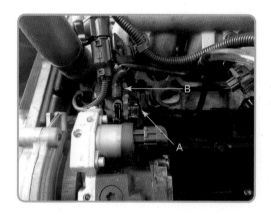

⑤ 고압 연료 펌프 장착 볼트(A) 3개를 푼다.

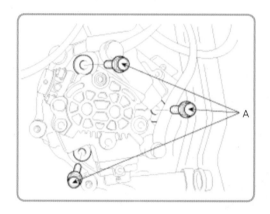

⑥ 12mm 볼트 9개를 풀고 타이밍 커버 탈거용 홈(A) 사이에 (−)자 드라이버를 넣은 후 프런트 방향으로 밀어서 타이밍 체인 상부 프런트 커버를 탈거한다.

⑦ 특수공구(A)를 타이밍 체인 상부 언더 커버에 장착한다.

⑧ 고압펌프를 한 손으로 잡고 특수공구 17mm를 조이면서 고압펌프를 탈거한다.

⑨ 탈거의 역순으로 고압 연료 펌프를 장착한다.

1-6. 시동(차종 : EF쏘나타)

요구사항

전자제어 기관에서 요구하는 부품을 탈거하고, 다시 조립(부착)하여 시동 관련 회로를 점검한 후 시동작업을 하시오.

① 엔진 분해 조립 후 시동작업은 시험장 대부분이 시동용 시뮬레이터로 진행하기 때문에 미리 시동용 시뮬레이터의 특성을 알아 두어야 한다.

② 시동용 시뮬레이터는 모든 부품이 오픈되어 있으므로 시동 전 엔진의 전반적인 상태(시동 관련 배선 및 커넥터)를 육안으로 점검한다.

③ 준비된 시동용 시뮬레이터에서 key를 회전시켜 스타팅 회로(관련 커넥터, 퓨즈, 스타터 단품)를 확인한다.

④ 크랭킹이 정상적으로 되면 먼저 연료장치 시스템을 점검한다. 엔진을 크랭킹하면서 연료펌프의 전원 접지가 정상인지 확인하고, 전원 미인가 시는 관련 퓨즈, 컨트롤 릴레이, 크랭크 포지션 센서 커넥터 등을 점검한다.(연료펌프 단품 고장은 전류를 측정하여 진단하면 시간을 줄일 수 있다.)

[시동 회로점검(EF쏘나타)]

⑤ 연료가 정상적으로 공급되면 이제 점화장치 시스템을 점검한다. 점화가 되는지 확인하는 가장 좋은 방법은 육안으로 코일이나 점화케이블에서 불꽃을 확인하는 것이다. 관련 퓨즈, 점화코일 및 ECU 전원 접지(커넥터) 확인과 파워 TR 커넥터, 크랭크 포지션 센서 커넥터 등을 점검한다.

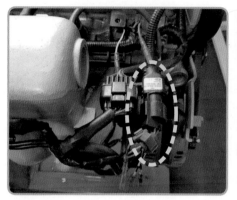 

1-7. 시동(차종 : 아반떼 G1.6 DOHC)

요구사항

전자제어 엔진에서 요구하는 부품을 탈거하고, 다시 조립(부착)하여 엔진 및 시동 관련 회로를 점검한 후 시동작업을 하시오.

① 엔진 분해 조립 후 시동작업은 대부분의 시험장에서는 시동용 시뮬레이터로 진행하기 때문에 미리 시동용 시뮬레이터의 특성을 알아 둘 필요가 있다.(시뮬레이터 제작 시 회로가 변경될 수 있기 때문에)
② 엔진 3)항의 고장수리(엔진시동 및 부조)의 문제와는 달리 엔진 1)항에 시동작업의 문제의 요지는 부품을 탈부착 후 시동을 거는 작업으로 정확히 구분되어 출제되어야 하나, 시험장 환경에 따라 그렇지 못한 경우가 있으므로 시동 관련 내용을 정확히 숙지해야 된다.
③ 시동용 시뮬레이터는 모든 부품이 오픈되어 있으므로 시동 전 엔진의 전반적인 상태(시동 관련 배선 및 커넥터)를 육안으로 점검이 가능하다.

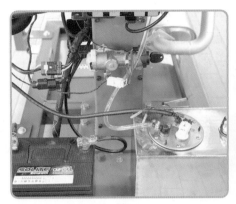

④ 준비된 시동용 시뮬레이터에서 시동 key를 회전시켜 엔진이 회전하지 않는지(스타
  팅 회로), 엔진은 회전하는데 시동이 안 걸리는 고장인지를 구분한다.

⑤ 크랭킹이 정상적으로 회전되지만 시동이 걸리지 않는 고장이라면 엔진컨트롤 회로
  를 이해하고 계통별로 나눠서 점검할 수 있는 접근방법을 찾아야 한다.

⑥ 아래 엔진컨트롤 회로로 시동 관련 내용 분석 시 엔진컨트롤에 관련된 각종 센서나
  액추에이터로 인가되는 전원의 분배를 살펴보면, 크게 2가지로 구분된다. 첫 번째는
  엔진컨트롤 릴레이 작동 여부에 따라 전원을 공급받는지, 두 번째는 점화 키 스위치
  에서 직접 전원을 공급받는지를 구분할 수 있다.

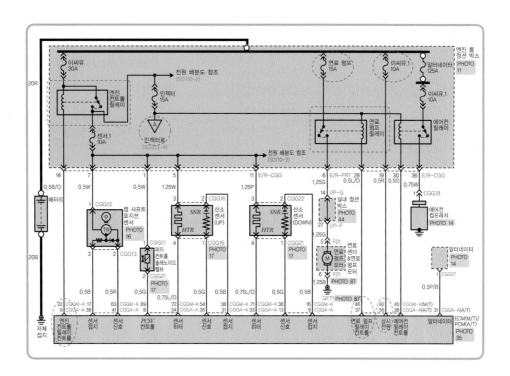

[점검 포인트]

ⓐ 엔진컨트롤 릴레이 작동은 엔진 ECM이 깨어 있는 상태(상시전원, KEY ON 전
원, 접지)에서 KEY ON 시 ECM ON/START 전원 단자(CGGA-A 11번)에 전원
이 인가되면, 엔진컨트롤 릴레이 컨트롤 단자(CGGA-A 9번)에 접지를 잡아 엔진
컨트롤 릴레이가 작동되면서 각종 센서 및 액추에이터에 전원이 공급된다.

여기에서 점검 포인트는 엔진컨트롤 릴레이가 작동하지 않는다면, 엔진 ECM
에 상시전원, ON/START 전원 미인가를 의심하여 관련 퓨즈(ECU1, 센서 2)와
ECM 접지를 점검해야 할 것이다.

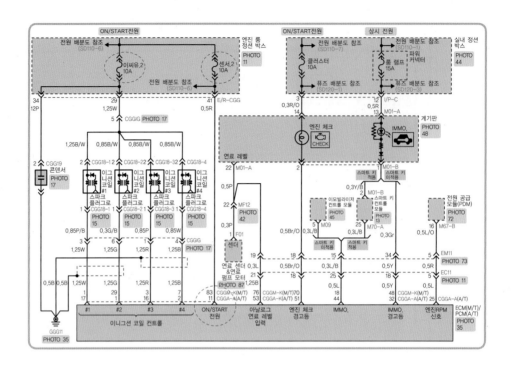

ⓑ 회로를 분석하지 않고 무작정 퓨즈와 릴레이 단품의 고장이라고 미리 판단하고 접
  근하다 보면 전혀 다른 방향으로 가게 되어 시간적 여유도 없어지면서 정확한 진
  단이 어려워질 수 있다.

위에서 설명한 내용을 가지고 진단방법을 응용해 보면, 시뮬레이터 엔진에서
KEY ON 시 점검하기 가장 쉬운 곳(인젝터, CMP)에서 엔진컨트롤 릴레이가 작
동하는지 여부를 점검해야 한다. 만약, 작동하지 않으면 거꾸로 ECM이 깨어 있
는지 상시전원과 KEY ON 전원이 인가되는지 퓨즈와 접지, 엔진컨트롤 릴레이
단품 등을 점검한다.

엔진컨트롤 릴레이 출력 전원과 KEY ON 전원을 점검하기 쉬운 곳은 엔진 상단
에서 인젝터와 점화코일 커넥터의 전원 단자에서 직접 점검하면 전원 공급처를 분
리하여 생각할 수 있어서 좋을 것으로 보인다.

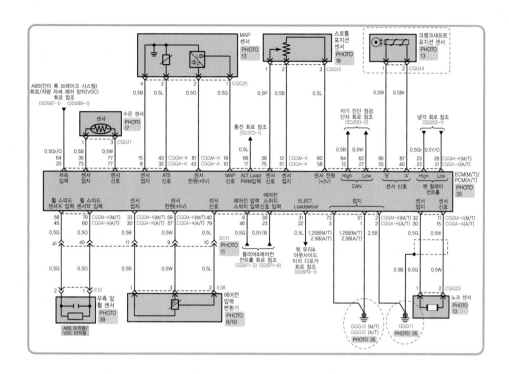

ⓒ 점화코일 전원과 엔진컨트롤 릴레이가 정상적으로 작동한다면, 연료펌프가 작동하는지 여부를 점검해야 한다. 연료펌프 릴레이 전원은 상시전원(연료펌프 퓨즈)과 엔진컨트롤 릴레이 출력 전원이 공급된다. 연료펌프 릴레이가 작동하기 위해서는 ECM을 연료펌프 릴레이 컨트롤 단자(CGGA-A 37번)에 접지해야 한다. ECM은 크랭크샤프트 포지션센서에서 엔진 회전수가 감지되면 연료펌프 릴레이를 작동시키게 되므로, 점검 시 반드시 엔진을 회전시키면서 전원이 인가되는지를 점검해야 한다.

연료펌프 단품 고장까지 한 번에 점검할 수 있는 방법은 후크 타입의 전류계를 이용하여 전류량을 측정하는 것으로, 정확한 진단 및 시간 절약이 가능하다.

차량의 옵션에 따라 이모빌라이저 시스템인 경우는 고장진단방법 또는 관련 부품의 위치나 커넥터 조립상태 등의 육안점검도 필요하다.(안테나코일, 이모빌라이저 모듈 등)

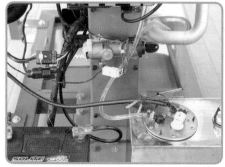

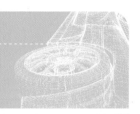

2-1. 흡기 매니폴드 진공도 측정

1) 기록표 작성요령

항목	측정(또는 점검)		판정 및 정비(또는 조치)사항	
	측정값	규정값 (정비한계 값)	판정 (□에 '✔' 표)	정비 및 조치할 사항
흡기 매니폴드 진공도	400mmHg	380~420mmHg	☑ 양호 □ 불량	※ 불량일 경우 ① 흡기 매니폴드 개스킷 불량- 　개스킷 교환 ② 흡기밸브 및 실런더헤드 불량- 　밸브 및 실런더헤드 교환

> 참고 규정(정비한계)값 : 측정 차량의 규정(정비한계)값은 정비지침서에서 찾아 기입한다. 하지만 정비지
> 침서가 없고 점검용 차량과 맞지 않을 경우는 반드시 감독위원에게 물어보도록 한다.

2) 흡기 매니폴드 진공도 측정

(1) 진공도 측정의 정의

회전 중인 엔진 흡기 다기관 내의 진공도를 측정하여 지침이 움직이는 상태로 밸브
작동불량, 흡기계통 개스킷 상태, 배기장치의 막힘, 실린더 압축 압력의 누출 등 엔
진의 작동 상태에 이상이 있는지 판단할 수 있다.

(2) 준비작업 및 측정

① 엔진을 시동한 후 정상 운전 온도로 한다.
② 엔진의 시동을 정지한 후 흡기 다기관의 진공 포트에 진공계 호스를 연결한다.
③ 다음 그림처럼 엔진을 공전 상태로 운전하면서 진공계의 눈금을 판독한다.

(3) 측정값 판정

① 정상일 때 : 공전상태에서 지침이 400~500mmHg 사이에 정지하거나 조용히 움직인다.

② 점화시기가 늦을 때 : 진공도가 정상보다 50~80mmHg 낮거나 그다지 흔들리지 않는다.

③ 배기장치의 막힘이 있을 때 : 초기에는 정상을 나타내다가 잠시 후 0까지 내려갔다가 다시 정상으로 되돌아온다.

④ 실린더 벽이나 피스톤 링이 마멸되었을 때 : 정상보다 약간 낮은 300~400mmHg 를 나타낸다.

2-2. 연료펌프 작동전류 및 공급압력 측정

1) 기록표 작성요령

항목		측정(또는 점검)		판정 및 정비(또는 조치)사항	
		측정값	규정값 (정비한계 값)	판정 (□에 '✔' 표)	정비 및 조치할 사항
연료 펌프	작동 전류	4.2A	4~4.5A	☑ 양호 □ 불량	※ 불량일 경우 ① 연료필터 막힘 ② 연료펌프 작동 불량 ③ 연료압력조절기 불량
	공급 압력	3.25kg/cm²	3.5kg/cm² (공회전)	☑ 양호 □ 불량	

참고 규정(정비한계)값 : 연료펌프의 작동 전류는 대부분 정비지침서에 기재되지 않는 경우가 많다. 이런 경우는 대부분 규정값을 제시하기 때문에 감독위원에게 물어보도록 한다.

2) 연료펌프 작동전류 측정

① 시동 KEY를 OFF한다.
② 준비된 훅 미터(전류계)의 0점 조정을 한다.

③ 훅 미터를 연료 탱크에 설치된 연료펌프 회로에 연결한다.(구동 전원선 배선 1가닥)
④ 시동 KEY를 ON한다.(시험장에 따라 공회전 시 측정)
⑤ 전류계의 최댓값을 읽는다.(4.2A)

참고
• 측정조건의 경우(KEY ON 및 공회전 시)는 시험장의 환경에 따라 다를 수 있으니, 반드시 감독위원에게 물어보고 측정하도록 한다.
• 전류값이 '−'로 표기될 경우는 전류계 방향을 바꿔 측정하면 된다.

(1) 측정값 판정

① 정상일 때 : 4~4.5A가 측정된다.(NF쏘나타)
② 규정값보다 낮을 경우 : 연료공급 압력 누설, 연료펌프 불량으로 판단한다.
③ 규정값보다 높을 경우 : 연료필터 막힘, 연료펌프 내부 불량으로 판단한다.

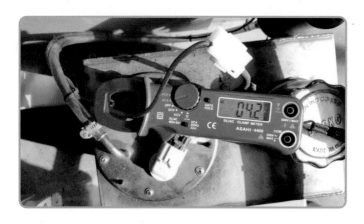

3) 연료공급 압력 측정

① 연료펌프 구동 커넥터를 분리시켜 연료펌프가 작동하지 않도록 한다.(잔압 제거)

② 엔진 시동을 걸어 연료 라인에 연료가 소비되어 압력이 낮아지면서 시동이 꺼질 때까지 기다린다.

③ 시동이 꺼지면 배터리에서 (−)단자 터미널을 분리한다.(시동이 꺼지면 배터리 (−) 단자를 분리한다.)

④ 고압 연료호스를 딜리버리 파이프(연료 분배파이프) 쪽에서 분리한다.

⑤ 연료압력계 어댑터를 사용해 딜리버리 파이프와 고압호스 사이에 연료압력계를 설치한다.

⑥ 연료펌프를 작동시킨 후 연료압력계와 연결부의 누출 여부를 확인한다.

⑦ 연료압력조절기에서 진공호스를 분리한 후(진공호스가 있는 구형 엔진의 경우)엔진을 공회전시킨다.

⑧ 진공호스 끝을 막고 연료압력을 측정한다.

⑨ 진공호스를 다시 연결한 후 압력을 측정한다.

> 참고 대부분의 시험장은 시뮬레이터 엔진에서 측정하는 경우가 많고 압력계가 설치되어 있어 공회전 후 압력을 읽어 작성하면 된다.

(1) 측정값 판정

① 측정항목 측정값을 기입하고 규정값은 정비지침서를 참고하여 기입한다.

② 작동전류 측정값이 규정값 범위을 벗어났을 경우 "연료펌프 교환 후 재점검"으로 기록표에 기입한다.

③ 연료펌프 압력이 불량이면 "연료펌프 또는 연료압력조절기 교환 후 재점검"으로 기록표에 기입한다.

2-3. 캠 양정 및 오일컨트롤 밸브 저항 측정

1) 기록표 작성요령

항목		측정(또는 점검)		판정 및 정비(또는 조치)사항	
		측정값	규정값 (정비한계 값)	판정 (□에 '✔' 표)	정비 및 조치할 사항
캠 ☑ 양호 □ 불량	높이	35.52mm	35.50~35.55mm	☑ 양호 □ 불량	없음
	양정	5.48mm (35.52-30.04 =5.48)			
오일컨트롤 밸브 저항		7.6Ω	6.8~8.0Ω (20℃ 기준)	☑ 양호 □ 불량	없음

2) 캠 양정 측정

① 준비된 캠 샤프트에서 지정된 번호의 캠 높이를 외경마이크로미터를 이용하여 측정한다.

② 측정된 캠의 높이값은 35.52mm이다.

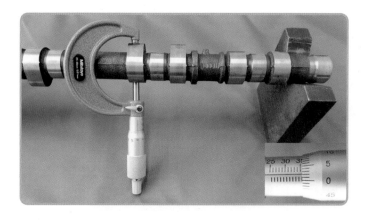

참고 슬리브 위쪽 눈금은 한 눈금당 1mm, 슬리브 아래쪽 눈금은 0.5mm이며, 우측 딤블의 눈금은 0.01mm이다.(35+0.5+0.02=35.52mm)

③ 지정된 번호의 캠 기초원을 외경마이크로미터를 이용하여 측정한다.

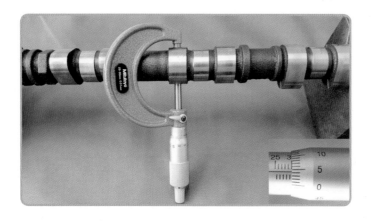

④ 측정된 캠 기초원의 값은 30.04mm이다.(30+0.04=30.04mm)

⑤ 캠 양정의 값은 캠 높이에서 기초원의 값을 빼면 된다.(35.52-30.04=5.48mm)

3) OCV 유량조절밸브 저항 측정

(1) 오일컨트롤 밸브(OCV-Oil Control Valve) 개요

CVVT는 가변밸브 타이밍 장치를 말하는데 이는 엔진의 흡기 또는 배기밸브의 타이밍, 즉 밸브가 열리고 닫히는 시기를 운전조건에 맞도록 가변 제어한다는 말이다. 다시 말해 엔진회전수가 느릴 때에는 흡기밸브의 열림 시기를 늦춰 밸브오버랩을 최소로 하고, 중속 구간에서는 흡기밸브의 열림 시기를 빠르게 하여 밸브오버랩을 크게 할 수 있도록 한다는 것이다. 오일컨트롤 밸브는 ECM의 신호에 의해 CVVT 유닛 내부로 연결된 오일통로를 제어한다. 내부에는 스풀 밸브가 있어 이 밸브가 이동하는 경로에 따라 오일이 지각실 또는 진각실로 들어가게 되어 있다.

(2) OCV 유량조절 밸브 저항 측정

OCV 커넥터를 탈거한 상태에서 저항을 측정한다.

저항값(20°C)	판정	조치
덴소(6.9~7.9Ω), 한국델파이(7.1~7.2Ω)	저항 측정값 정상 시 작동상태 점검	
∞(무한대)	단선	교환
0(제로)	쇼트	교환

2-4. 공기흐름센서 출력 전압 및 산소센서 출력 전압 측정

1) 기록표 작성요령

항목		측정(또는 점검)		판정 및 정비(또는 조치)사항	
		측정값	규정값 (정비한계 값)	판정 (□에 '✔' 표)	정비 및 조치할 사항
공기흐름센서 출력 전압		1.18V	0.8~1.2V	☑ 양호 □ 불량	없음
산소센서 출력 전압	S1	0.07~0.86V	0~1V	☑ 양호 □ 불량	없음
	S2	0.74V	0~1V		

2) 공기흐름센서 출력 전압 측정

① 아래 그림에서처럼 디지털 멀티미터를 사용하여 메스 에어플로센서 커넥터 3번 단자에 (+)리드 선을 4번 단자에 (−)리드 선을 연결한다.

참고 커넥터 탈거 후 단자별 전원을 점검해 보면 5V가 2개가 측정될 텐데 AFS, ATS 신호선이다. 여기서 가속 시 값이 변하는 단자가 바로 AFS 신호선이다.

② 엔진 시동 후 공회전 상태에서 전압을 측정하면 약 0.8~1.2V 정도가 나온다.

③ 시험장의 측정조건에 따라 측정하며 파형 제출이 아니면 대부분 공회전 상태에서의 전압 측정을 요구한다.(0.18V)

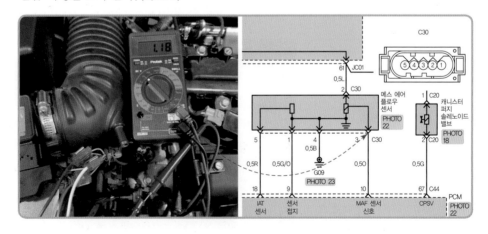

3) 산소센서 출력 전압 측정방법(S1/S2)

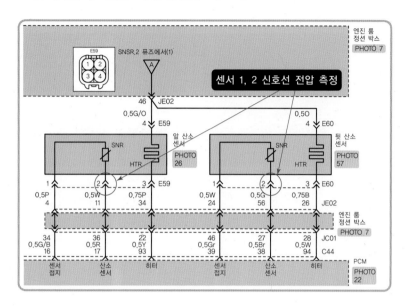

① 위의 회로도를 참고하여 전, 후방 산소센서 신호선(커넥터 2번 단자)을 찾아 공회전 상태에서 전압계를 이용하여 전압을 측정한다.

② 공회전 상태의 센서 1은 0.45V를 기준으로 주기적으로 변하고, 센서 2는 0.4~0.8V에서 고정되거나 완만하게 움직인다.

③ 가속 시는 농후한 상태를 유지하고 감속 직후에는 희박으로 떨어져 일정시간 후 다시 피드백이 시작된다.

④ 시험장의 측정조건에 따라 측정하며 파형 제출이 아니면 대부분 공회전 상태에서의 전압 측정을 요구한다.

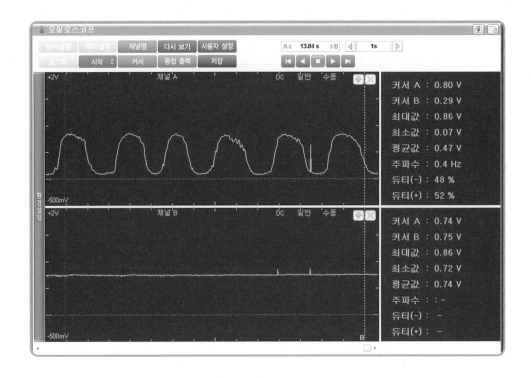

▶ 분석 정상파형(NF쏘나타 가솔린 θ-엔진)

위의 출력파형에서 센서 1(S1)은 0.07V~0.86V로, 센서 2(S2)는 평균값 0.74V로 유지되어 정상파형을 나타내고 있다.

2-5. 엔진오일 압력 및 오일압력 스위치 전압 측정

1) 기록표 작성요령

항목		측정(또는 점검)		판정 및 정비(또는 조치)사항	
		측정값	규정값 (정비한계 값)	판정 (□에 '✔' 표)	정비 및 조치할 사항
오일압력		4.7kgf/cm²	3~5kgf/cm²	☑ 양호 □ 불량	없음
오일압력 S/W 전압	시동 전	0.27V	0~0.35V	☑ 양호 □ 불량	없음
	시동 후	13.91V	13.5~14V		

2) 엔진오일 압력 측정

① 주어진 기관의 엔진오일 압력스위치와 오일 압력게이지 위치를 확인한다.

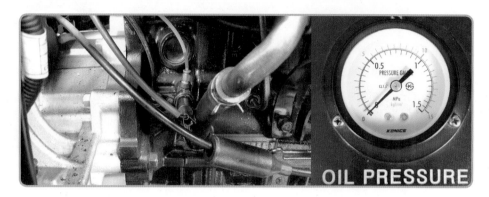

② 기관의 시동키를 ON하고 계기판의 엔진오일 경고등이 점등되는지 확인한 후, 오일 압력 스위치에 전압계를 설치하여 시동 전 경고등 작동전압을 측정한다.(0.27V)

③ 기관을 시동한 뒤 계기판의 엔진오일 경고등이 소등되는지 확인하고 시동 후 경고등 작동전압을 측정한다.(13.91V)

④ 기관 시동 후 공회전 상태에서 엔진오일 압력게이지의 지침을 읽어 기록표에 작성한다.

2-6. 연료탱크 압력센서 및 연료펌프 구동 전류 측정

1) 기록표 작성요령

항목	측정(또는 점검)		판정 및 정비(또는 조치)사항	
	측정값	규정값 (정비한계 값)	판정 (□에 '✔' 표)	정비 및 조치할 사항
연료탱크 압력센서 (FTPS) 출력전압	2.61V	2~3V	☑ 양호 □ 불량	없음
연료펌프 구동전류	4.2A	3.5~4.5A	☑ 양호 □ 불량	없음

2) 연료탱크 압력센서(FTPS) 출력전압 측정

① 증발가스 누설을 감시하기 위해서 장착된 연료탱크 압력센서는 다음 회로도를 참고하여 센서 신호선인 커넥터 3번 단자에 멀티미터를 설치하여 측정한다.

② 엔진 시동 후 공회전 상태에서 측정한다.(시험장 환경에 따라 IG ON에서 측정)

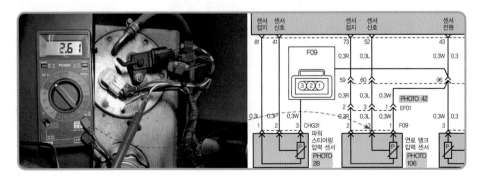

3) 연료펌프 구동전류 측정

① 시동 KEY를 OFF한다.

② 준비된 훅 미터(전류계)를 영점으로 조정한다.

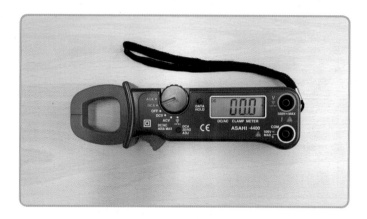

③ 훅 미터를 연료 탱크에 설치된 연료펌프 회로에 연결한다.(구동 전원선 배선 1가닥)

④ 시동 KEY를 ON한다.(시험장에 따라 공회전 시 측정)

⑤ 전류계의 최대값을 읽는다.(4.2A)

> 참고 · 측정조건의 경우(KEY ON 및 공회전 시)는 시험장의 환경에 따라 다를 수 있으니, 반드시 감독위원에
> 게 물어보고 측정하도록 한다.
> · 전류값이 '–'로 표기될 경우는 전류계 방향을 바꿔 측정하면 된다.

(1) 측정값 판정

① 정상일 때 : 4~4.5A가 측정된다.(NF쏘나타)

② 규정값보다 낮을 경우 : 연료공급 압력 누설, 연료펌프 불량으로 판단한다.

③ 규정값보다 높을 경우 : 연료필터 막힘, 연료펌프 내부 불량으로 판단한다.

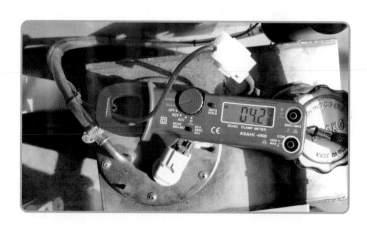

2-7. MLA 밸브 간극 및 OCV 유량조절밸브 저항 측정

1) 기록표 작성요령

항목	측정(또는 점검)		판정 및 정비(또는 조치)사항	
	측정값	규정값 (정비한계 값)	판정 (□에 '✔' 표)	정비 및 조치할 사항
MLA 밸브 간극	0.25mm (흡기)	흡기 : 0.2±0.03mm 배기 : 0.35±0.03mm	□ 양호 ☑ 불량	태핏 교환 후 재측정
OCV 유량 조절밸브 저항	7.6Ω	6.8~8.0Ω (20℃ 기준)	☑ 양호 □ 불량	없음

2) MLA 밸브 간극 측정

(1) MLA 개요

MLA는 Mechanical Lash Adjuster의 약자로 기계식 수동 밸브 간극 조절방식을 말한다. 밸브 트레인계에서 밸브 간극을 조절하는 방식에는 수동으로 간극을 조절해야하는 기계식(MLA)과 자동으로 밸브 간극을 조절하는 오토래시(HLA-Hydraulic Lash Adjuster)가 있다. 오토래시는 운전 중 온도 변화, 시간 경과에 따른 밸브계의 마모 등에 의한 밸브 간극의 변화를 자동으로 항상 0(Zero)이 되도록 조절하는 방식이며, 이는 밸브계의 소음 저감은 물론 초기 선정된 값으로 밸브 타이밍을 정확하게 제어할 수 있어 배기가스와 공회전 안정성에 매우 유리하다.

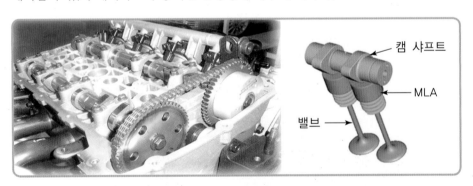

반면 MLA의 경우에는 위에서 열거한 요인들에 의하여 발생되는 밸브 간극의 변화를 스스로 조절하지 못하기 때문에 밸브 타이밍이 변화될 수 있고 배기가스 및 공회전 안정성에 불리하다고 말할 수 있다. 하지만 HLA에 비해 고장이 적으며 밸브스프링의 탄성을 줄일 수 있어 연비가 좋고, 엔진오일 압력에 영향을 받지 않으므로 고회전 영역에 유리하다.

(2) MLA 밸브 간극 점검 및 측정방법

① 준비된 실린더헤드에서 감독위원이 지정한 위치의 밸브 간극을 시그니스 게이지를 사용하여 캠 샤프트의 기초원과 태핏 사이의 간극을 측정한다.

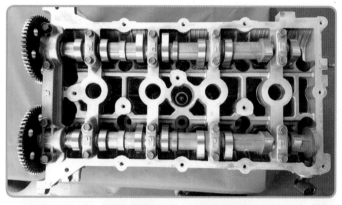

② 1번 실린더의 피스톤이 압축 상사점에 위치할 경우 밸브 간극을 측정할 수 있는 밸브는 그림과 같이 흡기 1, 2번과 배기 1, 3번이고, 4번 실린더의 피스톤이 압축 상사점에 위치할 경우 밸브 간극을 측정할 수 있는 밸브는 흡기 3, 4번과 배기 2, 4번이다.

No.1 실린더 압축 상사점	No.4 실린더 압축 상사점
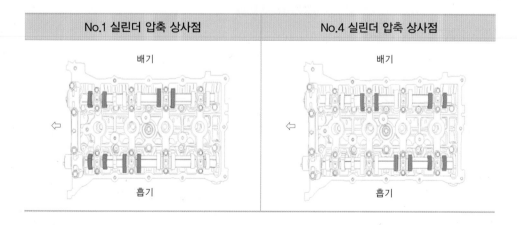	

③ 측정 결과 한계값을 벗어날 경우 측정된 밸브 간극과 현재 장착된 태핏의 두께를 가지고 새로운 태핏의 두께를 계산하여야 하므로 '태핏 교환 후 재측정'이라고 기록표에 기재한다.

3) OCV 유량조절밸브 저항 측정

(1) 오일컨트롤 밸브(OCV-Oil Control Valve) 개요

CVVT는 가변밸브 타이밍 장치를 말하는데 이는 엔진의 흡기 또는 배기밸브의 타이밍, 즉 밸브가 열리고 닫히는 시기를 운전조건에 맞도록 가변 제어한다는 말이다. 다시 말해 엔진회전수가 느릴 때에는 흡기밸브의 열림 시기를 늦춰 밸브오버랩을 최소로 하고, 중속 구간에서는 흡기밸브의 열림 시기를 빠르게 하여 밸브오버랩을 크게 할 수 있도록 한다는 것이다.

오일컨트롤 밸브는 ECM의 신호에 의해 CVVT 유닛 내부로 연결된 오일통로를 제어한다. 내부에는 스풀 밸브가 있어 이 밸브가 이동하는 경로에 따라 오일이 지각실 또는 진각실로 들어가게 되어 있다.

(2) OCV 유량조절밸브 저항 측정

OCV 커넥터를 탈거한 상태에서 저항을 측정한다.

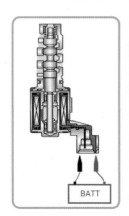
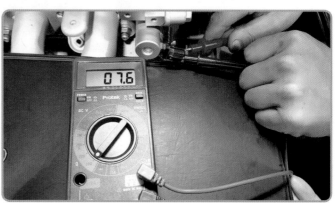

저항값(20°C)	판정	조치
덴소(6.9~7.9Ω) 한국델파이(7.1~7.2Ω)	저항 측정값 정상 시 작동상태 점검	
∞(무한대)	단선	교환
0(제로)	쇼트	교환

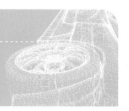
3-1. 점화파형 측정

1) 기록표 작성요령

항목	파형 분석 및 판정		
	분석항목	분석내용	판정(□에 '✔' 표)
점화파형 측정	화염점파시간 1.8ms	분석내용은 출력물에 표시하시오.	☑ 양호 □ 불량
	서지전압 383.1V		
	드웰시간 3.2ms		

2) 점화파형 측정

ECU에서 TR의 접지를 차단하면 1차 코일에 흐르는 전류가 차단되는 순간에 1차 코일에서는 처음에 (−)이던 부분이 (+)가 되고, (+)는 (−)가 되는 자기유도작용에 의해서 역기전력(약 300~500V)이 발생하며 이것이 점화 2차 코일 측에서 고전압을 유도하게 되는 것이다. 점화 1차 파형은 스캐너, HI-DS, GDS를 이용해 측정이 가능하며, HI-DS를 이용해 측정하는 방법은 다음과 같다.

▶ 측정방법(점화 1차 파형 HI-DS를 이용한 방법)

① 오실로스코프 1번 채널 흑색 프로브를 배터리 (−)단자에 연결한다.
② 오실로스코프 1번 채널에 적색 프로브를 점화코일의 제어회로에 연결한다.(채널 확인이 필요)

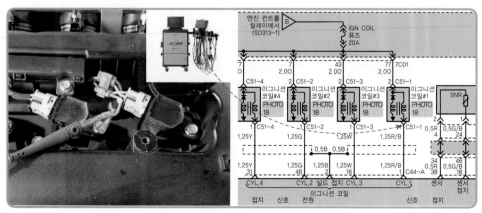

- 배전기 방식의 SOHC 엔진 : 채널을 점화코일 (−)단자(파워TR 컬렉터 단자)에 연결한다.
- 점화코일이 2개인 DLI 엔진 : 채널을 점화코일 (−)단자, 즉 ECU 제어 단자에 연결한다.
- 실린더마다 점화코일이 장착되어 있는 DIS 엔진 : 채널을 점화코일 (−)단자, 즉 ECU 제어 단자에 연결한다.
③ HI−DS 초기화면에서 오실로스코프 기능을 선택하여 클릭한다.
④ 오실로스코프 상단의 환경설정 아이콘 █을 클릭한다.
⑤ 환경 설정창에 전압, 전류, 샘플링 속도, 피크 등을 설정한 후 파형의 크기를 맞춘다.
- 화면 설정 : UNI / DC / 피크
- 전압 설정 : 600V
- 시간 설정 : 1.5ms / div
⑥ 차량의 시동을 걸고 화면의 적당한 위치에 트리거와 투커서를 설정하여 파형이 화면에 보기 좋게 만들어 준다.
⑦ 기록표의 분석항목 3가지가 모두 화면에 나올 수 있도록 인쇄한다.

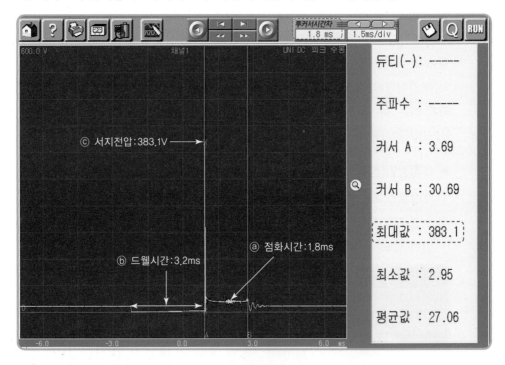

▶ **분석(차종 : NF쏘나타 가솔린 θ-엔진)**

① 기록표의 분석항목 3가지를 숙지하고 그 내용에 따라 정상인지 비정상파형인지 분석한다.

    ⓐ 화염전파전압은 위 그림의 투커서 A, B의 시간차인 점화시간 1.8ms이다.

    ⓑ 서지전압은 위의 파형에서 최대값 383.1V이다.

    ⓒ 드웰시간은 3.2ms이다.

② 위의 점화 1차 파형은 정상파형으로 판정은 양호이다.

※ **파형 분석 시 주의사항**

기능장 시험에서 파트별 측정이나 파형에서 가장 중요한 것은 현재 자동차 상태가 고장인지, 정상인지 파악하는 것이다. 매번 정상적인 상태만 보고 연습하다가 고장인 차량이라면 많은 혼란이 올 수 있기 때문에 비정상적인 파형 분석도 많이 보고 연습해둬야 한다.

▶ **분석(차종 : NF쏘나타 가솔린 θ-엔진) 정상파형**

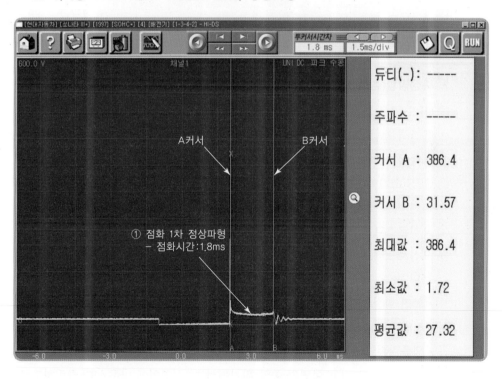

▶ 분석(차종 : NF쏘나타 가솔린 θ-엔진) 비정상파형

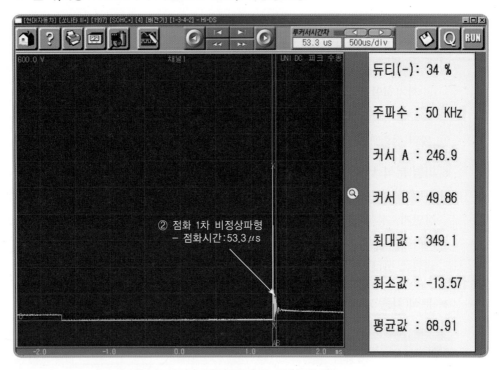

▶ 측정방법(점화 1차 파형 GDS를 이용한 방법)

① GDS VMI 본체에 채널 프로브(CH-A)를 CH-A 포트에 연결한다.

② 빨간색 채널 프로브(CH-A) 두 가닥 중 흑색 프로브를 배터리 (-)단자에, 적색 프로브를 점화코일 제어회로에 각각 연결한다.

③ GDS 초기화면에서 차종을 선택, 오실로스코프를 클릭한 후 화면 우측 상단의 전체 화면 파형 표시 모드 아이콘을 선택한다.

④ 오실로스코프 메인화면 하단에 2채널 모드로 선택하고 CH-A를 클릭한다.

⑤ 오실로스코프 메인화면 좌측에 "환경설정" 바를 클릭하여 각 채널의 전압, 전류, 샘플링 속도, 피크 등 각각의 측정범위를 설정한다.
  • 화면 설정 : UNI/DC/피크
  • 전압 설정 : 400V
  • 샘플링속도 : 1ms

⑥ 차량의 시동을 걸고 화면의 중앙 위치에서 채널 영역에 마우스를 클릭하고 움직이는 파형을 고정표출하여 보기 좋게 만들어 준다.

⑦ 기록표의 분석항목 3가지가 모두 화면 중앙에 나올 수 있도록 출력하고, 분석항목의 내용을 표시하고 기재하여 제출한다.

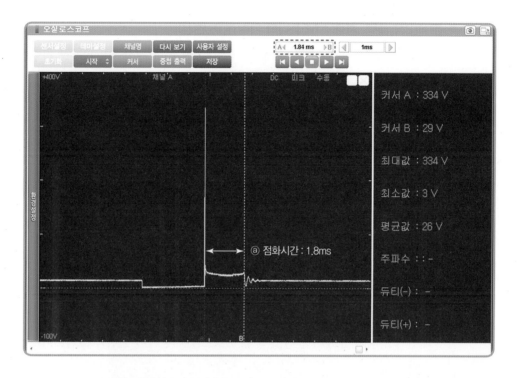

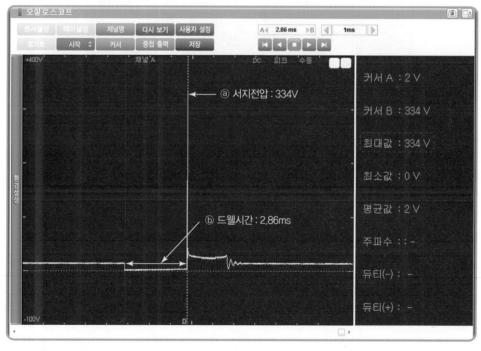

▶ **분석(2장 출력, 차종 : NF쏘나타 가솔린 θ−엔진)**

① 기록표에 분석항목 3가지를 숙지하고 그 내용에 따라 정상인지 비정상 파형인지 분석한다.

   ⓐ 화염전파전압은 위 그림의 A, B 투커서의 시간차인 점화시간 1.84ms이다.

   ⓑ 서지전압은 위의 파형에서 최대값 334V이다.

   ⓒ 드웰시간은 2.86ms이다.

② 위의 점화 1차 파형은 정상 파형으로 판정은 양호이다.

▶ **측정방법(점화 2차 파형 점화 1차 파형 HI−DS를 이용한 방법)**

1차 코일에서 생긴 300~500V의 서지전압에서 생긴 자기에너지를 2차 코일에 공급하고, 자기에너지는 짧은 시간에 생겼다가 바로 무너지면서 300~500V의 전기가 1차 코일과 2차 코일의 권선비에 따라서 7,000~15,000V의 전기로 바뀐다.

① 채널 프로브 연결

 • 배전기 방식의 SOHC 엔진 : 적색 프로브를 배전기 중심전극 고압케이블에 연결한다.

 • 점화코일이 2개인 DLI 4기통 엔진 : 1, 2번에 적색 프로브, 3, 4번에 흑색 프로브를 연결한다.

 • DLI 방식의 경우 파형이 반대로 출력된다면 해당 실린더끼리 적색과 흑색 프로브를 바꿔준다.

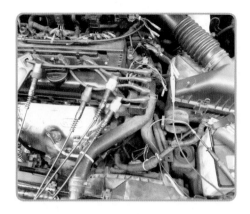

② 트리거 프로브 연결 : 점화 2차 파형에서 엔진 RPM 및 실린더별 기준신호를 잡기 위하여 트리거 프로브를 1번 실린더 고압케이블에 연결한다.

③ HI-DS 초기화면에서 점화 2차 파형 기능을 선택하여 클릭한다.

④ 차량의 시동을 걸고 기록표의 분석항목 3가지가 모두 화면에 나올 수 있도록 인쇄한다.

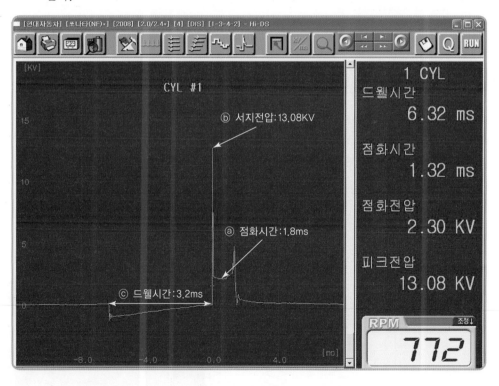

▶ **분석(차종 : 쏘나타2 가솔린 SOHC 엔진)**

① 기록표의 분석항목 3가지를 숙지하고 그 내용에 따라 정상인지 비정상파형인지 분석한다.

ⓐ 화염전파전압은 위 그림의 투커서 A, B의 시간차인 점화시간 1.8ms이다.

ⓑ 서지전압은 위의 파형에서 최대값 13.08kV이다.

ⓒ 드웰시간은 3.2ms이다.

② 위의 점화 1차 파형은 정상파형으로 판정은 양호이다.

3-2. 디젤 인젝터 전압 및 전류파형 측정

1) 기록표 작성요령

항목	파형 분석 및 판정		
	분석항목	분석내용	판정(□에 '✔'표)
디젤 인젝터 전압 및 전류파형	주 분사 작동전류 19.65A	분석내용은 출력물에 표시하시오.	☑ 양호 □ 불량
	서지전압 48.60V		
	예비 연료분사시간 400μs		

2) 디젤 인젝터 전압 및 전류파형 측정

▶ **측정방법(HI-DS를 이용한 방법)**

① 오실로스코프 1번 채널 흑색 프로브를 배터리 (−)단자에 연결한다.

② 오실로스코프 1번 채널 적색 프로브를 인젝터 제어회로에 연결한다.(오실로스코프 채널번호 확인)

③ 전류 프로브(소전류)를 영점 조정 후 인젝터 제어회로(배선 한 가닥)에 연결한다.

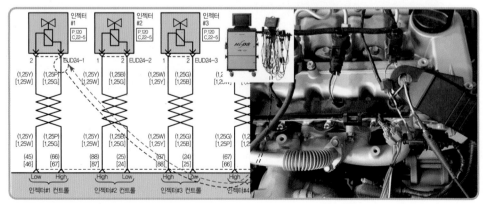

④ HI-DS 초기화면에서 오실로스코프 기능을 선택하여 클릭한다.

⑤ 채널 1번과 소전류를 연결한다.

⑥ 오실로스코프 상단의 환경 설정 아이콘 █을 클릭한다.

⑦ 환경 설정창에 전압, 전류, 샘플링 속도, 피크 등을 설정한 후 파형의 크기를 맞춘다.

- 화면 설정 : UNI / DC / 피크   - 전압 설정 : 60V
- 전류 설정 : 30A   - 샘플링 속도 : 1.0ms/div

⑧ 차량의 시동을 걸고 화면의 적당한 위치에 트리거와 투커서를 설정하여 파형이 화면에 보기 좋게 만들어 준다.

⑨ 기록표의 분석항목 3가지가 모두 화면에 나올 수 있도록 인쇄한다.

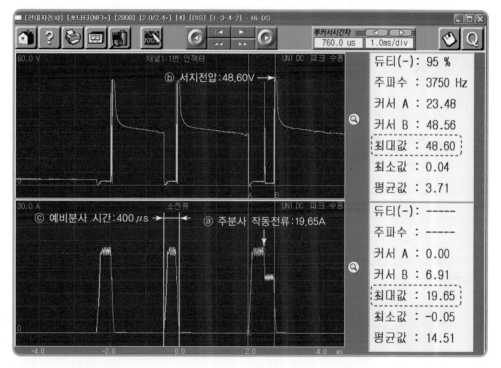

▶ **분석(차종 : 아반떼 디젤 U-엔진)**

① 기록표의 분석항목 3가지를 숙지하고 그 내용에 따라 정상인지 비정상파형인지 분석한다.

ⓐ 주 분사 작동전류는 주 분사 전류파형에서 소전류 최대값인 19.65A이다.

ⓑ 서지전압은 주 분사 전압파형에서 최대값이 48.60V이다.

ⓒ 예비 연료분사시간은 2차 예비분사의 경우 투커서 시간차인 400μs이다.

② 인젝터 전압 및 전류파형은 정상파형으로 판정은 양호이다.

▶ **측정방법(GDS를 이용한 방법)**

① GDS VMI 본체에 채널 프로브(CH-A)와 소전류 센서를 CH-A, AUX 포트에 연결한다.

② 빨간색 채널 프로브(CH-A) 두 가닥 중 흑색 프로브를 배터리 (−)단자에, 적색 프로브를 인젝터 제어회로에 각각 연결한다.

③ 전류 프로브(소전류)를 영점 조정 후 인젝터 제어회로(배선 한가닥)에 연결한다.

④ GDS 초기화면에서 차종을 선택, 오실로스코프를 클릭한 후 화면 우측 상단의 전체화면 파형 표시 모드 아이콘을 선택한다.

⑤ 오실로스코프 메인화면 하단에 2채널 모드로 선택하고 CH-A와 AUX(소전류)를 클릭한다.

⑥ 오실로스코프 메인화면 좌측에 "환경설정" 바를 클릭하여 각 채널의 전압, 전류, 샘플링 속도, 피크 등 각각의 측정범위를 설정한다.
- 화면 설정 : UNI / DC / 피크   • 전압 설정 : 80V
- 전류 설정: 20A   • 샘플링속도 : 750μs

⑦ 차량의 시동을 걸고 화면의 적당한 위치에 트리거와 투커서를 설정하여 파형이 화면에 보기 좋게 만들어 준다.(*커머레일 인젝터 파형은 전류 파형 채널 영역에 마우스를 클릭하여 트리거를 사용)

⑧ 기록표의 분석항목 3가지가 모두 화면 중앙에 나올 수 있도록 출력하고, 분석항목의 내용을 표시하고 기재하여 제출한다.

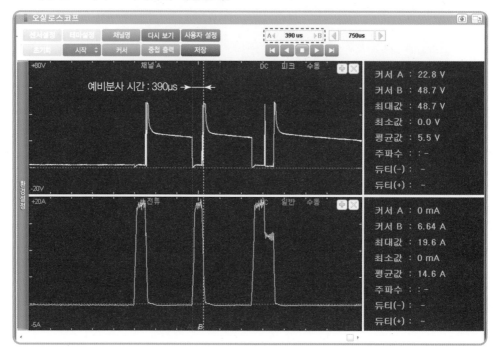

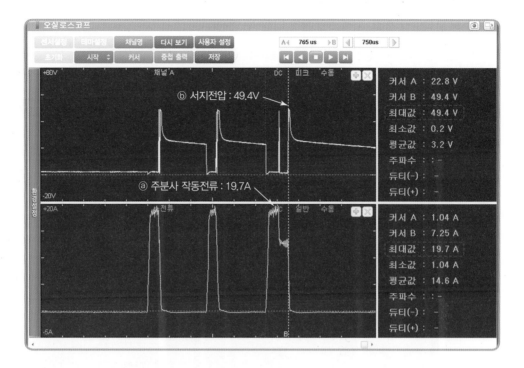

▶ **분석(2장 출력, 차종 : 아반떼 디젤 U-엔진)**

① 기록표에 분석항목 3가지를 숙지하고 그 내용에 따라 정상인지 비정상 파형인지 분석한다.

ⓐ 주 분사 작동전류는 주 분사 전류파형에서 소전류 최대값인 19.7A이다.

ⓑ 서지전압은 주 분사 전압파형에서 최대값 49.4V이다.

ⓒ 예비 연료분사시간은 2차 예비분사의 경우 투커서의 시간차인 $390\mu s$이다.

② 인젝터 전압 및 전류파형은 정상 파형으로 판정은 양호이다.

▶ 분석(2장 출력, 차종 : 쏘렌토 디젤 A-엔진)

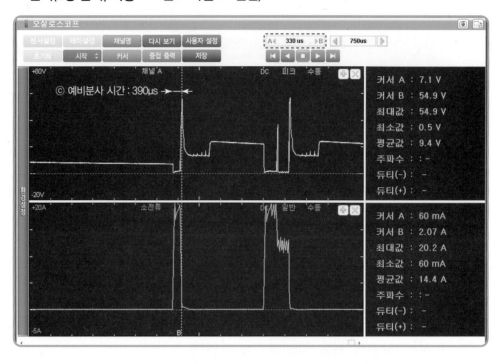

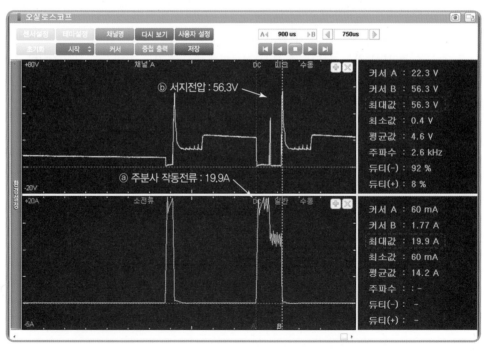

▶ 분석(차종 : 쏘렌토 디젤 A-엔진)

① 기록표에 분석항목 3가지를 숙지하고 그 내용에 따라 정상인지 비정상 파형인지 분석한다.

  ⓐ 주 분사 작동전류는 주 분사 전류파형에서 소전류 최대값인 19.9A이다.

  ⓑ 서지전압은 주 분사 전압파형에서 최대값 56.3V이다.

  ⓒ 예비 연료분사시간은 2차 예비분사의 경우 투커서 시간차인 390μs이다.

② 인젝터 전압 및 전류파형은 정상 파형으로 판정은 양호이다.

3-3. 가솔린 인젝터 전압 및 전류파형 측정

1) 기록표 작성요령

항목	파형 분석 및 판정		
	분석항목		분석내용	판정(□에 '✔' 표)
가솔린 인젝터 전압 및 전류파형	TR ON(작동)전압	0.07V	분석내용은 출력물에 표시하시오.	☑ 양호 □ 불량
	서지전압	53.63V		
	연료분사시간	3.0ms		

2) 가솔린 인젝터 전압 및 전류파형 측정

▶ 측정방법(HI-DS를 이용한 방법)

① 오실로스코프 1번 채널 흑색 프로브를 배터리 (−)단자에 연결한다.

② 오실로스코프 1번 채널 적색 프로브를 인젝터 제어회로에 연결한다.(오실로스코프 채널번호 확인)

③ 전류 프로브(소전류)를 영점 조정 후 인젝터 제어회로(배선 한 가닥)에 연결한다.

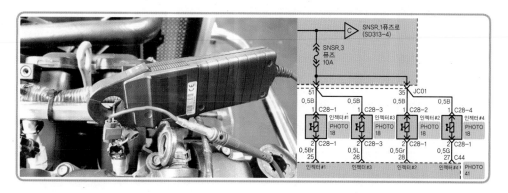

④ HI-DS 초기화면에서 오실로스코프 기능을 선택하여 클릭한다.

⑤ 채널 1번과 소전류를 연결한다.

⑥ 오실로스코프 상단의 환경 설정 아이콘 을 클릭한다.

⑦ 환경 설정창에 전압, 전류, 샘플링 속도, 피크 등을 설정한 후 파형의 크기를 맞춘다.

- 화면 설정 : UNI / DC / 피크
- 전압 설정 : 60V
- 전류 설정 : 3A
- 샘플링 속도 : 1.5ms/div

⑧ 차량의 시동을 걸고 화면의 적당한 위치에 트리거와 투커서를 설정하여 파형이 화면에 보기 좋게 만들어 준다.

⑨ 기록표의 분석항목 3가지가 모두 화면에 나올 수 있도록 인쇄한다.

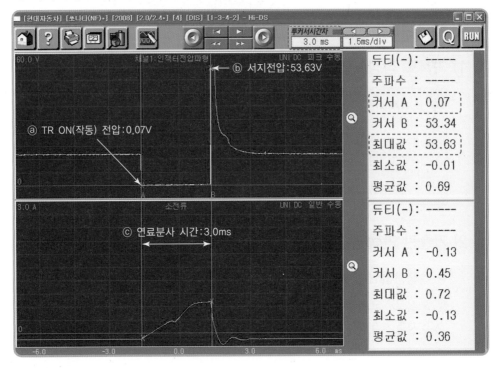

▶ 분석(차종 : NF쏘나타 가솔린 θ-엔진)

① 기록표의 분석항목 3가지를 숙지하고 그 내용에 따라 정상인지 비정상파형인지 분석한다.

ⓐ TR ON(작동)전압은 위 그림의 전압파형에서 인젝터 작동 시(TR ON) 전압 0.07V이다.

ⓑ 서지전압은 전압파형에서 최대값 53.63V이다.

ⓒ 연료분사시간은 TR ON 작동시간으로 투커서 A, B의 시간차인 3.0ms이다.

② 인젝터 전압 및 전류파형은 정상파형으로 판정은 양호이다.

▶ 측정방법(GDS를 이용한 방법)

① GDS VMI 본체에 채널 프로브(CH-A)와 소전류 센서를 CH-A, AUX 포트에 연결한다.

② 빨간색 채널 프로브(CH-A) 두 가닥 중 흑색 프로브를 배터리 (-)단자에, 적색 프로브를 인젝터 제어회로에 각각 연결한다.

③ 전류 프로브(소전류)를 영점 조정 후 인젝터 제어회로(배선 한가닥)에 연결한다.

④ GDS 초기화면에서 차종을 선택하고 오실로스코프를 클릭한 후 화면 우측 상단의 전체화면 파형 표시 모드 아이콘을 선택한다.

⑤ 오실로스코프 메인화면 하단에 2채널 모드로 선택하고 CH-A와 AUX(소전류)를 클릭한다.

⑥ 오실로스코프 메인화면 좌측에 "환경설정" 바를 클릭하여 각 채널의 전압, 전류, 샘플링 속도, 피크 등 각각의 측정범위를 설정한다.

- 화면 설정 : UNI / DC /피크
- 전류 설정 : 2A
- 전압 설정 : 80V
- 샘플링 속도 : $750\mu s$

⑦ 차량의 시동을 걸고 화면의 적당한 위치에 트리거와 투커서를 설정하여 파형이 화면에 보기 좋게 만들어 준다.

⑧ 기록표의 분석항목 3가지가 모두 화면 중앙에 나올 수 있도록 출력하고, 분석항목의 내용을 표시하고 기재하여 제출한다.

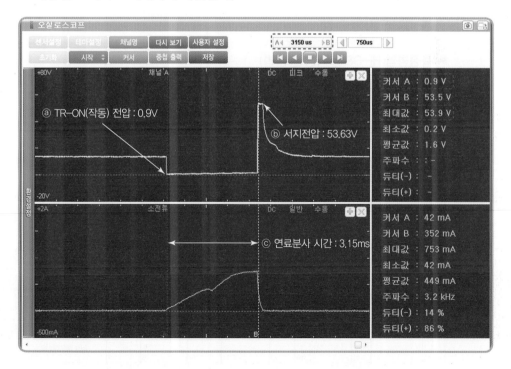

▶ 분석(차종 : NF쏘나타 가솔린 θ-엔진)

① 기록표에 분석항목 3가지를 숙지하고 그 내용에 따라 정상인지 비정상 파형인지 분석한다.

    ⓐ TR-ON(작동)전압은 위 그림의 전압파형에서 인젝터 작동 시(TR ON) 전압 0.9V이다.

    ⓑ 서지전압은 전압파형에서 최대값 53.9V이다.

    ⓒ 연료분사시간은 TR ON 작동시간으로 A, B 투커서의 시간차인 3.15ms이다.

② 인젝터 전압 및 전류파형은 정상 파형으로 판정은 양호이다.

3-4. 가변밸브 타이밍 기구 파형측정

1) 기록표 작성요령

항목	파형 분석 및 판정		
	분석항목	분석내용	판정(□에 '✔' 표)
가변 밸브 타이밍 기구	작동전압 0.25V	분석내용은 출력물에 표시하시오.	☑ 양호
	듀티 22%		□ 불량
	작동시간 720μs		

2) OCV 밸브 파형측정

▶ 측정방법(HI-DS를 이용한 방법)

① 오실로스코프 1번 채널 흑색 프로브를 배터리 (−)단자에 연결한다.

② 오실로스코프 1번 채널 적색 프로브를 오일컨트롤 밸브(OCV) 신호선에 연결한다.(오실로스코프 채널번호 확인)

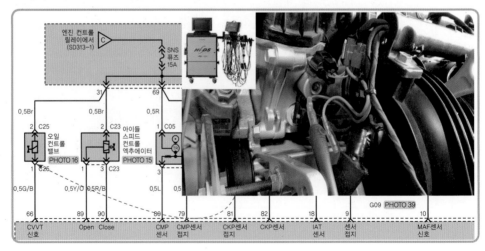

③ HI-DS 초기화면에서 오실로스코프 기능을 선택하여 클릭한다.

④ 채널 1번을 연결한 후 오실로스코프 상단의 환경 설정 아이콘 🔧을 클릭한다.

⑤ 환경 설정창에 전압, 샘플링 속도, 일반 등을 설정한 후 파형의 크기를 맞춘다.

　•화면 설정 : UNI / DC / 일반　　　•전압 설정 : 20V

　•샘플링 속도 : 3.0ms/div

⑥ 차량의 시동을 걸고 화면의 적당한 위치에 트리거와 투커서를 설정하여 파형이 화면에 보기 좋게 만들어 준다.

⑦ 기록표의 분석항목 3가지가 모두 화면에 나올 수 있도록 인쇄한다.

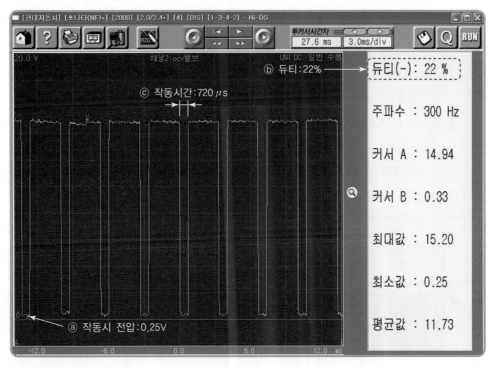

▶ **분석(차종 : NF쏘나타 가솔린 θ-엔진)**

① 기록표의 분석항목 3가지를 숙지하고 그 내용에 따라 정상인지 비정상파형인지 분석한다.

　ⓐ 작동 시 전압은 OCV가 접지 제어로 최소값인 0.25V이다.

　ⓑ 듀티값은 우측 데이터 항목에 표시된 22%이다.

　참고 듀티는 투커서 A, B가 한 사이클 이상의 범위로 지정되어야 표시되므로 주의해야 한다.

　ⓒ 작동시간은 접지 제어시간을 의미하므로 투커서 A, B를 사용하여 측정하면 720 μs이다.

　참고 듀티와 작동시간은 투커서 A, B를 동시에 사용해야 하므로 두 가지 모두를 한 화면에 표시하기는 어렵다. 둘 중 하나를 선택하고 나머지는 별도로 기록하고 표시해야 한다.

② 오일컨트롤 밸브(OCV) 파형은 정상파형으로 판정은 양호이다.

▶ 측정방법(GDS를 이용한 방법)

① GDS VMI 본체에 채널 프로브(CH-A)를 CH-A 포트에 연결한다.

② 빨간색 채널 프로브(CH-A) 두 가닥 중 흑색 프로브를 배터리 (-)단자에, 적색 프로브를 오일컨트롤밸브(OCV) 신호선에 각각 연결한다.

③ GDS 초기화면에서 차종을 선택, 오실로스코프를 클릭한 후 화면 우측 상단의 전체 화면 파형 표시 모드 아이콘을 선택한다.

④ 오실로스코프 메인화면 하단에 2채널 모드로 선택하고 CH-A를 클릭한다.

⑤ 오실로스코프 메인화면 좌측에 "환경설정" 바를 클릭하여 각 채널의 전압, 전류, 샘플링 속도, 피크 등 각각의 측정범위를 설정한다.

- 화면 설정 : UNI / DC / 일반   • 전압 설정 : 20V
- 샘플링속도 : 2ms

⑥ 차량의 시동을 걸어 화면에 오일컨트롤밸브(OCV)의 작동 파형이 출력되면 시험장의 출력 조건에 맞춰 표출시켜 정지시킨다.

⑦ 기록표의 분석항목 3가지가 모두 화면에 나올 수 있도록 해야 되지만, 듀티나 주파수의 경우 커서의 범위를 한 주기 이상 선택해야 데이터 값이 표출되기 때문에 2장을 출력하여 분석항목의 내용을 표시하고 기재하여 제출한다.

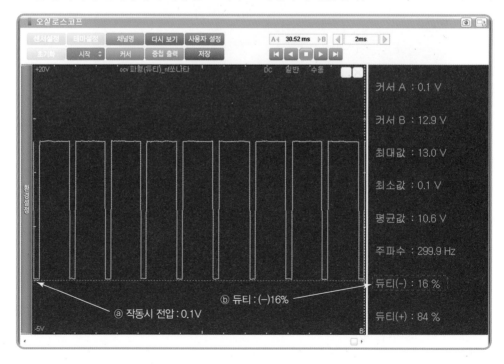

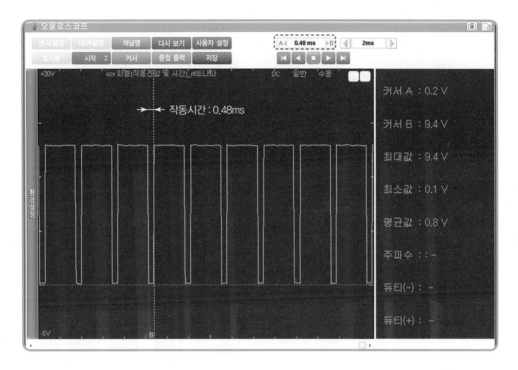

▶ 분석(차종 : NF쏘나타 가솔린 θ–엔진)

① 기록표에 분석항목 3가지를 숙지하고 그 내용에 따라 정상인지 비정상 파형인지 분석한다.

    ⓐ 작동 시 전압은 OCV가 접지 제어로 최소값인 0.1V이다.

    ⓑ 듀티값은 우측 데이터 항목에 표시된 (−)16%이다.

    참고 듀티는 A, B 투커서가 한 사이클 이상의 범위로 지정되어야 표시되므로 주의해야 한다.

    ⓒ 작동시간은 접지 제어하는 시간을 의미하므로 A, B 투커서를 사용하여 측정하면 0.48ms이다.

    참고 듀티와 작동시간은 A, B 투커서를 동시에 사용해야 하므로 두 가지 모두를 한 화면에 표시하기는 어렵고, 둘 중 하나를 선택하고 나머지는 별도로 표시하고 기록해도 되지만 2장을 출력하여 분석해도 무방하다.

② 오일컨트롤밸브(OCV) 작동파형은 정상 파형으로 판정은 양호이다.

4-1. 배기가스 측정

1) 기록표 작성요령

항목		측정(또는 점검)		판정 및 정비(또는 조치)사항	
		측정값	규정값 (정비한계 값)	판정 (□에 '✔' 표)	정비 및 조치할 사항
배기 가스	CO	0.02%	1.0% 이하	☑ 양호 □ 불량	없음
	HC	28ppm	120ppm 이하		
	λ	0.96	1±0.1 이내		

2) 배기가스 측정(HORIBA)

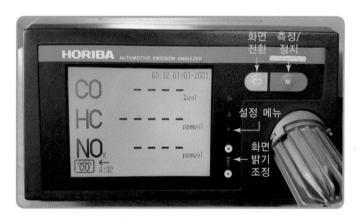

① 측정장비 뒷면의 전원 스위치를 ON 하면 화면 좌측 하단에 예열표시와 함께 예열 완료 시까지 남은 시간이 표시된다.

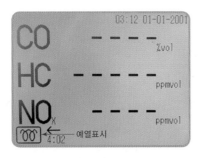

② 예열이 끝나면 −−−− 표시가 사라지고 숫자가 표기된다.

③ 화면 전환 버튼을 사용하여 화면에 모든 항목이 표시되게 바꾼다.(6개 항목)

④ 화면 하단에 "측정 중" 표기가 깜박이며, 펌핑과 함께 측정준비에 들어간다.

⑤ 잠시 기다리면 프로브 삽입 표시가 나오며, 이때 프로브를 배기구에 꽂는다.(30cm 이상)

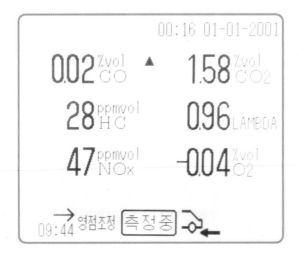

⑥ 화면에 수치가 변화되기 시작하며, 안정될 때까지 기다렸다 측정값을 읽는다.

⑦ 측정이 완료되면 프로브 제거 후 다시 "측정" 버튼을 누른다.

⑧ 다시 화면 하단에 "측정 중" 표시가 깜박이며 장비 내 잔류 배출가스를 배출한다.

⑨ 잔류가스 배출이 완료되면 펌핑이 정지되며 대기상태로 전환된다.

▶ 배기가스 허용기준

차종		제작일자	일산화탄소	탄화수소	공기과잉률
경자동차		1997년 12월 31일 이전	4.5% 이하	1,200ppm 이하	1±0.1 이내. 다만, 기화기식 연료공급장치 부착 자동차는 1±0.15 이내, 촉매 미부착 자동차는 1±0.20 이내
		1998년 1월 1일부터 2000년 12월 31일까지	2.5% 이하	400ppm 이하	
		2001년 1월 1일부터 2003년 12월 31일까지	1.2% 이하	220ppm 이하	
		2004년 1월 1일 이후	1.0% 이하	150ppm 이하	
승용자동차		1987년 12월 31일 이전	4.5% 이하	1,200ppm 이하	
		1988년 1월 1일부터 2000년 12월 31일까지	1.2% 이하	220ppm 이하 (휘발유 · 알코올 사용자동차) 400ppm 이하 (가스사용자동차)	
		2001년 1월 1일부터 2005년 12월 31일까지	1.2% 이하	220ppm 이하	
		2006년 1월 1일 이후	1.0% 이하	120ppm 이하	
승합 · 화물 · 특수 자동차	소형	1989년 12월 31일 이전	4.5% 이하	1,200ppm 이하	
		1990년 1월 1일부터 2003년 12월 31일까지	2.5% 이하	400ppm 이하	
		2004년 1월 1일 이후	1.2% 이하	220ppm 이하	
	중형 · 대형	2003년 12월 31일 이전	4.5% 이하	1,200ppm 이하	
		2004년 1월 1일 이후	2.5% 이하	400ppm 이하	
이륜 자동차	대형	1999년 12월 31일 이전	5.0% 이하	2,000ppm 이하	–
		2000년 1월 1일부터 2006년 12월 31일까지	3.5% 이하	1,500ppm 이하	
		2007년 1월 1일부터 2008년 12월 31일까지	3.0% 이하	1,200ppm 이하	
		2009년 1월 1일 이후	3.0% 이하	1,000ppm 이하	

3) 배기가스 측정(QROTECH)

(1) 워밍업

① 전원 스위치를 ON 하면 10초간 초기화를 진행하고, 현재 설정되어 있는 날짜 및 시간이 약 5초간 표시 후 자체진단을 실시하며, 진단 순서는 표시창 확인, 통신, 내부센서, 메모리 순으로 자체 점검을 실시한다. 실시된 항목이 정상이면, 아래와 같이 PASS 메시지를 표시한다.

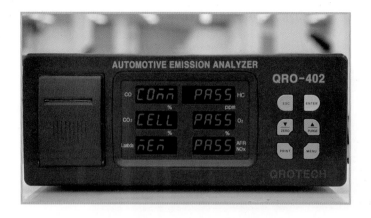

② 자체진단이 끝나면 표시창의 화면에 아래와 같이 표시되고, 카운트 값이 주위의 온
   도나 기기의 사용상태에 따라 약 120~480에서 1씩 감소하며 워밍업을 실시한다.
③ 워밍업 작업이 끝나기 1분 전에 펌프가 가동되어, 맑은 공기로 장비 내부를 세척한다.

  참고 ③의 과정을 수행하는 동안 프로브의 끝부분은 반드시 깨끗한 공기가 있는 곳에 놓는다.

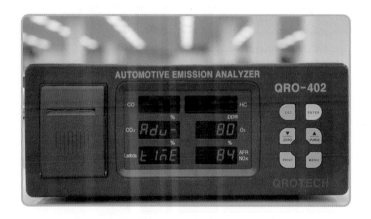

④ 워밍업이 끝나면 자동으로 1회 ZERO 조정을 실시한다. 아래 화면과 같이 카운트
   값이 20에서 1씩 감소하며, 약 20초간 ZERO 조정을 실시한다.

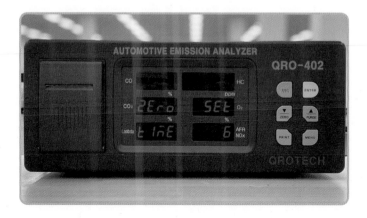

⑤ ZERO 조정 후 아래와 같은 메시지가 표시되면, 측정 전 준비 상태가 된다.

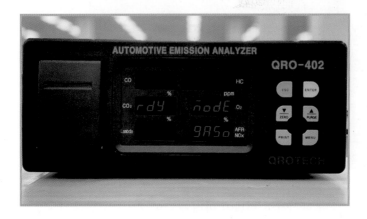

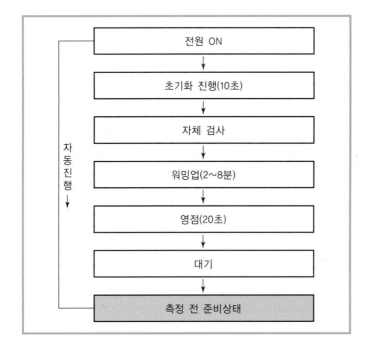

(2) 측정

① 프로브를 깨끗한 공기가 있는 곳에 두고 ZERO 조정을 실시한다.

② 프로브를 자동차 배기구에 깊숙이 넣고, ENTER 키를 눌러 배기가스를 측정한다.

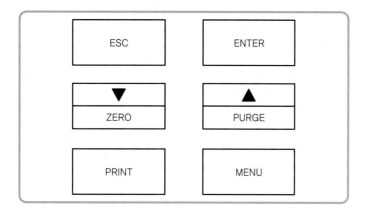

참고 1. 측정은 30분간 작동된 후 절전형 모드 작동으로 펌프가 자동으로 정지된다.
2. ENTER 키를 누를 때마다 공연비와 NOx 표시모드가 바뀐다. AFR(공연비) 표시모드이면 A가 첨가되고, NOx 표시모드이면 A가 사라진다.

③ 측정 후 프로브를 자동차 배기구에서 빼낸 후 키를 눌러 측정값이 "0"까지 떨어지도록 장비 내부를 맑은 공기로 세척한다.

④ 모든 수치 값들이 "0" 근처로 떨어지면 ESC 키를 눌러 대기상태로 유지시킨다.

⑤ 연속 측정 시에는 ZERO 키를 누른 후 측정을 실시한다. 이후 ②, ③, ④번 항목을 반복한다.

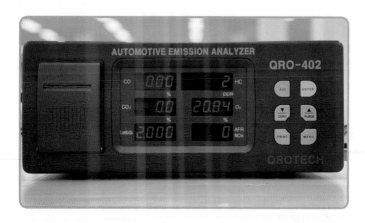

⑥ 측정 화면을 일시적으로 정지시키는 HOLD 기능은 PRINT 키를 1회 누르면 측정화면이 정지되고, 다시 측정상태로 복귀하려면 ESC 키를 누르면 된다. 배출가스 측정 결과값의 프린트는 측정모드에서만 동작된다.

(3) 키 기능

키	내용
MENU	누기검사, PEF값 표시, 프로그램 버전 표시, 표준가스 교정 등을 실시할 때 사용되는 키로, [MENU] 키를 누를 때마다 아래와 같이 동작한다. 　누기 검사 → 잔류 탄화수소 검사 → 사용 연료 → HCV / OCV → PEF 값 → 기기버전 → 시간 설정 → NOx 측정 설정 → 표준 가스 교정 → 프린터 농도 설정 [MENU] 키를 누르면 각각의 키 상단에 인쇄된 내용 ▼, ▲, ESC, ENTER로 동작한다.
▼	설정 위치를 이동시킬 때 사용한다.
▲	설정 값을 증가시킬 때 사용한다.
PRINT	측정 값을 일시적으로 정지 또는 PRINT 시킬 때 사용한다.
ESC	선택모드를 종료하고 측정모드로 전환할 때 사용한다.
ENTER	현재 표시 중인 모드를 선택하거나, 대입한 숫자를 실행시킬 때 사용한다.

4-2. 연료압력조절밸브 듀티값 측정

1) 기록표 작성요령

항목	측정(또는 점검)		판정 및 정비(또는 조치)사항	
	측정값	규정값 (정비한계 값)	판정 (□에 '✔' 표)	정비 및 조치할 사항
연료압력 조절 밸브 듀티값	22%	20~25%	☑ 양호 □ 불량	없음
연료 온도 센서(FTS) 출력 전압	2.95V	2.5~3.5V	☑ 양호 □ 불량	없음
액셀 포지션 센서 (APS1 또는 APS2) 출력 전압	0.49V	센서 1 : 0.4~0.7V 센서 2 : 0.25~0.35V	☑ 양호 □ 불량	없음

2) 연료압력조절밸브 듀티값 측정

DRV 듀티값 측정은 파형으로 측정하는 방법과 진단장비를 이용한 센서출력 데이터 확인 방법이 있으나 대부분 시험장에서는 파형으로 듀티값 측정을 요구한다.

▶ 측정방법(HI–DS를 이용한 방법)

① 오실로스코프 1번 채널 흑색 프로브를 배터리 (−)단자에 연결한다.

② 오실로스코프 1번 채널 적색 프로브를 연료압력조절밸브 신호선에 연결한다.

> 참고　시험장 차량이 입·출구 동시 제어방식인 경우 펌프 측인지 레일 측 조절밸브인지를 감독위원에게 물어본 후에 측정한다.

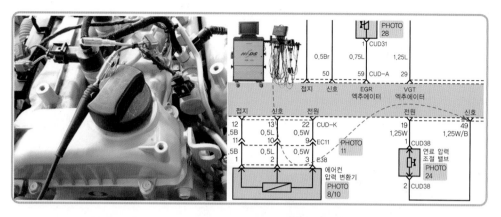

③ HI-DS 초기화면에서 오실로스코프 기능을 선택하여 클릭한다.

④ 채널 1번을 연결한 후 오실로스코프 상단의 환경 설정 아이콘 █을 클릭한다.

⑤ 환경 설정창에 전압, 샘플링 속도, 일반 등을 설정한 후 파형의 크기를 맞춘다.

- 화면 설정 : UNI / DC / 일반
- 전압 설정 : 20V
- 샘플링 속도 : 1.0ms/div

⑥ 차량의 시동을 걸고 화면의 적당한 위치에 트리거와 투커서를 설정하여 파형이 화면에 보기 좋게 만들어 준다.

⑦ 파형 분석이 아닌 듀티값 측정이므로 파형에서 한 주기 이상 투커서 A, B를 위치하여 듀티값을 읽고 기록한다.

▶ 분석(차종 : 아반떼 디젤 U-엔진-출구제어방식)

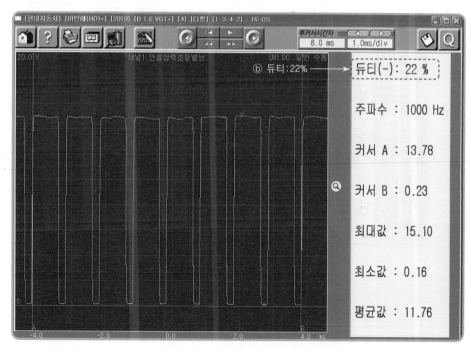

3) 연료온도센서 출력전압 측정(전압계를 이용한 측정방법)

① 연료온도센서 커넥터를 탈거하지 않은 상태에서 멀티미터를 센서 출력선에 연결한다.

② 엔진 시동 후 공회전 상태에서 온도센서 출력전압을 확인한다.(시험장에 따라 IG ON에서도 측정 가능)

③ 엔진 공회전 상태에서는 약 1.5~3.5V가 측정되고, IG ON 상태에서는 약 3.5~ 4.5V 정도 측정된다.

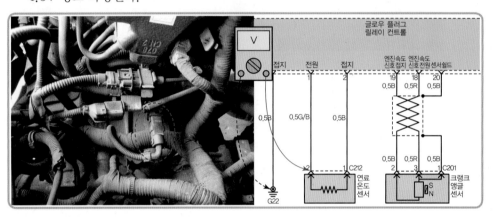

4) 액셀 포지션 센서(APS1 또는 APS2) 출력 전압 측정(전압계를 이용한 측정방법)

① 액셀 포지션 센서는 APS1, APS2로 나누어져 있으므로 시험위원에게 측정조건을 물어보고 진행한다.(센서 1, 2 및 전폐 시, 전개 시)

② 아래의 그림처럼 APS1, 2(APS2는 APS1의 1/2값으로 출력)의 특성을 잘 이해하고 전압계로 측정한다.

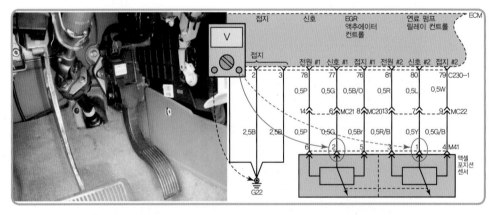

5) DRV 듀티 및 FTS, APS1센서 전압측정(HI-DS를 이용한 측정방법)

대부분의 시험장에서는 빠른 시험 진행을 위해 아래 그림과 같이 HI-DS를 이용한 방법을 요구하므로 여러 가지 측정방법의 연습이 필요하다.

① 오실로스코프 3개의 채널의 흑색 프로브를 배터리 (−)단자에 연결한다.

② 오실로스코프 1, 2, 3번 채널의 프로브를 연료압력조절밸브, 연료온도센서, 악셀포지션 센서 1 신호선에 각각 연결한다.

> **참고** 연료압력조절밸브는 시험장 차량에 따라 입·출구 동시 제어방식의 경우 펌프 측인지 레일 측 조절밸브 인지를 감독위원에게 물어본 후에 측정한다.

③ HI-DS 초기화면에서 오실로스코프 기능을 선택하여 클릭한다.

④ 오실로스코프 상단의 환경 설정 아이콘 █을 클릭한 후 환경 설정창에 전압, 샘플링 속도, 일반 등을 설정한 후 파형의 크기를 맞춘다.

  • 화면 설정 : UNI / DC / 일반

  • 전압 설정 : 20V

  • 샘플링 속도 : 1.5ms/div

⑤ 차량의 시동을 걸고 화면의 적당한 위치에 트리거와 투커서를 설정하여 파형이 화면에 보기 좋게 만들어 준다.

⑥ 기록표의 분석항목 3가지가 모두 화면에 나올 수 있도록 인쇄하여 기록한다.

▶ **분석(차종 : 아반떼 디젤 U−엔진)**

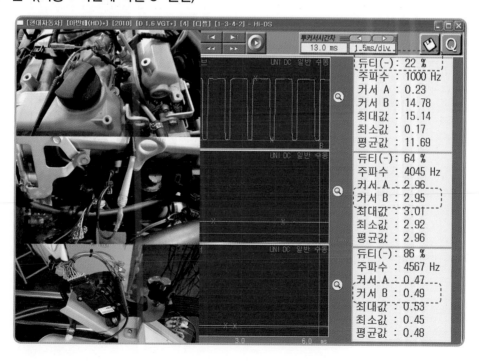

4-3. 공기유량센서 및 TPS 출력 전압 측정

1) 기록표 작성요령

항목	측정(또는 점검)			판정 및 정비(또는 조치)사항	
	측정값		규정값 (정비한계 값)	판정 (□에 '✔' 표)	정비 및 조치할 사항
공기유량센서 (MAP, AFS) 출력전압(파형)	최대값	4.12V		☑ 양호 □ 불량	없음
	최소값	1.05V			
TPS출력 전압(파형)	최대값	4.40V	최대값 4.25~4.7V		
	최소값	0.25V	최소값 0.1~0.8V		

2) 공기유량센서(MAP) 측정방법(GDS를 이용한 방법)

① GDS VMI 본체에 채널 프로브 CH-A, CH-B를 A, B포트에 각각 연결한다.

② CH-A 채널 프로브(빨간색)는 MAP센서 신호선에, CH-B 채널 프로브(노란색)는 TPS 신호선에 연결하고, 2개 프로브 접지는 센서 접지에 각각 연결한다.

③ GDS 초기화면에서 차종을 선택, 오실로스코프를 클릭한 후 화면 우측 상단의 전체 화면 파형 표시 모드 아이콘을 선택한다.

④ 오실로스코프 메인화면 하단에 2채널 모드로 선택하고 CH-A, CH-B를 클릭한다.

⑤ 오실로스코프 메인화면 좌측에 "환경설정" 바를 클릭하여 각 채널의 전압, 전류, 샘플링 속도, 피크 등 각각의 측정범위를 설정한다.

- 화면 설정 : UNI / DC / 일반
- 전압 설정 : 8V
- 샘플링속도 : 200ms

⑥ 차량의 시동을 걸고 파형이 출력되면 가속 시 값이 변하는지를 확인하고, 측정 조건인 급가속 시 작동 상태의 파형을 표출하여 정지시키고 최대값, 최소값을 출력물에 표시하고 기록표를 작성하여 제출한다.

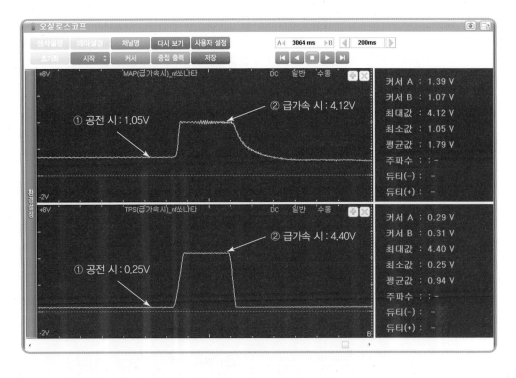

⑦ 공기유량센서(MAP) 출력전압은 최소값 1.05V, 최대값 4.12V이고, TPS 출력전압
   은 최소값 0.25V, 최대값 4.40V로 정상 파형을 나타내고 있다.

⑧ 파형을 제출하지 않는다면 전압계를 이용하여 측정해도 무방하다.

▶ 분석(차종 : NF쏘나타 가솔린 θ-엔진) 비정상파형

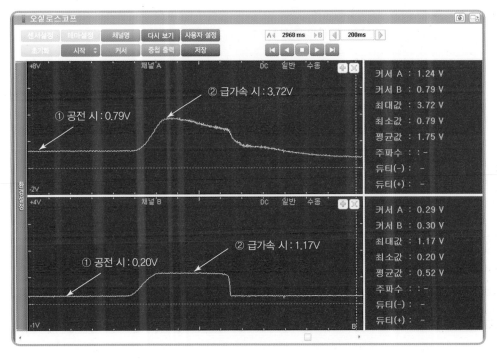

참고 급가속 시 앞과 같은 파형이 출력되었다면, TPS와 MAP 센서가 동일하게 응답이 늦고, 기준 전압의 최대값이 낮게 나오는 것으로 보아 스로틀이 고착되어 최대 전개가 되지 않는 고장으로 볼 수 있다.(KEY ON 시 스로틀을 전개시켜 TPS 값을 확인하여 고장 여부를 판단한다.)

3) 공기유량센서(MAFS) 출력파형(GDS를 이용한 방법)

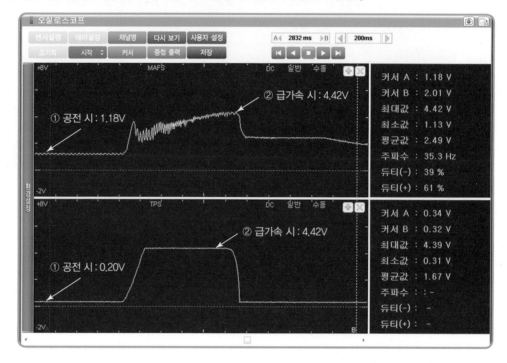

참고 MAFS 방식의 차량에서 급가속 시 공기유량센서 출력파형이다. 출력전압은 최소값 1.18V, 최대값 4.42V이고, TPS 출력전압은 최소값 0.20V, 최대값 4.42V로 정상 파형을 나타내고 있다.

05 고장수리(시동불량 및 부조)

5-1. 시동결함 및 부조 발생

1) 기록표 작성요령

항목	점검(원인 부위)	내용 및 정비(또는 조치)사항	
		원인 내용 및 상태	정비 및 조치 사항
시동 결함	ECU 퓨즈	퓨즈 단선	퓨즈 교환 후 재점검
	엔진 컨트롤릴레이	릴레이 코일 단선	릴레이 교환 후 재점검
부조 발생	1번 인젝터	인젝터 커넥터 탈거	커넥터 연결 후 재점검
	4번 점화플러그	점화플러그 간극 과소	플러그 간극 조정 후 재점검

① 시동불량(결함) 원인을 기록표에 기입한다.(시동 관련 퓨즈, 릴레이 단선, CKP, CMP센서 커넥터 탈거, 점화코일 커넥터 탈거 등)

② 기록표 작성 시 시동 결함 점검(원인 부위)과 원인 내용 및 상태, 정비 및 조치사항을 정확하게 구분하여 기입한다.

③ 시동 후 부조 발생 원인을 기록표에 기입한다.(고압케이블 탈거, 인젝터 커넥터 탈거, 점화코일 및 플러그 불량 등)

④ 기록표 작성 시 부조 발생 점검(원인 부위)과 원인 내용 및 상태, 정비 및 조치사항을 정확하게 구분하여 기입한다.

⑤ 시동 결함, 부조 발생 고장이 2가지일 경우 내용 기재 시 각각 구분하여 기입한다.

2) 시동불량 고장진단 방법

▶ 크랭킹은 가능하나 시동불량인 경우 고장진단 요령(차종 : EF쏘나타)

① 실차에서 크랭킹이 정상적으로 회전되면서 시동이 걸리지 않는 고장이라면 엔진컨트롤 회로를 이해하고 계통별로 나눠서 점검할 수 있는 접근방법을 찾아야 한다.

② 아래 엔진컨트롤 회로로 시동 관련 내용 분석 시 엔진컨트롤에 관련된 각종 센서나 액추에이터로 인가되는 전원의 분배를 살펴보면, 크게 2가지로 구분된다. 첫 번째는 엔진컨트롤 릴레이 작동 여부에 따라 전원을 공급받는지, 두 번째는 점화 키 스위치에서 직접 전원을 공급받는지를 구분할 수 있다.

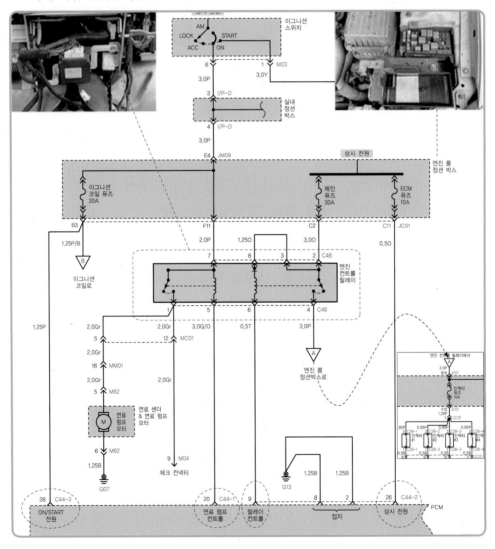

[점검 포인트]

ⓐ 엔진컨트롤 릴레이 작동은 엔진 PCM이 깨어 있는 상태(상시전원, KEY ON 전원, 접지)에서 KEY ON 시 PCM ON/START 전원 단자(C44-3 28번 단자)에 전원이 인가되면, 엔진컨트롤 릴레이 컨트롤 단자(C44-2 9번 단자)에 접지를 잡아 엔진컨트롤 릴레이가 작동되면서 각종 센서 및 액추에이터에 전원이 공급된다.

여기에서 점검 포인트는 8핀 엔진컨트롤 릴레이에서 인젝터 측(A)으로 전원이 출력되는 않는다면, 엔진 PCM에 상시전원, ON/START 전원 미인가로 의심하여 관련 퓨즈(ECM, 이그니션 코일)와 PCM 접지를 점검해야 할 것이다.

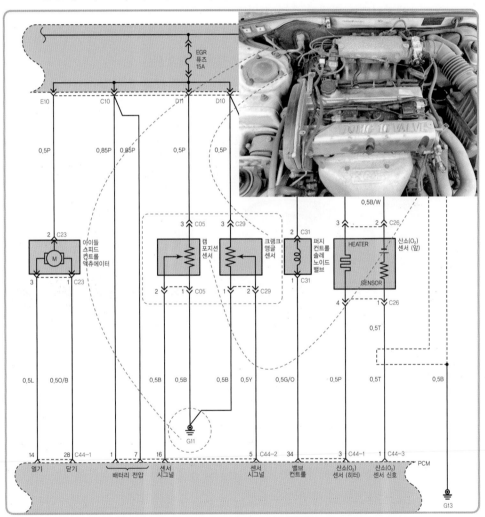

ⓑ 회로를 분석하지 않고 무작정 퓨즈와 릴레이 단품의 고장이라고 미리 판단하고 접근하다 보면 전혀 다른 방향으로 가게 되어 시간적 여유도 없어지면서 정확한 진단이 어려워질 수 있다.

위에서 설명한 내용으로 진단방법을 응용해 보면, 실차 엔진에서 KEY ON 시 점검하기 가장 쉬운 곳(인젝터)에서 엔진컨트롤 릴레이가 작동하는지 여부를 점검해야 한다. 만약, 작동하지 않으면 거꾸로 PCM이 깨어 있는지, 상시전원과 KEY ON 전원이 인가되는지, 퓨즈와 접지, 엔진컨트롤 릴레이 단품 등을 점검한다.

엔진컨트롤 릴레이 출력 전원과 KEY ON 전원을 점검하기 쉬운 곳은 엔진 상단에서 인젝터와 점화코일 커넥터의 전원 단자에서 직접 점검하면 전원 공급처를 분리하여 생각할 수 있어서 좋을 것으로 보인다.

참고 KEY ON 후 엔진룸에서 인젝터, 점화코일, 크랭크앵글 센서, 접지(G11) 등을 한 번에 점검하여 전원, 접지 문제인지 엔진컨트롤 릴레이 단품 문제인지를 구별하여 진단할 수 있다.

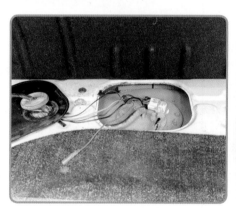

ⓒ 점화코일 전원과 엔진컨트롤 릴레이가 정상적으로 작동한다면, 연료펌프가 작동하는지 여부를 점검해야 한다. 연료펌프 릴레이에 인가되는 전원은 키스위치에서 출력되며, 연료펌프 릴레이가 작동하기 위해서는 PCM을 연료펌프 릴레이 컨트롤 단자(C44-1 20번 단자)에 접지해야 한다. PCM은 크랭크앵글 센서에서 엔진 회진수가 감지되면 연료펌프 릴레이를 작동시키게 되므로, 점검 시 반드시 엔진을 회전시키면서 전원이 인가되는지를 점검해야 한다.(실차에서는 관리원의 도움을 받아 트렁크 내부에서 측정)

연료펌프 단품 고장까지 한 번에 점검할 수 있는 방법은 후크 타입의 전류계를 이용하여 전류량을 측정하는 것으로, 정확한 진단 및 시간 절약이 가능하다.

3) 엔진부조 고장진단 방법

▶ 시동 후 부조 발생의 경우 고장진단 요령-가솔린

① 파워밸런스 테스트를 한다.(플러그를 하나씩 빼보는 것, 그냥 케이블을 빼거나 인젝터 커넥터를 탈거해봐도 된다. 아니면 스캐너로 통신하여 인젝터를 강제구동하면 하나씩 정지시켜볼 수 있다.)

> 참고 이러한 테스트를 하는 이유는 공통 부조인지 한 개 실린더 부조인지를 나눠야 하기 때문이다. 부조는 여기서 출발하는 것이다. 기통을 하나씩 죽여 봤더니 하나씩 줄일 때마다 더 많이 흔들리는 현상이 모두 똑같다면 공통 부조인 것이고, 만약 어느 한 기통에서 유독 심하게 흔들리고 시동이 꺼질 듯하면 그 실린더와 관련된 부분에 문제가 있는 것이다.

② 공통 부조일 경우

> 참고 공통 부조는 난도가 높아 출제율이 낮은 편이므로 출제 가능성이 있는 몇 가지만 숙지하면 된다.

　㉠ TPS 출력전압 확인

> 참고 공회전에서 0.3~0.4V가량 나와야 한다. TPS는 틀어놓는 경우가 있다. 그러면 전압이 너무 낮거나 높게 나올 것이다.

　㉡ AFS, MAP센서 출력전압 확인

> 참고 공회전에서 0.8~1.2V가량 나오면 된다. 배선에 저항을 숨겨놓는다든지 할 수 있다.

　㉢ ISA 듀티 확인

> 참고 ISA 듀티는 공회전에서 약 30% 내외가 나온다. 너무 높거나 낮으면 ISA 불량이거나 흡입공기 계통에 문제가 있을 수 있다.

　㉣ PCSV 확인(PCSV가 열려 있으면 부조 가능)

　㉤ 만약 공회전 RPM이 지나치게 높을 경우는 도둑공기가 들어올 가능성이 많다. 이 경우에는 흡기 매니폴드나 흡기 덕트, 진공호스 등이 빠져 있는지를 먼저 확인한다.

③ 단일 실린더 부조일 경우

> 참고 부조 관련 문제 중 출제율이 가장 높은 부분이다.

　㉠ 인젝터 고장 : 전원 12V 점검, 제어선 파형을 점검해서 정상이면 인젝터 저항을 측정해서 고장을 찾아내면 된다.

　㉡ 점화장치 고장 : 점화 1차나 2차 파형을 측정해서 피크전압이 다른 실린더보다 지나치게 높으면 플러그 간극 과다일 것이고 피크전압이 정상적이면서 점화시간이 짧으면 코일 쪽을 의심할 수 있다. 어쨌든 코일 저항을 측정해보고 파형 측정하면 어느 정도 잡힌다. 물론 점화코일에 전원 공급 안 되면 당연히 퓨즈나 배선 점검하면 된다.

Master Craftsman
Motor Vehicles Maintenance
자동차정비기능장 실기(작업형)

02

전기

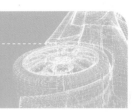
1-1. 시동모터

① 배터리에서 (-)단자 터미널을 분리한다.

② 차종에 따라 에어덕트 및 에어크리너 어셈블리를 탈거한다.

③ 솔레노이드 "B" 터미널로부터 스타터 케이블 (A)을 분리하고 "S" 터미널로부터 커넥터(B)를 분리한다.

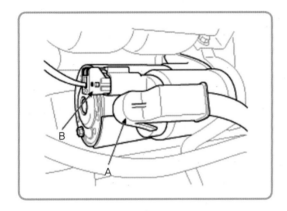

④ 스타터(A)를 탈거한다.

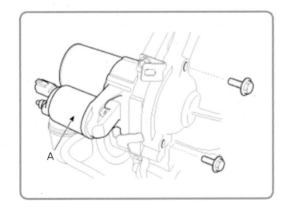

⑤ 장착은 분리의 역순으로 행한다.

1-2. 와이퍼 모터

① 와이퍼 캡(A)을 분리한 후 와이퍼 암 장착 너트(B)를 푼다.

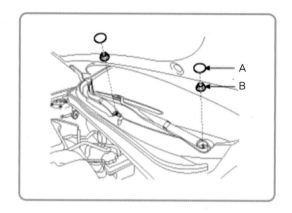

② 윈드쉴드 와이퍼 암과 브레이드(A)를 탈거한다.

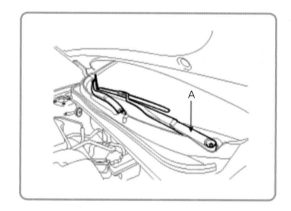

③ 웨더스트립을 분리한 후 장착 리벳(3개)을 풀고 카울탑 커버(A)를 분리한다.

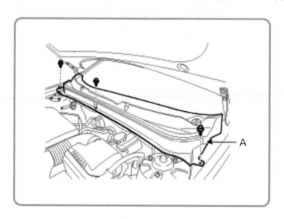

④ 와이퍼 모터 커넥터(A)를 분리한다.

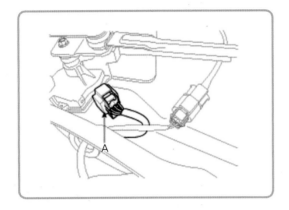

⑤ 와이퍼 모터 & 링크 어셈블리(A) 장착 볼트 2개를 풀고 탈거한다.

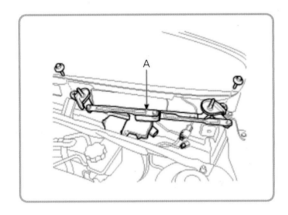

⑥ 와이퍼 모터 & 링크 어셈블리에서 크랭크 암을 고정하고 상단 링크(A)를 탈거한다.

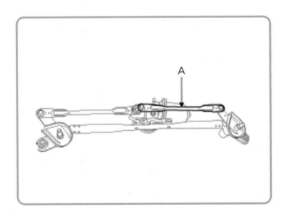

⑦ 너트를 풀고 크랭크 암(A)을 탈거한다.

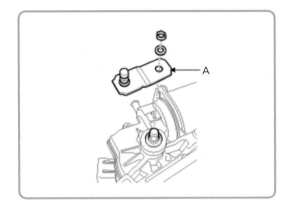

⑧ 볼트(2개)를 탈거한 후 와이퍼 모터(A)를 탈거한다.

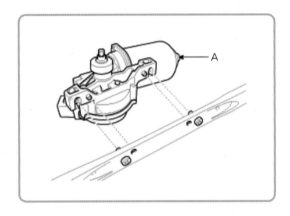

1-3. 에어컨 콘덴서

① 회수, 재생, 충전기로 냉매를 회수한다.
② 배터리 (−)단자를 분리하고, 에어덕트(A)를 분리한다.

③ 체결볼트를 푼 후, 라디에이터 브래킷(B)을 분리한다.

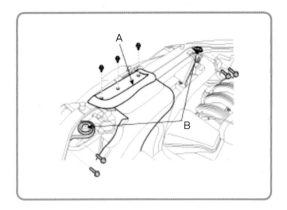

④ 너트(A)를 푼 후 콘덴서에서 디스차지 라인과 콘덴서 라인을 분리한다.

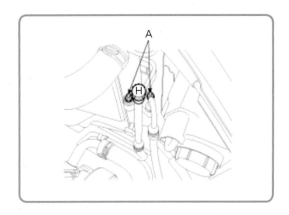

⑤ 볼트(A)를 푼 후, 콘덴서(B)를 위로 들어 올려 분리한다. 콘덴서를 분리할 때 라디에이터와 콘덴서 핀에 충격이 없도록 주의한다.

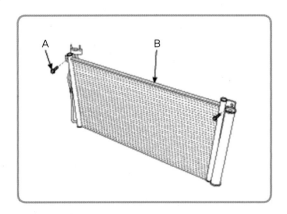

⑥ 분리의 역순으로 장착한다.

1-4. 발전기 및 벨트

① 배터리에서 (−)단자 터미널을 먼저 분리한 다음 (+)단자 터미널을 분리한다.

② 육각 렌치를 이용하여 오토 텐셔너 풀리(A)를 반시계 방향으로 돌리면서 드라이브
벨트(B)를 탈거한다.

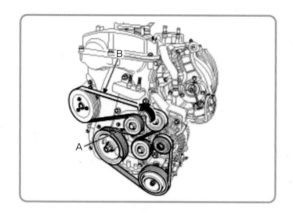

③ 알터네이터 커넥터(A)를 분리하고, 알터네이터 "B" 터미널로부터 케이블(B)을 분리
한다.

④ 관통 볼트를 풀고 알터네이터(A)를 탈거한다.

⑤ 장착은 탈거의 역순으로 행한다.

1-5. 라디에이터 팬

① 배터리 (-)터미널을 분리한다.

② 에어클리너 어셈블리를 탈거한다.

③ 팬 모터 커넥터(A)를 탈거한다.

④ 라디에이터 상부 호스 클립(B)을 탈거한다.

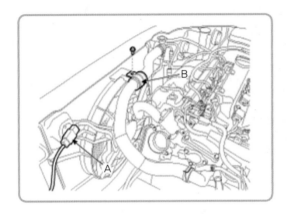

⑤ 쿨링 팬 어셈블리(A)를 탈거한다.

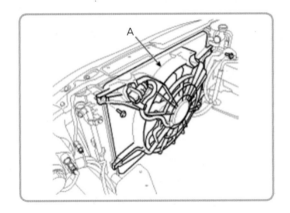

⑥ 장착은 탈거의 역순으로 행한다.

1-6. 파워 윈도 레귤레이터

① 프런트 도어 트림 탈거 후 윈도 글라스를 탈거한다.

② 프런트 도어 "파워 윈도 레귤레이터" 어셈블리 장착 너트를 풀고 커넥터(A)를 분리한다.

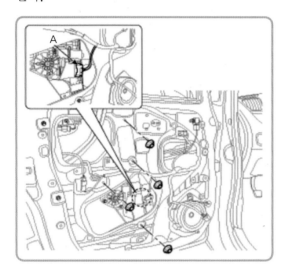

③ 프런트 도어 패널에서 프런트 도어 파워 윈도 레귤레이터 어셈블리(A)를 탈거한다.

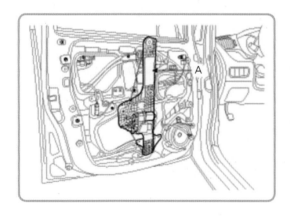

④ 장착은 탈거의 역순이다.

1-7. 에어컨 컴프레서

① 배터리 (−)단자를 분리한다.

② 회수/재생/충전기로 냉매를 회수한다.

③ 드라이브 벨트를 푼다.

④ 컴프레서의 석션 라인(A)과 디스차지 라인(B) 연결 너트를 분리하고 라인을 분리한다. 라인을 분리할 때는 즉시 플러그나 캡을 씌워 습기와 먼지로부터 시스템을 보호한다.

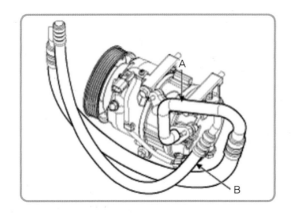

⑤ 컴프레서 클러치 커넥터(A)를 분리하고 마운팅 볼트와 컴프레서(B)를 분리한다.

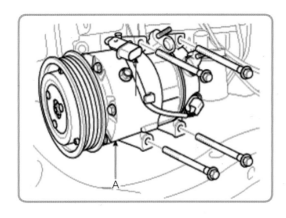

⑥ 장착은 탈거의 역순으로 행한다.

1-8. 블로어 모터

① 배터리에서 (−)단자를 분리한다.

② 크러쉬 패드 로어 패널(A)을 탈거한다.

③ 블로어 모터 커넥터(A)를 분리한다.

④ 블로어 모터(B)를 분리한다.

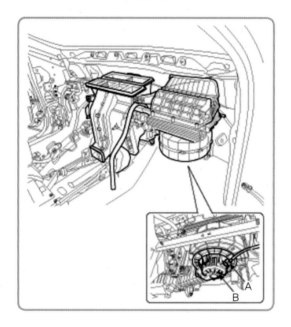

⑤ 분리의 역순으로 장착한다.

1-9. 중앙집중제어장치

① 배터리에서 (−)단자 터미널을 분리한다.

② 플로어 콘솔을 분리한다.

③ 보디 컨트롤 모듈 장착 너트 2개, 수신기 안테나 케이블 및 커넥터를 분리한 후 보디
　컨트롤 모듈(A)을 분리한다.

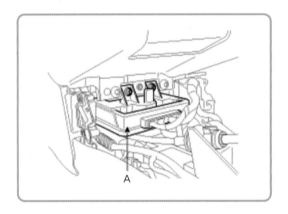

④ 장착은 분리의 역순으로 한다.

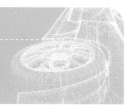

02 측정

02 전기

2-1. 부하시험 측정

1) 기록표 작성요령

항목	측정(또는 점검)		판정 및 정비(또는 조치)사항	
	측정값		판정 (□에 '✔' 표)	정비 및 조치할 사항
부하 시험	크랭킹 시 방전 전류량	배터리와 시동 모터간 전압강하	☑ 양호 □ 불량	없음
	110A	0.15V		

2) 크랭킹 시 방전전류량 측정

▶ 측정(차종 : 포르테)

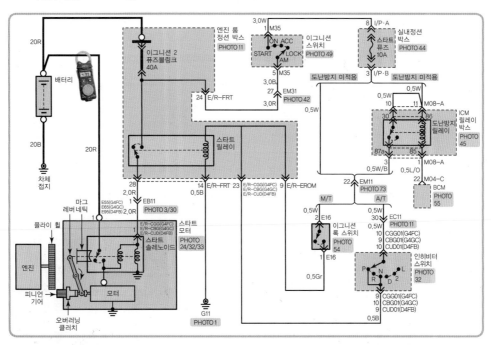

① 전류계를 준비한 후 시험장에 있는 시뮬레이터 기관의 배터리에서 시동모터 측으로
연결되는 B(+) 배선(배터리 측)에 전류계의 영점을 조정한 후 연결한다.

2장·측정 | **87**

② 크랭킹 시간은 10초를 넘지 않도록 한다.

③ 크랭킹 초기에는 돌입전류가 흘러 과도한 양의 전류가 측정되므로, 전류가 급상승된 직후 안정되는 시점에서 값을 읽고 기록한다.

④ 전류 소모는 축전지 용량의 3배 이하로 적용하여 판정한다.(60A×3=180A 이하)

3) 배터리와 시동모터 간 전압강하 측정

배터리와 시동모터 간 전압강하 측정은 선간전압 측정으로 연결이 정상적으로 되어 있는 회로에서 부하가 없는 선의 양끝 점에 전압계를 설치하며 이때 나오는 전압값을 의미한다.

① 전압계를 준비하여 멀티미터 (+)리드 선을 배터리 (+)단자에 연결하고 멀티미터 (−)리드 선을 기동전동기 B단자에 연결한다.(시동모터 간 전압강하 측정)

② 엔진을 크랭킹하면서 전압값을 읽는다.(10초 이상 크랭킹 금지)

③ 이때 측정값이 12V가 나오면 단선이고, 0V가 나오면 측정구간 내에는 저항성분이 없다는 의미다.

④ 선간전압 측정 시 일반적으로 1.2V 이상이 나온다면 측정구간에 저항성분이 보통 차량보다 많다는 뜻으로 측정구간을 줄여가며 불량 부위를 찾아내야 한다.

⑤ 일반적으로 선간전압의 경우 배터리 (+)단자에서 램프 (+)단자까지 전압을 측정하여 0.6~1.2V 이하이면 정상이다.

▶ 측정(차종 : K3 시뮬레이터)

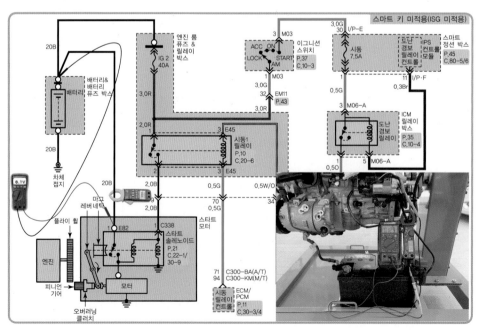

2-2. 냉매 압력과 토출온도 측정

1) 기록표 작성요령

위치	측정 항목	측정(또는 점검)				판정 및 정비(또는 조치)사항	
		측정값		규정값 (정비한계 값)		판정 (□에 '✔' 표)	정비 및 조치할 사항
냉매 압력 과 토출 온도	저압	압력	1.6kg/cm²	압력	2~4kg/cm²	□ 양호 ☑ 불량	A/C 가스 부족 보충 후 재점검
	고압	압력	6.7kg/cm²	압력	15~18kg/cm²		
	토출 온도	압축기 작동 시	20℃	압축기 작동 시	5~15℃	□ 양호 ☑ 불량	
		압축기 비작동 시	20℃	압축기 비작동 시	20~25℃		

2) 냉매 압력 측정 및 토출온도 측정

① 측정 차량에 기관 정지 후 회수 충전기의 매니폴드 게이지를 연결한다.

② 차량의 저압, 고압 라인을 확인하고 게이지 청색을 저압 라인에, 적색을 고압 라인에 연결한다.

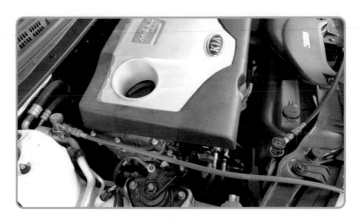

③ 엔진 시동 후 설정온도 최대냉방(17℃), 송풍팬을 1단으로 에어컨을 가동한다.

④ 엔진 회전수를 1,200~1,800rpm으로 유지시킨 후, 고저압 게이지의 눈금을 읽고 기록한다.(1.6kg/cm², 6.7kg/cm²)

⑤ 규정(정비한계)값은 정비지침서에서 찾아 기입하고, 지침서가 없는 경우는 감독위원에게 물어서 기재한다.

> 참고 규정값의 압력 단위를 기준으로 하여 회수 충전 장비의 압력 단위가 다를 경우 단위를 환산하여 기재하여야 한다.(psi → kgf/cm²인 경우는 0.07을 곱함, psi → kg/cm²인 경우는 bar로 환산)

⑥ 토출온도 측정은 측정조건 및 위치를 확인하고 토출구에 온도계를 삽입하여 온도를 측정한 후 기재한다.

2-3. 블로어 모터 전압/전류 측정

1) 기록표 작성요령

항목		측정(또는 점검)	판정 및 정비(또는 조치)사항	
		측정값	판정 (□에 '✔' 표)	정비 및 조치할 사항
블로어 모터	작동전압	11.25V(최고단)	☑ 양호 □ 불량	없음
	작동전류 (최대전류)	15.7A(최고단)		

2) 블로어 모터 작동전압 및 전류측정

① 작동전압 측정은 준비된 전압계를 사용하여 블로어 모터 커넥터 양단에 연결한다.

② 멀티미터 (+)리드 선은 IG ON 전원선에, (−)리드 선은 블로어 레지스터(파워 TR) 배선에 연결한다.

③ 준비된 전류계를 영점 조정한 후 멀티미터 (+)리드 선을 연결했던 IG ON 전원선에 훅 미터를 설치한다.

④ 시험장의 측정조건에 따라 IG ON 후 블로어 모터의 풍량을 최고 단으로 작동시킨다.

⑤ 이때 작동전압(11.25V)과 작동 시 최대전류(15.7A)를 전압계와 전류계를 보고 기재한다.

▶ 측정(차종 : EF 쏘나타)

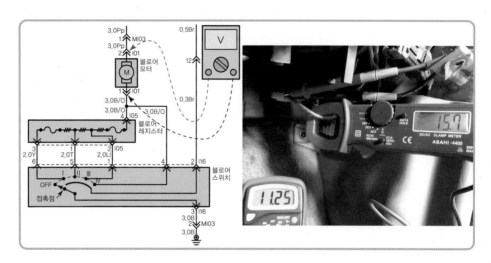

▶ 키르히호프의 법칙 이해(2법칙 : 에너지보존의 법칙)

1) 회로의 각 저항에서 발생한 전압강하의 합은 전원전압의 크기와 같다는 법칙, 주로 직렬회로의 전압특성을 이해하는 데 유용하다.

　– 전류는 회로의 저항을 거치면서 에너지를 소비하여 전압이 떨어지는 전압강하 발생

　– 아래 그림과 같이 각 저항에서 발생한 전압강하의 합은 회로에 가해진 전원전압의 크기와 같음

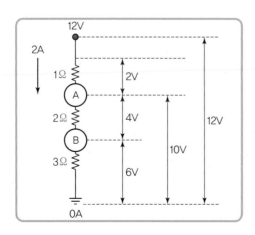

2) 전압강하 : 전류가 흐를 때 저항에 의해 에너지가 소비되고, 이 때문에 저항에 비례하여 전압이 떨어지는(배분되는) 현상이다.

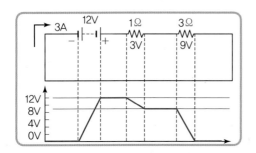

위의 회로 그림에서 전압은 2개의 저항에 의해 전압강하가 발생하며, 각 저항의 전압 강하 전압을 구하면,

① 합성저항 : 1Ω + 3Ω = 4Ω
② 전체전류 : 12V / 4Ω = 3A
③ 각 저항의 전압강하값을 구하면,
  • R1 : 1Ω × 3A = 3V
  • R2 : 3Ω × 3A = 9V가 나온다.

3) 전압강하의 특징을 살펴보면 다음과 같다.
  ① 전기회로의 고장 원인 중 하나
  ② 전류가 흐를 때만 발생
  ③ 회로에 존재하는 저항의 크기에 비례하여 발생
  ④ 소전류회로보다 대전류회로에 치명적인 영향을 미침
  ⑤ 회로진단 시 저항을 측정하는 것보다 전압강하를 측정하는 것이 효과적

4) 일반적인 전압강하의 현상을 아래 회로 그림에서 확인할 수 있다.

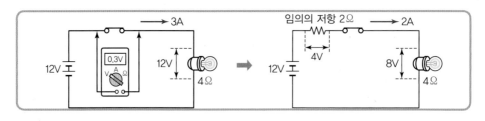

5) 작은 전류가 흐르는 곳에서의 전압강하의 경우 아래 회로 그림에서 확인할 수 있다.

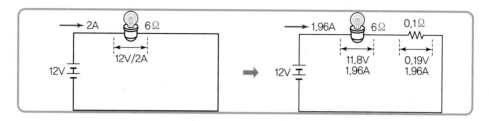

6) 큰 전류가 흐르는 곳에서의 전압강하의 경우 회로에 큰 영향을 미치는 결과를 아래 회로 그림에서 확인할 수 있다. 즉, 큰 전류가 흐르는 회로에서 발생한 접촉저항은 회로에 큰 영향을 미치므로 주의해야 한다.

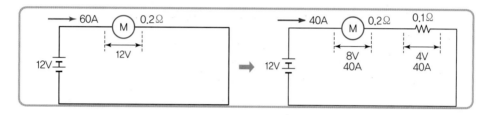

2-4. 암전류 및 발전전류 측정

1) 기록표 작성요령

항목	측정(또는 점검) 상태		판정 및 정비(또는 조치)사항	
	측정값	규정(기준)값 (정비한계 값)	판정 (□에 '✔' 표)	정비 및 조치할 사항
암전류	0.01A	0.05A 이하	☑ 양호 □ 불량	없음
발전기 출력 전류	82.9A	70A 이상		

2) 암전류 측정

모든 전기부하를 OFF 상태임에도 방전하는 전류이며, 퓨즈를 차례로 탈거하면서 전력 소모가 많은 부분을 추적한다.

배터리 용량의 30%가 방전 시 시동성이 나빠지는 시점이므로 방전전류를 통해 시동성이 어려운 시점을 예측할 수 있다.

참고 60Ah의 배터리가 3A로 방전 시 : 60Ah×0.3 = 18Ah이고 18Ah÷3A = 6h이므로, 6시간 후 시동성이 나빠진다고 볼 수 있다.

① 모든 전기장치 및 점화 스위치를 OFF한다.

② 하차 후 도어를 닫고 30초 이상 대기한다.(신차의 경우는 리모컨으로 Lock한다.)

③ 멀티미터 레인지를 전류(10A)로 설정하고 (+)리드 선을 전류 단자에 삽입한다.

④ 배터리 (−)단자에 멀티미터 (−)리드 선을 연결한다.(시험장에서는 대부분 점프 와이어 설치를 생략하고 진행한다.)

⑤ 차종에 따라 1~2분 기다린 후 전류값을 읽고 기재한다.(0.01A)

3) 발전기 출력(발전)전류 측정

출력전류 : 발전기에서 발전하는 전류 = 부하전류 + 충전전류(발전기 용량의 70% 이상)
발전기는 소모하는 전류만큼만 발전하므로 전기적 부하를 모두 작동시키고, 회전수가 높으면 전압이 높아져 전류가 더 많이 흐르므로 엔진의 회전수를 2,000~3,000rpm으로 유지하면서 측정한다.

※ 시험장에 따라 전기부하의 측정조건이 다를 수 있으므로 제시한 조건으로 측정한다.

① 준비된 차량에서 시동을 걸고 엔진을 워밍업 한다.

② 전류계를 영점조정 후 발전기 출력단자(B단자)배선에 연결한다.

③ 차량의 모든 전기부하를 작동시킨다.(에어컨 ON, 블로어 최고단, 전조등 상향, 열선, 기타 전기장치)

④ 엔진 회전수를 시험장의 작동조건에 맞춰 측정한다.(공회전 또는 2,500rpm)

⑤ 전류값이 안정되었을 때 전류계에 측정된 값을 기록한다.(82.9A)

▶ 측정(차종 : 포르테)

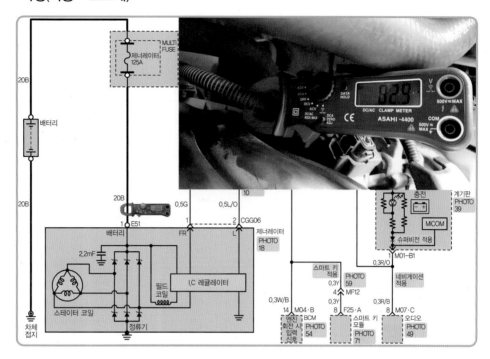

2-5. 라디에이터 팬 모터 전압/전류 측정

1) 기록표 작성요령

항목		측정(또는 점검)				판정 및 정비(또는 조치)사항	
		측정값		규정값 (정비한계 값)		판정 (□에 '✔' 표)	정비 및 조치할 사항
라디에이터 팬 모터	전압	HIGH	11.13V	HIGH	11~13V	☑ 양호 □ 불량	없음
		LOW	11.44V	LOW	11~13V		
	전류	HIGH	3.7A	HIGH	2~6A		
		LOW	4.5A	LOW	2~6A		

2) 라디에이터 팬 모터 전압 및 전류 측정

▶ 측정(차종 : EF 쏘나타)

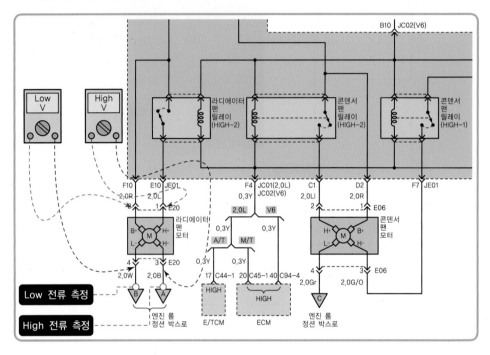

① 준비된 차량에 진단기(HI-DS 스캐너), 전압계, 전류계를 설치한다.

② 먼저 위의 회로도에서처럼 라디에이터 팬 모터 High 회로(커넥터 1, 3번)에 전압계를, 3번 단자 배선에 전류계를 연결한다.

③ IG ON 후 진단기(HI-DS 스캐너)를 사용하여 액추에이터 구동을 실시하고, 라디에이터 팬을 High로 구동시킨다.

④ 라디에이터 팬이 안정적으로 구동된 후 전압과 전류값을 읽고 기재한다.

⑤ 라디에이터 팬 모터 Low 회로(커넥터 2, 4번)에 전압계를, 4번 단자 배선에 전류계를 연결한다.

⑥ 진단기(HI-DS 스캐너)를 사용하여 액추에이터 구동을 실시하고, 라디에이터 팬을 Low로 구동시킨 후 전압과 전류값을 읽고 기록한다.

3) 기록표 작성요령(차종 : 포르테)

위치	측정 항목	측정(또는 점검)		판정 및 정비(또는 조치)사항	
		측정값	규정값	판정 (□에 '✔' 표)	정비 및 조치할 사항
라디에이터 팬 모터 (구동 시)	작동 전압	12.6V	12~13V	☑ 양호 □ 불량	없음
	작동 전류	9.1A	8~12A		

▶ 측정(차종 : 포르테)

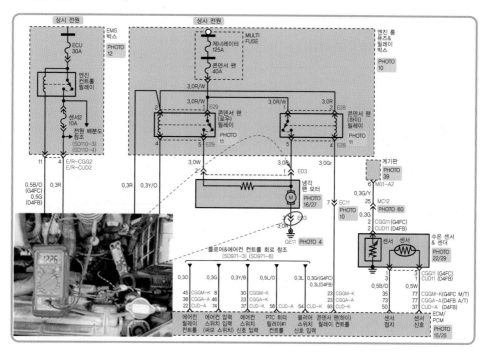

① 준비된 차량에 진단기(HIDS 스캐너), 전압계, 전류계를 설치한다.

② 위의 회로도에서처럼 라디에이터 냉각팬 모터 커넥터 E03 1번(High)에 전압계 (+) 리드선을, E03 3번 단자에 접지 리드선을 연결하고, E03 3번 배선에 후크 타입 전류계를 설치한다.

③ IG ON 후 진단기(HI-DS 스캐너)를 이용하여 액추에이터 구동을 실시, 라디에이터 냉각팬을 고속으로 구동시키고, 냉각팬이 안정적으로 구동된 후 High 작동 시 전압과 전류값을 읽고 기재한다.(12.26V, 9.1A)

④ 라디에이터 냉각팬 모터 커넥터 E03 2번(Low)에 전압계 (+)리드선을, E03 3번 단자에 접지 리드선을 연결하고, E03 3번 배선에 후크 타입 전류계를 설치한다.

⑤ IG ON 후 진단기(HIDS 스캐너)를 이용하여 액추에이터 구동을 실시, 라디에이터 냉각팬을 저속으로 구동시키고, 냉각팬이 안정적으로 구동된 후 Low 작동 시 전압과 전류값을 읽고 기재한다.

2-6. 충전전압 및 전류 측정

1) 기록표 작성요령

항목		측정(또는 점검)		판정 및 정비(또는 조치)사항	
		측정값	규정값 (정비한계 값)	판정 (□에 '✔' 표)	정비 및 조치할 사항
충전 시스템	충전 전압	무부하 시 13.2V	12~14V	☑ 양호 □ 불량	없음
		부하 시 13V	12~14V		
	충전 전류	무부하 시 3.1A	0~15A		
		부하 시 9A	0~15A		

2) 충전전압/전류 측정

충전전류 : 배터리에 충전하는 전류 = 발전전류 - 부하전류

(공전기준 5~10분 후 2~3A, 배터리 충전 완료 시 0A)

▶ 측정(차종 : 포르테)

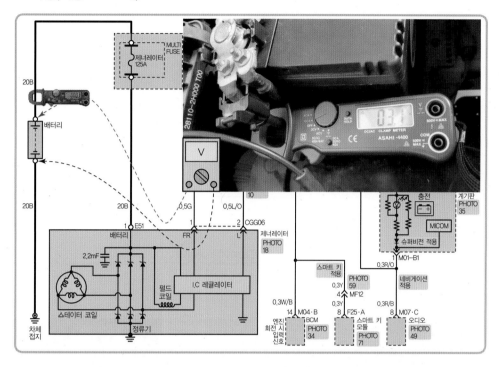

① 준비된 차량에서 시동을 걸고 엔진을 워밍업한다.

② 위의 그림처럼 전압계를 배터리 (+)단자와 (−)단자에 연결하고, 전류계는 영점을 조정하여 방향 확인 후 배터리 (+)단자 연결 배선에 설치한다.

③ 이때 전압과 전류값을 읽고 기재한다.(모든 전기 부하를 작동시키지 않은 무부하 상태)

④ 설치된 전압계와 전류계를 그대로 둔 상태에서 차량의 모든 전기 부하를 작동시킨다.(에어컨 ON, 블로어 최고단, 전조등 상향, 열선, 기타 전기장치)

⑤ 엔진의 회전수를 시험장의 작동 조건에 맞춰 측정한다.(공회전 또는 2,500rpm)

⑥ 전류값이 안정되었을 때 전압과 전류계에 측정된 값을 기록한다.

2-7. 와이퍼 작동 시 전압 측정

1) 기록표 작성요령

항목		측정(또는 점검) 상태		판정 및 정비(또는 조치)사항	
				판정 (□에 '✔' 표)	정비 및 조치할 사항
와이퍼	LOW 모드 시 작동전압	전압	0.03V	☑ 양호 □ 불량	없음
	와셔모터 작동전압	전압	0.14V		

2) LOW 모드 시 및 와셔모터 작동전압 측정

▶ 측정(차종 : EF 쏘나타)

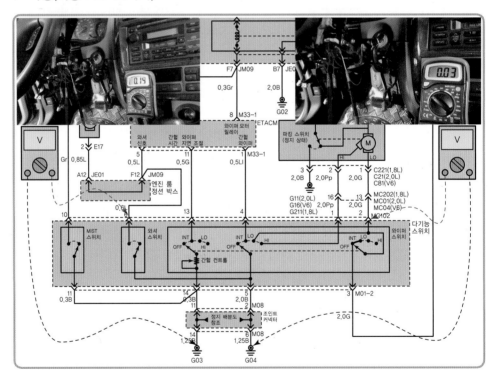

① 준비된 차량에서 IG ON 후 다기능스위치 커넥터 2번 단자에 디지털 멀티미터를 설치하고, 와이퍼 Low 모드 작동 시 전압값을 측정한다.(0.03V)

② 와셔모터 작동전압은 다기능스위치 커넥터 6번 단자에 멀티미터를 설치하고, 와셔모터 스위치를 작동 시 전압값을 측정하여 기록한다.(0.14V)

2-8. 도어 액추에이터 작동 시 전압 측정

1) 기록표 작성요령

항목	측정(또는 점검)		판정 및 정비(또는 조치)사항	
	측정값	규정값 (정비한계 값)	판정 (□에 '✔' 표)	정비 및 조치할 사항
도어 액추에이터	Lock 시 전압　11.3V	11~13V	☑ 양호 □ 불량	없음
	Un-Lock 시 전압　12.3V	11~13V		

2) Lock/Un-Lock 시 전압 측정

▶ 측정(차종 : 뉴 EF 쏘나타)

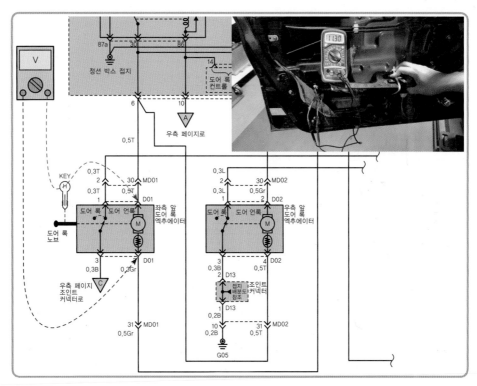

① 준비된 차량에서 도어 Lock/Un-Lock 작동 조건인 상태(KEY OFF, DOOR S/W ON)에서 도어록 액추에이터 커넥터 2번, 4번 양단에 디지털 멀티미터를 설치하고, 메인 파워스위치에 도어록/언록 노브를 사용하여 도어록/언록 작동 시 전압을 측정한다.(11.3V)

② 동일한 커넥터 단자에 디지털 멀티미터 리드선을 반대로 연결한 후, 메인 파워스위치에 도어록/언록 노브를 사용하여 도어 언록 작동 시 전압을 측정한다.(12.3V)

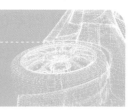
3-1. 파워 윈도/전조등/와이퍼 회로점검(차종 : EF쏘나타)

1) 기록표 작성요령

항목	점검(또는 측정)		정비 및 조치 사항
	고장부분	내용 및 상태	
파워 윈도 회로	파워 윈도 메인스위치	메인스위치 커넥터(D04) 탈거	D04 커넥터 연결 후 재점검
전조등 회로	전조등 퓨즈	좌측 전조등 퓨즈(15A) 단선	퓨즈 교환 후 재점검
와이퍼 회로	다기능 스위치	스위치 접지(G04) 단선	접지(G04) 연결 후 재점검

2) 파워 윈도 회로점검

① 파워 윈도 회로도를 바탕으로 관련 퓨즈 단선 여부 및 커넥터 탈거 상태를 육안으로 점검한다.

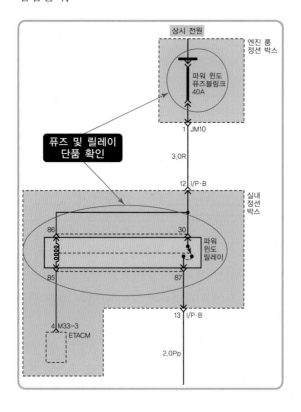

② 전원 점검 시 파워 윈도 작동 흐름을 잘 이해하여 순서대로 점검한다.(데 메인퓨즈, 파워 윈도 릴레이, 파워 윈도 (좌, 우) 퓨즈 순으로 점검한다.)

③ 아래의 그림처럼 파워 윈도 메인스위치에 커넥터 삽입 상태 및 관련 접지를 확인한다.

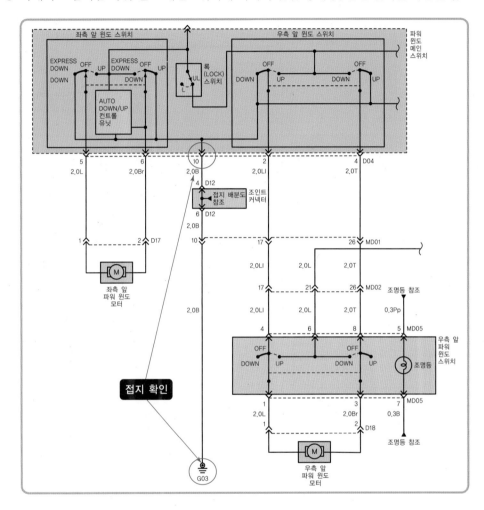

④ 회로점검 시 간단한 고장이므로 전압계보다는 전구 테스터를 사용하여 빠른 진단을 하여야 한다.(작업별 시간이 주어지기 때문에)

⑤ 고장원인을 찾을 경우 시험위원에게 반드시 물어보고 다음 단계를 진행한다.

3) 전조등 회로점검

① 전조등 회로도를 바탕으로 관련 퓨즈 단선 확인 및 커넥터 탈거 상태를 육안으로 점검한다.

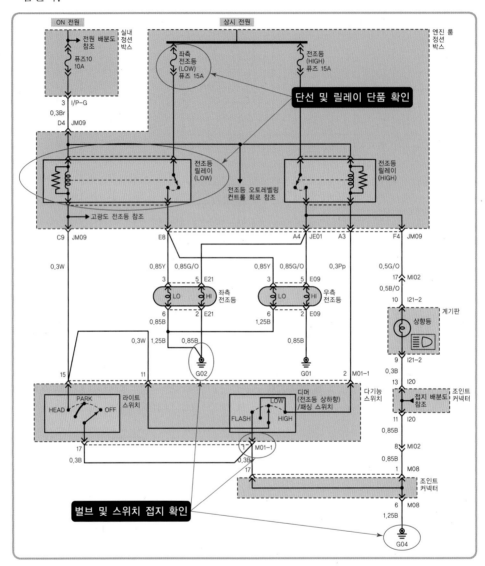

② 전원 점검 시 전조등 작동 흐름을 잘 이해하여 순서대로 점검한다.(예 메인퓨즈, 전조등 릴레이, 전조등 (좌우) 퓨즈 순으로 점검한다.)

③ 전조등 스위치 및 헤드램프에 연결된 접지를 확인한다.

④ 회로점검 시 간단한 고장이므로 전압계보다는 전구 테스터를 사용하여 빠른 진단을 하여야 한다.(작업별 시간이 주어지기 때문에)

⑤ 고장원인을 찾을 경우 시험위원에게 반드시 물어보고 다음 단계를 진행한다.

4) 와이퍼 회로점검

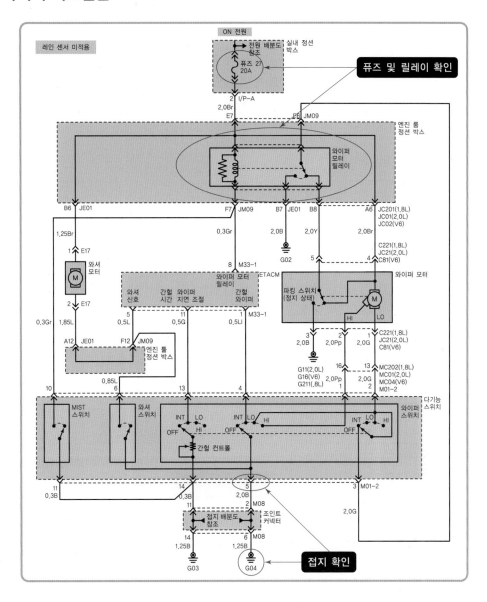

① 와이퍼 회로도를 바탕으로 관련 퓨즈 및 커넥터 탈거 상태를 육안으로 점검한다.

② 전원 점검 시 와이퍼 작동 흐름을 잘 이해하여 순서대로 점검한다.(⑩ 퓨즈, 와이퍼 릴레이 순으로 점검한다.)

③ 와이퍼 스위치 및 와이퍼 모터에 연결된 접지를 확인한다.

④ 회로점검 시 간단한 고장이므로 전압계보다는 전구 테스터를 사용하여 빠른 진단을 하여야 한다.(작업별 시험 시간이 주어지기 때문에)

⑤ 고장원인을 찾을 경우 시험위원에게 반드시 물어보고 다음 단계를 진행한다.

3-2. 에어컨 및 공조/방향지시등/블로어모터 회로점검

1) 기록표 작성요령

항목	점검(또는 측정)		정비 및 조치 사항
	고장부분	내용 및 상태	
에어컨 및 공조회로	A/C 컴프레서	A/C 컴프레서 커넥터(C272) 탈거	A/C 컴프레서 커넥터 연결 후 재점검
방향지시등 회로	비상등 스위치	비상등 스위치 커넥터(113) 탈거	비상등 스위치 커넥터 연결 후 재점검
블로어 모터 회로	블로어 모터	블로어 레지스터 커넥터(104) 탈거	블로어 레지스터 커넥터 연결 후 재점검

2) 에어컨 및 공조 회로점검

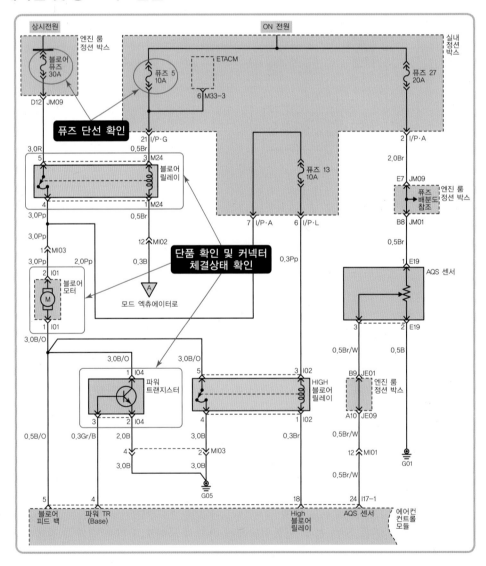

① 에어컨 및 공조회로의 경우는 범위가 넓은 회로이므로, 먼저 블로어 회로점검 후 에
   어컨 회로를 점검해야 한다.
② 블로어 및 에어컨 컨트롤 회로도를 바탕으로 블로어 퓨즈, 릴레이 및 블로어 모터
   커넥터 탈거 상태를 육안으로 점검한다.

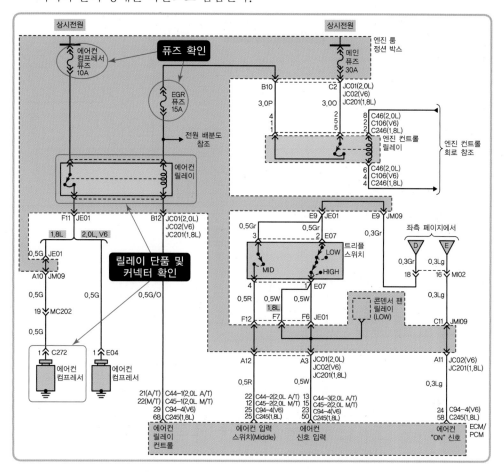

③ 에어컨 고장일 경우 블로어 및 에어컨 컨트롤 회로도를 바탕으로 에어컨 관련 퓨즈,
   릴레이, 스위치 및 에어컨 컴프레서 커넥터 탈거 상태를 육안으로 점검한다.
④ 회로점검 시 간단한 고장이므로 전압계보다는 전구 테스터를 사용하여 빠른 진단을
   하여야 한다.(작업별 시험 시간이 주어지기 때문에)
⑤ 고장원인을 찾을 경우 시험위원에게 반드시 물어보고 다음 단계를 진행한다.

3) 방향지시등 회로점검

① 방향지시등 회로도를 바탕으로 관련 퓨즈, 릴레이 및 커넥터 탈거 상태를 육안으로
점검한다.

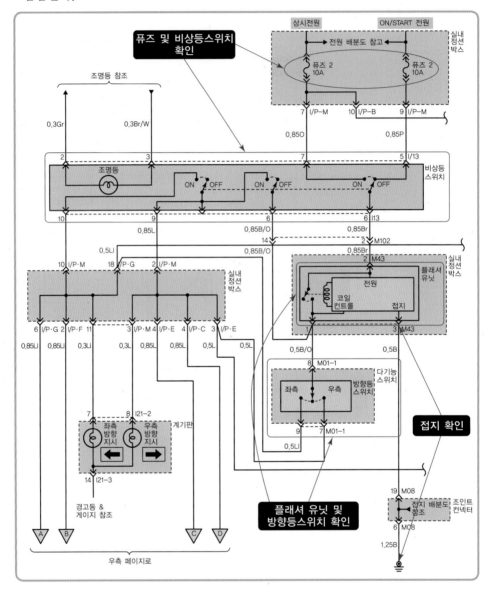

② 전원 점검 시 방향지시등의 작동 흐름을 잘 이해하여 순서대로 점검한다.(⒞ 플래셔
유닛을 중심으로 전원점검을 하여 비상등 스위치, 퓨즈를 점검한다.)

③ 위의 그림처럼 플래셔 유닛에 연결된 접지를 확인한다.

④ 회로점검 시 간단한 고장이므로 전압계보다는 전구 테스터를 사용하여 빠른 진단을
하여야 한다.(작업별 시간이 주어지기 때문에)

⑤ 고장원인을 찾을 경우 시험위원에게 반드시 물어보고 다음 단계를 진행한다.

4) 블로어 모터 회로점검

① 블로어 모터 회로는 에어컨 및 공조회로와 중복된 문제이며, 블로어 및 에어컨 컨트롤 회로도를 바탕으로 블로어 퓨즈, 릴레이 및 블로어 모터 커넥터 탈거 상태를 육안으로 점검한다.

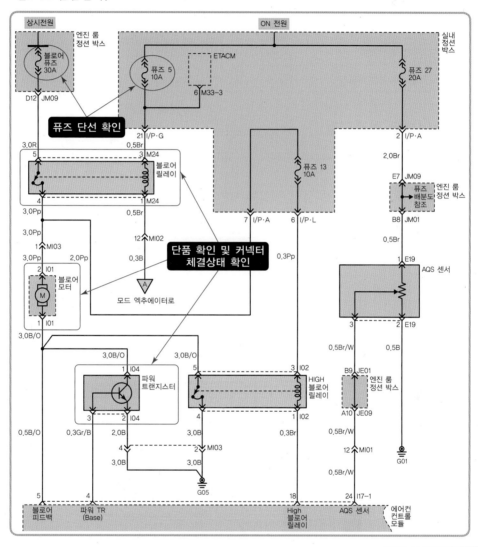

② 전원 점검 시 블로어 모터 작동 흐름을 잘 이해하여 순서대로 점검한다.(⑩ 블로어 모터를 중심으로 전원 점검을 하며 퓨즈, 릴레이 순으로 점검한다.)

③ 위의 그림처럼 블로어 모터, 파워트랜지스터 커넥터 탈거 확인 및 연결된 접지를 확인한다.

④ 회로점검 시 간단한 고장이므로 전압계보다는 전구 테스터를 사용하여 빠른 진단을 하여야 한다.(작업별 시간이 주어지기 때문에)

⑤ 고장원인을 찾을 경우 시험위원에게 반드시 물어보고 다음 단계를 진행한다.

3-3. 정지등/실내등/사이드 미러 회로점검

1) 기록표 작성요령

항목	점검(또는 측정)		정비 및 조치 사항
	고장부분	내용 및 상태	
정지등 회로	정지등 스위치	우측 커넥터(R03) 이탈	커넥터 연결 후 재점검
실내등 회로	실내등 퓨즈	퓨즈(10A) 단선	퓨즈 교환 후 재점검
사이드 미러 회로	미러 폴딩 스위치	접지(G03) 단선	접지 연결 후 재점검

2) 정지등 회로점검

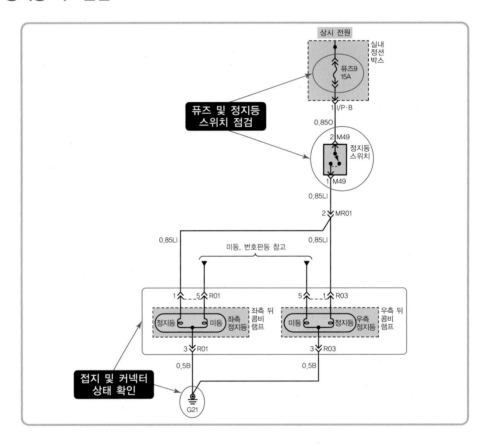

① 정지등 회로도를 바탕으로 관련 퓨즈, 스위치 및 커넥터 탈거 상태를 육안으로 점검
한다.
② 전원 점검 시 정지등 작동 흐름을 잘 이해하여 순서대로 점검한다.(예 정지등 스위
치를 중심으로 전원 점검을 하며 퓨즈, 전구, 접지 순으로 점검한다.)
③ 위의 그림처럼 정지등 퓨즈 단선 및 스위치, 커넥터 탈거 확인 및 전구에 연결된 접
지를 확인한다.

④ 회로점검 시 간단한 고장이므로 전압계보다는 전구 테스터를 사용하여 빠른 진단을 하여야 한다.(작업별 시간이 주어지기 때문에)

⑤ 고장원인을 찾을 경우 시험위원에게 반드시 물어보고 다음 단계를 진행한다.

3) 실내등 회로점검

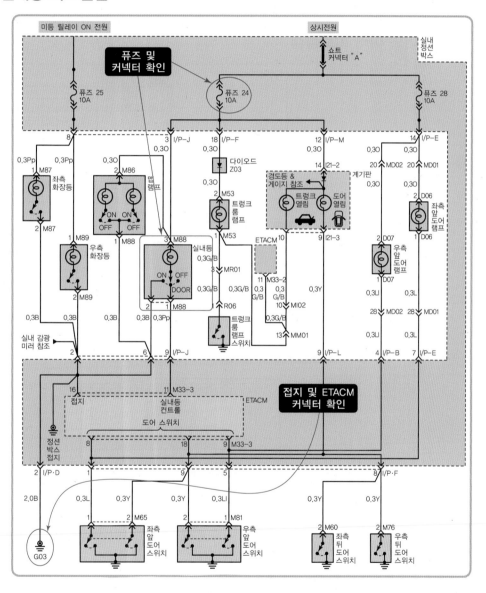

① 실내등 회로도를 바탕으로 관련 퓨즈 및 커넥터 탈거 상태를 육안으로 점검한다.

② 전원 점검 시 실내등 작동 흐름을 잘 이해하여 순서대로 점검한다.(참 실내등 스위치를 중심으로 전원 점검을 하며 퓨즈, 전구, 접지 순으로 점검한다.)

③ 위의 그림처럼 실내등 퓨즈 단선 및 스위치, 커넥터 탈거 확인 및 ETACM에 연결된 접지를 확인한다.

④ 회로점검 시 간단한 고장이므로 전압계보다는 전구 테스터를 사용하여 빠른 진단을 하여야 한다.(작업별 시간이 주어지기 때문에)

⑤ 고장원인을 찾을 경우 시험위원에게 반드시 물어보고 다음 단계를 진행한다.

4) 사이드 미러 회로점검

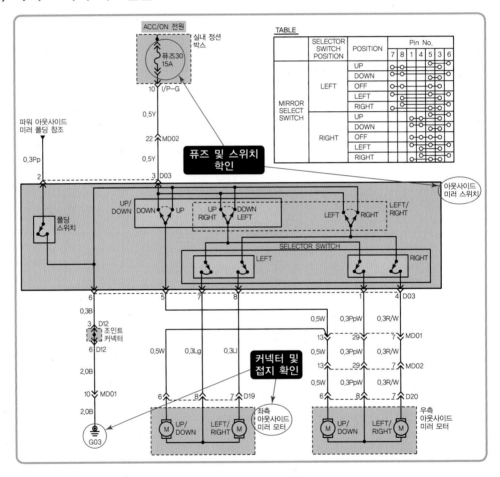

① 사이드 미러 회로도를 바탕으로 관련 퓨즈, 스위치 및 사이드 미러 모터 커넥터 탈거 상태를 육안으로 점검한다.

② 사이드 미러 회로의 경우 다음 그림처럼 아웃사이드 미러 및 폴딩 회로까지 2가지를 동시에 점검해야 한다.

③ 사이드미러 폴딩 모듈 및 스위치에 연결된 접지를 확인한다.

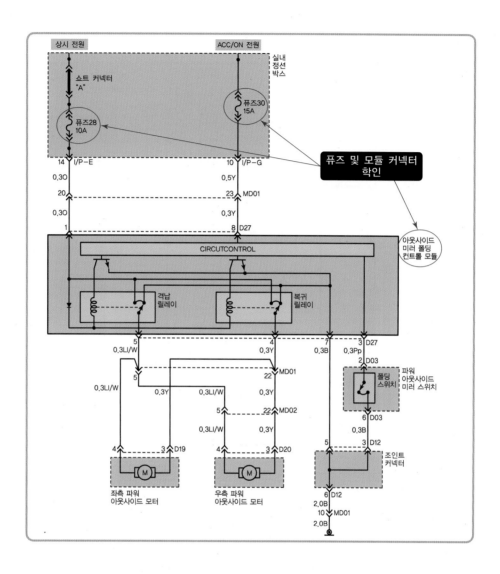

3-4. 도난방지/경음기/뒷유리 열선 회로점검

1) 기록표 작성요령

항목	점검(또는 측정)		정비 및 조치 사항
	고장부분	내용 및 상태	
도난 방지 회로	도난방지 릴레이	릴레이(M46) 단품불량(오사양)	릴레이 교환 후 재점검
경음기 회로	경음기 스위치	커넥터(M94) 탈거	커넥터 연결 후 재점검
뒷 유리 열선 회로	퓨즈	퓨즈(30A) 단선	퓨즈 교환 후 재점검

2) 도난 방지 회로점검

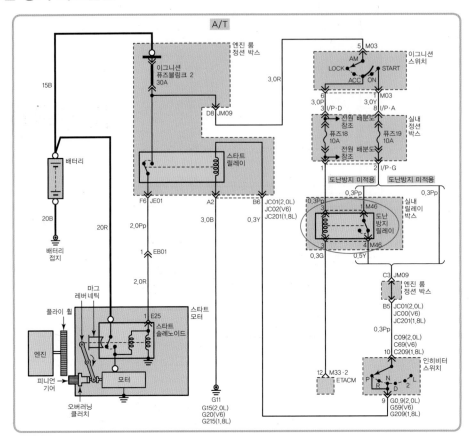

① 도난 방지 회로의 경우 차종이나 연식, 시스템에 따라 점검내용이 많이 달라질 수 있지만, 시동 회로도를 바탕으로 점검한다.

② 위 회로의 경우는 리모컨에 의한 도난 방지 회로로, 도난 조건이 성립할 경우 ETACS에서 도난 방지 릴레이를 제어하여 시동이 걸리지 않도록 한다.

③ 도난 방지 릴레이는 NC 타입으로 릴레이 작동 여부와 릴레이 단품 점검이 필요하다.

3) 경음기 회로점검

① 경음기 회로도를 바탕으로 관련 퓨즈, 릴레이, 스위치 및 커넥터 탈거 상태를 육안으로 점검한다.

② 전원 점검 시 경음기 작동 흐름을 잘 이해하여 순서대로 점검한다.(참 릴레이를 중심으로 전원 점검을 하며 퓨즈, 릴레이, 접지 순으로 점검한다.)

③ 다음 그림처럼 경음기 퓨즈 단선 및 스위치 커넥터 탈거 확인 및 경음기에 연결된 접지를 확인한다.

④ 회로점검 시 간단한 고장이므로 전압계보다는 전구 테스터를 사용하여 빠른 진단을 하여야 한다.(작업별 시간이 주어지기 때문에)

⑤ 고장원인을 찾을 경우 시험위원에게 반드시 물어보고 다음 단계를 진행한다.

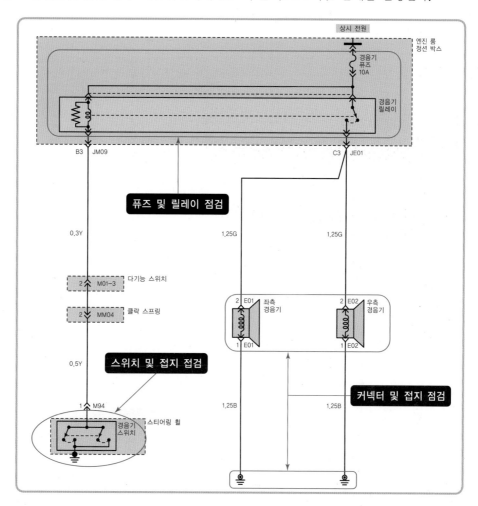

4) 뒷유리 열선 회로점검

① 뒷유리 열선 회로도를 바탕으로 관련 퓨즈, 릴레이, 스위치 및 커넥터 탈거 상태를 육안으로 점검한다.

② 전원 점검 시 뒤 유리 열선 작동 흐름을 잘 이해하여 순서대로 점검한다.(ⓒ 릴레이를 중심으로 전원 점검을 하며 퓨즈, 릴레이, 스위치 순으로 점검한다.)

③ 다음 그림처럼 디포거 퓨즈 단선 및 스위치 커넥터 탈거 확인 및 뒷 유리 열선에 연결된 전원 접지를 확인한다.

④ 회로점검 시 간단한 고장이므로 전압계보다는 전구 테스터를 사용하여 빠른 진단을 하여야 한다.(작업별 시간이 주어지기 때문에)

⑤ 고장원인을 찾을 경우 시험위원에게 반드시 물어보고 다음 단계를 진행한다.

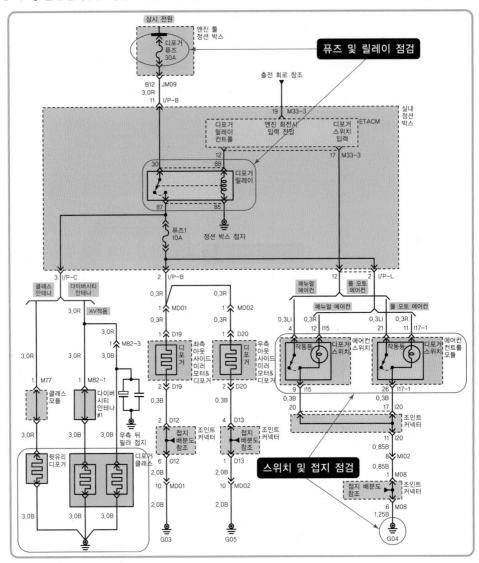

3-5. 안전벨트/에어백/미등 회로점검

1) 기록표 작성요령

항목	점검(또는 측정)		정비 및 조치 사항
	고장부분	내용 및 상태	
안전벨트 회로	계기판	경고 표시등 전구 단선	전구 교환 후 재점검
에어백 회로	퓨즈	퓨즈(15A) 단선	퓨즈 교환 후 재점검
미등 회로	다기능 스위치	스위치 커넥터(M01-1) 탈거	커넥터 연결 후 재점검

2) 안전벨트 회로점검

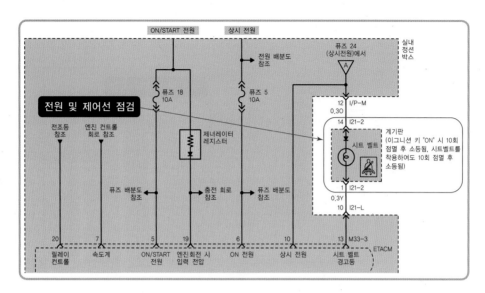

① 에탁스 회로도를 바탕으로 관련 퓨즈, 경고 표시등 전구 및 커넥터 탈거 상태를 육안으로 점검한다.(IG ON 시 10회 점멸 후 소등됨)
② 안전벨트 경고 표시등 회로 고장일 경우 계기판에서 전원 점검 및 에탁스에서 계기판으로 연결되는 제어선 점검이 필요하다.
③ 회로점검 시 간단한 고장이므로 전압계보다는 전구 테스터를 사용하여 빠른 진단을 하여야 한다.(작업별 시간이 주어지기 때문에)
④ 고장원인을 찾을 경우 시험위원에게 반드시 물어보고 다음 단계를 진행한다.

3) 에어백 회로점검

① 에어백 회로의 경우 IG ON 후 에어백 경고등이 소등되지 않고 점멸하는 경우에는 현재 고장으로 판단한다.
② 에어백 시스템은 자기진단에 의한 점검이 필요하므로 자기진단기(스캐너)를 이용하여 점검을 한다.
③ 자기진단 시 차량과 진단기가 통신이 되지 않을 경우 먼저 관련 퓨즈 및 에어백 모듈 커넥터를 점검한다.
④ 고장원인을 찾을 경우 시험위원에게 반드시 물어보고 다음 단계를 진행한다.

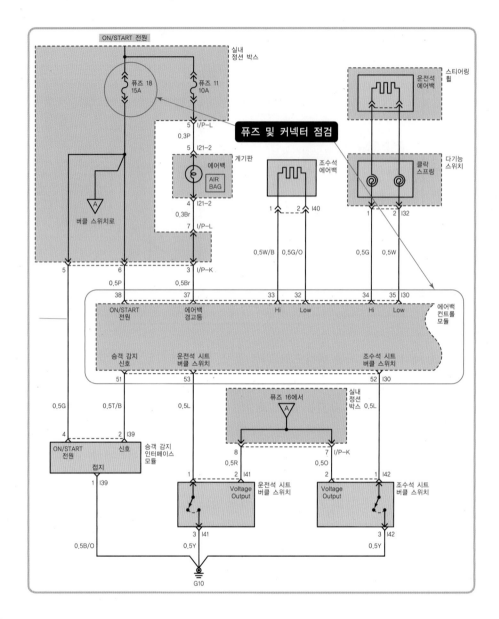

4) 미등 회로점검

① 미등 회로도를 바탕으로 관련 퓨즈, 릴레이, 스위치 및 커넥터 탈거 상태를 육안으로 점검한다.(시험장에 따라 고장위치 확인이 필요)

② 전원 점검 시 미등 작동 흐름을 잘 이해하여 순서대로 점검한다.(⑩ 스위치와 릴레이를 중심으로 전원 점검을 하며 퓨즈, 릴레이, 스위치 순으로 점검한다.)

③ 미등 퓨즈 단선, 스위치 커넥터 탈거 확인 및 미등 전구 그리고 전구와 연결된 접지를 확인한다.

④ 회로점검 시 간단한 고장이므로 전압계보다는 전구 테스터를 사용하여 빠른 진단을 하여야 한다.(작업별 시간이 주어지기 때문에)

⑤ 고장원인을 찾을 경우 시험위원에게 반드시 물어보고 다음 단계를 진행한다.

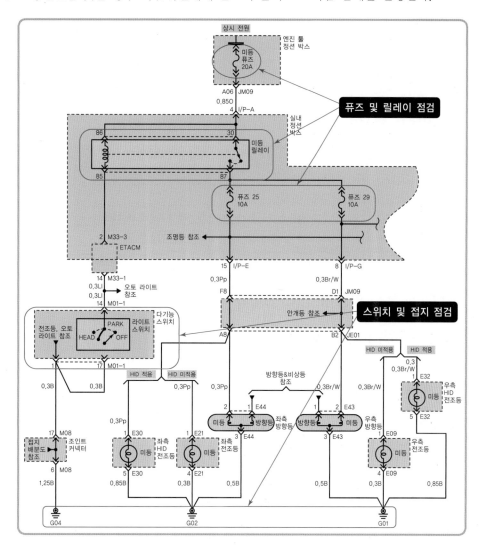

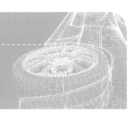
4-1. CAN 통신 파형 측정

1) 기록표 작성요령

항목	파형 분석 및 판정			
	분석항목		분석내용	판정(□에 '✔' 표)
CAN 통신 파형 측정	HIGH/LOW 기준전압	2.5V	분석내용은 출력물에 표시하시오.	☑ 양호 □ 불량
	HIGH 전압	3.58V		
	LOW 전압	1.42V		

2) CAN 통신 파형 측정(C-CAN)

▶ 측정방법(GDS를 이용한 방법)

C-CAN의 경우는 기존 시험장의 장비인 HI-DS를 사용하여 측정하므로 파형을 분석하기는 어렵다. 오실로스코프의 시간을 100μs 이상으로 설정하면 프레임 시간 측정이 불가능하기 때문이다.

① GDS 장비를 설치하고 오실로스코프 1, 2번 채널 흑색 프로브를 배터리 (−)단자에 연결한다.

② 오실로스코프 1, 2번 채널을 사용하여 자기진단 점검 단자(OBD) 3번(High), 11번(Low) 단자에 연결한다.

③ 다음 그림의 자기진단 점검 단자 배열도를 참고한다.(장착위치 : 운전석 좌측 하단)

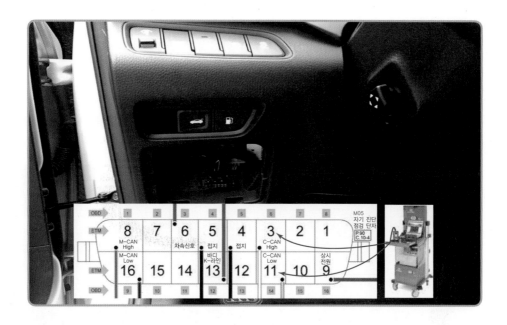

④ 차종에 따라서 다기능 체크 커넥터(장착 : 엔진 룸 좌측 또는 우측)를 사용해 점검이 가능하다.(9번, 11번 단자)

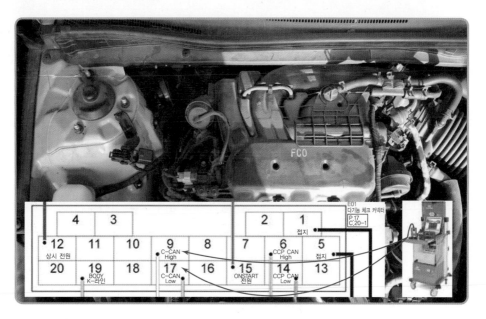

⑤ GDS 초기화면에서 오실로스코프 기능을 선택한 후 환경설정을 클릭한다.

⑥ 환경 설정창에서 전압, 화면, 샘플링 속도 등을 설정한 후 파형의 크기를 맞춘다.

• 전압 설정 : 4V

• 화면 설정 : BI / DC / 일반

• 샘플링 속도 : $100\mu s/div$

⑦ IG ON 후 측정하며 화면의 적당한 위치에 트리거와 투 커서를 설정하여 파형이 화면 중앙에 위치하도록 보기 좋게 만들어 준다.

⑧ 기록표의 분석항목 3가지가 모두 화면에 나올 수 있도록 인쇄한다.

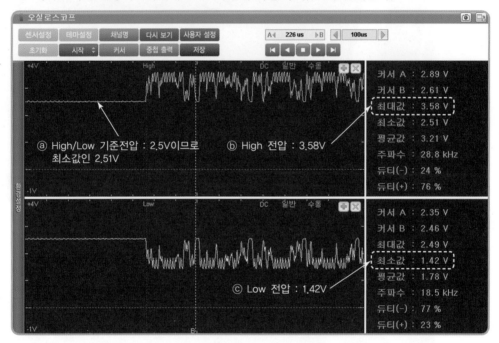

▶ **분석(차종 : HG 그랜저)**

① 기록표의 분석항목 3가지를 보고 파형이 정상인지 비정상인지 파악하기는 어렵다. CAN통신 파형을 분석할 수 있는 것은 실제 데이터의 송수신 내용이 아닌 기본적인 골격을 유지하고 있는지를 판단하는 정도이다. 분석 Point는 일정한 프레임 시간과 High, Low가 정확히 반전되는 프레임의 모양을 보고 실시하는 것이다.

ⓐ C-CAN의 High/Low 기준전압은 2.5V이며 기준전압을 중심으로 대칭되는 파형이다. High는 2.5V 기준으로 3.5V로 상승되며, Low는 2.5V 기준으로 1.5V로 하강한다.

위의 파형에서는 High는 2.5V 기준으로 상승하므로 최소값인 2.51V로 기록하고, Low는 2.5V 기준으로 하강하므로 최대값인 2.49V로 기록한다.

ⓑ High의 전압은 기준전압을 중심으로 상승하므로 최대값인 3.58V로 기록한다.

ⓒ Low의 전압은 기준전압을 중심으로 하강하므로 최소값인 1.42V로 기록한다.

② 위의 CAN 통신 파형은 정상파형으로, 판정은 양호이다.

▶ 파형 분석

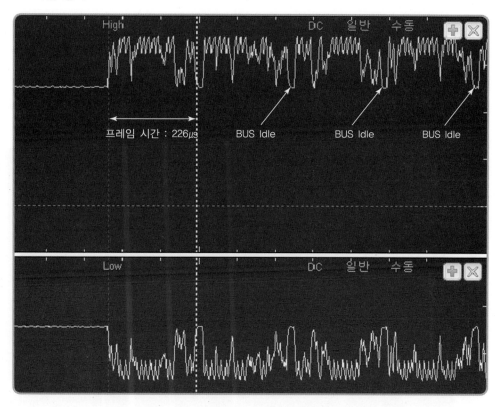

① GDS의 오실로스코프 최소시간 설정은 $100\mu s$이므로 C-CAN의 비트파형 분석은 불 가능하다. 하지만 BUS에 전송되는 프레임 시간을 통해 통신 상태를 간접적으로 확 인할 수 있다.

② 장비의 시간을 $100\mu s$로 설정 후 BUS의 파형을 측정한다. 위와 같은 파형이 측정되 면, 일정 주기로 2.5V(Idle)를 유지하는 순간을 찾아 각 프레임의 경계로 삼는다. 위 의 그림과 같이 BUS Idle과 Idle 사이의 시간을 측정하여 일정한 주기가 반복되는 지 확인한다.

③ BUS에 전송되는 데이터가 정상일 경우, 위와 같이 일정한 모양과 일정한 시간을 유 지하는 프레임을 측정할 수 있다. 만약 두 개의 통신 라인 중 하나라도 단선/단락되 면 일정한 형태를 유지하지 못하고 불규칙적인 파형이 측정된다. 만일, 오실로스코 프의 시간을 $100\mu s$ 이상으로 설정하면 화면에 너무 많은 프레임이 압축되어 측정되 므로 Idle 구간을 찾을 수 없어 프레임 시간 측정이 불가능하다.

④ 측정된 결과만 보면, 마치 정상적인 통신이 이루어지는 것같이 연속적으로 프레임 파형이 출력되고 있지만 표시된 구간에 보이는 파형에는 정상적인 데이터 프레임이 ($222\mu s$) 약 22개가 압축되어 있는 것이다. 따라서 만약 프레임에 외부 노이즈가 유

입되더라도 압축된 파형으로는 판단할 수 없다. 또한 CAN 통신 파형은 매우 빨라 오실로스코프에서 정확히 표현하기가 어려워 실제 파형과 다소 어긋난 파형이 출력될 수 있으니 주의해야 한다.

▶ C–CAN 분석 비정상파형(Low 접지 단락)

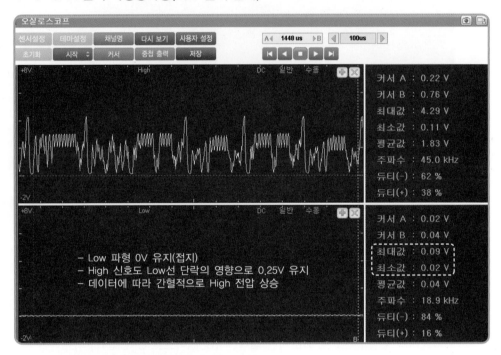

▶ C–CAN 분석 비정상파형(High 접지 단락)

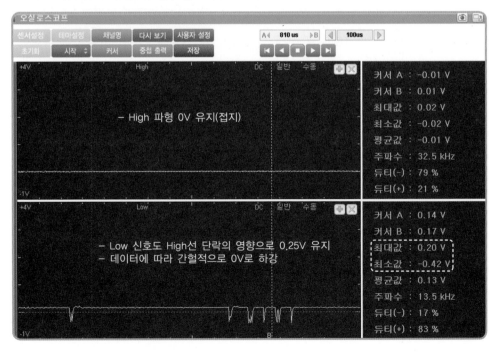

▶ C-CAN 분석 비정상파형(High 전원 단락)

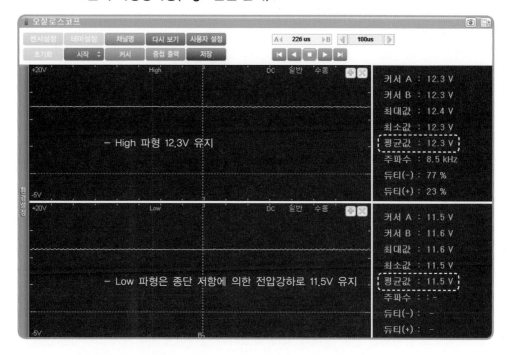

▶ C-CAN 분석 비정상파형(High/Low 상호 단락)

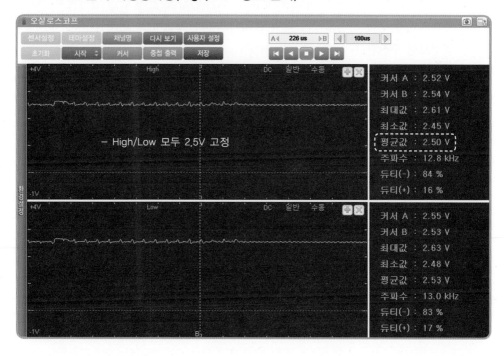

4-2. LIN 통신 파형 측정

1) 기록표 작성요령

| 항목 | 파형 분석 및 판정 | | |
	분석항목	분석내용	판정(□에 '✔' 표)
LIN 통신 파형 측정	전압 12.3V	분석내용은 출력물에 표시하시오.	☑ 양호 □ 불량
	듀티 (-)49%		
	주파수 4.9kHz		

2) LIN 통신 파형 측정

▶ 통신 요약

보디전장이나 기타 장치에서 통신의 필요성은 있으나 데이터의 양이 많지 않은 시스템에 적용된다. 주로 CAN 통신 하위 제어기에 정보를 제공하는 역할을 하며, 대표적으로 배터리센서나 주차 보조 시스템(PAS ; Parking Assist System)에 적용된다. 일반적으로 동작되는 전원 상태에 따라 마스터와 슬레이브 제어기가 각각 12V 풀업 전압을 통신라인에 인가하여 통신을 수행한다. PAS의 경우 마스터인 PAS 제어기(BCM)가 전원에 관계없이 LIN 통신 라인에 풀업 전압(12V)을 통신 라인에 인가하고, IGN On 후 변속레버가 후진 위치로 이동하며 슬레이브(초음파센서)로 신호를 보내 장애물과의 거리정보를 수신한다.

또한 LIN 파형은 마스터가 보내는 Header와 슬레이브가 응답하는 Response로 나뉘며, 슬레이브는 마스터가 인가한 풀업 전압을 변화시켜 데이터를 전송한다.(슬레이브 제어기에서는 풀업 전원을 인가하지 않음)

▶ 전압 특징

기준 전압	통신 시 전압 변화	우성 전압('0')	열성 전압('1')	bit/프레임 시간
12V	0V에서 12V로 변하는 디지털 파형	전원 전압의 20% 이하 (12V 기준 2.4V 이하)	전원 전압의 80% 이상 (12V 기준 9.6V 이상)	50μs/약 6ms

▶ 측정방법(배터리센서 LIN 통신 파형)

① GDS 장비를 설치하고 오실로스코프 1번 채널 흑색 프로브를 배터리 (−)단자에 연결한다.

② 충전회로도를 참고하여 배터리센서 E33 커넥터 1번 단자에 오실로스코프 1번 채널에 적색 프로브를 배터리센서 제어 단자 회로에 연결한다.(오실로스코프 채널번호 확인)

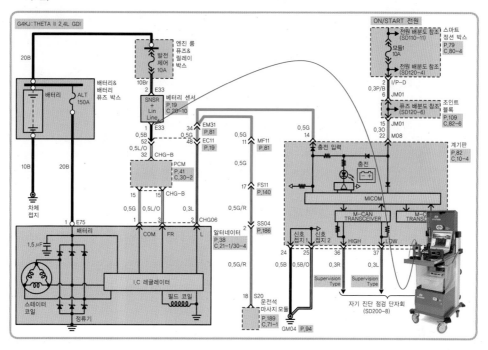

③ GDS 초기화면에서 오실로스코프 기능을 선택하여 클릭한다.

④ 오실로스코프 환경 설정창에서 화면, 전압, 샘플링 속도 등을 설정한 후 파형의 크기를 맞춘다.
  - 화면 설정 : UNI / DC / 일반
  - 전압 설정 : 20V
  - 샘플링 속도 : 500μs/div

⑤ IG ON 후 측정하며 화면의 적당한 위치에 트리거와 투커서를 설정하여 파형이 화면 중앙에 위치하도록 보기 좋게 만들어 준다.

⑥ 기록표의 분석항목 3가지가 모두 화면에 나올 수 있도록 인쇄한다.

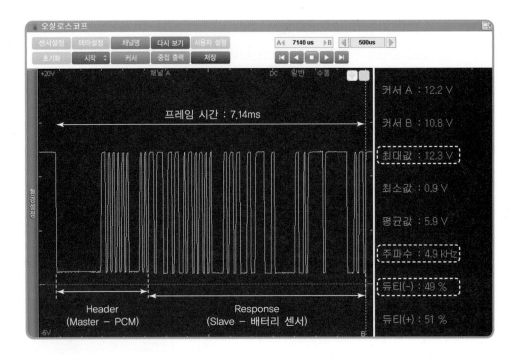

▶ 분석(차종 : HG 그랜저)

① LIN통신 파형 측정 기록표의 분석항목 3가지 내용으로는 파형이 정상인지 비정상 인지 파악하기는 어렵다. LIN통신 파형의 분석의 Point는 Header, Response 유 무와 프레임 시간, 프레임 모양을 보고 분석해야 한다.(*기록표 분석항목의 수정이 필요함)

② 위의 LIN 통신 파형은 정상파형으로, 기록표 3가지 항목에는 파형 우측 데이터의 내용 3가지 값을 적고 판정은 양호로 기록한다.

▶ 파형 분석

① 비트 단위의 우성과 열성 파형 분석

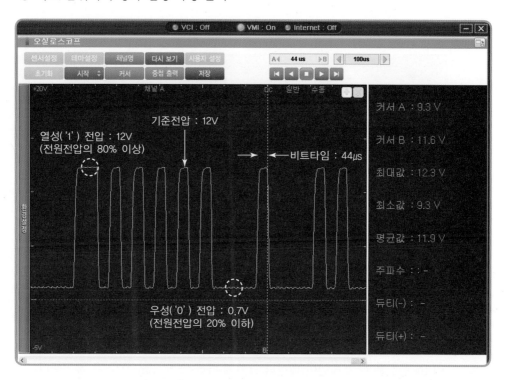

오실로스코프 설정		분석 Point
전압	시간	
20V	100μs	• 기준 전압 유지 • 우성, 열성 전압 • 비트 타임

• LIN 통신은 전원상태에 관계없이 Master 제어기가 항상 약 12V 풀업 전압을 통신 라인에 인가하고 있다.

• PAS(주차 보조 시스템)의 경우 IG ON 후 변속 레버를 후진 위치로 변경하면 Master 제어기(BCM)가 12V를 기준으로 변화는 파형을 슬레이브 제어기(초음파 센서)로 보내 장애물과 거리 정보를 수신한다.

• 측정된 비트 파형으로 '1'과 '0'을 정확히 전송하고 있는지, 비트 시간은 규정된 값을 준수하는지 확인하며 비트의 찌그러짐이나 오신호의 유입을 점검한다.

▶ LIN 통신선 단선

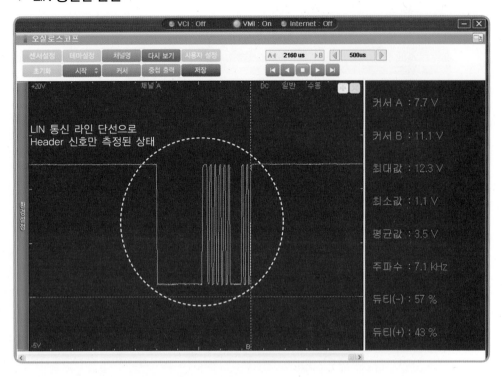

- LIN 통신은 한 프레임이 데이터 크기에 따라 약 5~6ms 시간을 유지한다.
- 마스터 제어기가 데이터를 요청하는 Header 신호를 보내면 슬레이브 제어기는 Header 뒤에 자신의 응답 데이터인 Response 신호를 덧붙이는 방식으로 통신이 진행된다.
- 슬레이브 제어기는 풀업 전원을 인가하지 않고 마스터 제어기가 인가하는 풀업 전압을 접지시키는 방식으로 Response 신호를 보낸다. 따라서 통신 라인이 단선되었을 경우 마스터 제어기 측에서 파형을 측정한다면 위와 같이 Header만 측정되는 파형이 출력된다.(슬레이브 측은 아무것도 측정되지 않는다.)

4-3. 파워 윈도 전압과 전류파형 측정

1) 기록표 작성요령

항목	파형 분석 및 판정		
	분석항목	분석내용	판정(□에 '✔' 표)
파워 윈도 전압과 전류 파형	작동전압 13.15V	분석내용은 출력물에 표시하시오.	☑ 양호 □ 불량
	작동전류(상승 시) 4.71A		
	작동전류(하강 시) 2.62A		

2) 파워 윈도 전압과 전류파형 측정

▶ 측정방법(HI-DS를 이용한 방법)

① 오실로스코프 1번 채널 적색과 흑색 프로브를 좌측 파워 윈도 모터 커넥터 양단에 연결한다.(파워윈도 상하 작동 시 전류를 한번에 측정하기 위해)

② 소전류 프로브를 0점 조정 후 좌측 파워 윈도 모터 커넥터 1번 단자(배선 1가닥)에 연결한다.(파워 윈도 상승 작동 시 전원선에 연결)

▶ 측정(차종 : 뉴 EF 쏘나타)

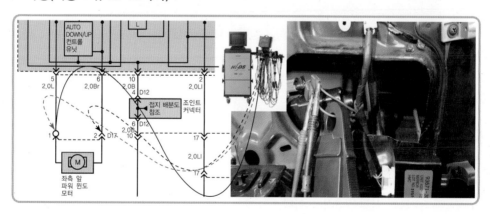

③ HI-DS 초기화면에서 오실로스코프 기능을 선택하고 채널 1번과 소전류를 클릭하여 연결한다.

④ 환경설정창에서 화면, 전압, 샘플링 속도 등을 설정한 후 파형의 크기를 맞춘다.
  • 화면 설정 : 1번 채널(UNI / DC / 일반), 2번 채널(BI / DC / 일반)
  • 전압 설정 : 20V
  • 전류 설정 : 30A

• 샘플링 속도 : 600ms/div

⑤ IG ON 후 운전석 파워 윈도 스위치를 상승으로 작동 후 다시 하강하면서 측정하며 화면의 적당한 위치에 트리거와 투커서를 설정하여 파형이 화면에 보기 좋게 위치하도록 만들어 준다.

⑥ 기록표의 분석항목 3가지가 모두 화면에 나올 수 있도록 인쇄한다.

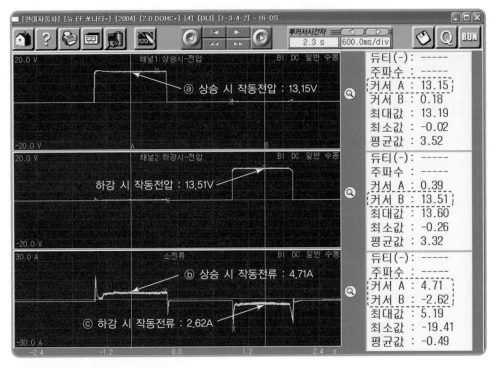

▶ **분석(차종 : 뉴 EF 쏘나타)**

① 기록표의 분석항목 3가지를 숙지하고 그 내용에 따라 정상인지 비정상파형인지 분석한다.

　ⓐ 작동전압은 파워 윈도 상·하 작동 시 전압이며, 상승 시 작동전압은 13.15V이다.

　ⓑ 파워 윈도 상승 시 작동전류는 4.71A이다.(작동 초기 서지 발생 후 안정된 전류값)

　ⓒ 드웰 시간은 3.2ms이다.

② 위의 운전석 파워 윈도 작동파형은 정상파형으로, 판정은 양호이다.

4-4. 안전벨트 차임벨 타이머 파형 측정

1) 기록표 작성요령

항목	파형 분석 및 판정			
	분석항목		분석내용	판정(□에 '✔' 표)
안전벨트 차임벨 타이머 파형	작동전압	0.73V	분석내용은 출력물에 표시하시오.	☑ 양호
	출력 작동시간(1주기)	660ms		□ 불량
	듀티(1주기)	(-)50%		

2) 안전벨트 차임벨 타이머 파형 측정

▶ 측정방법(HI-DS를 이용한 방법)

① 오실로스코프 1번 채널 흑색 프로브를 배터리 (-)단자에 연결한다.

② 오실로스코프 1번 채널 적색 프로브를 안전벨트 경고등 제어회로에 연결한다.(오실로스코프 채널번호 확인)

▶ 측정(차종 : 뉴 EF 쏘나타)

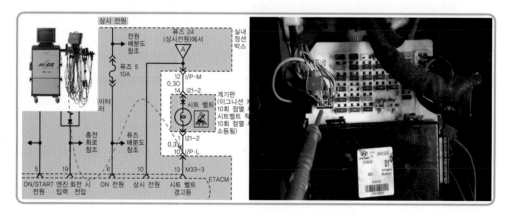

③ HI-DS 초기화면에서 오실로스코프 기능을 선택하고 채널 1번을 클릭하여 연결한다.

④ 오실로스코프 환경설정창에서 화면, 전압, 샘플링 속도 등을 설정한 후 파형의 크기를 맞춘다.

- 화면 설정 : UNI / DC / 일반
- 전압 설정 : 20V
- 샘플링 속도 : 1.5s/div

⑤ IG ON 후 계기판에 안전벨트 경고등이 작동하는지 확인하고, 화면의 적당한 위치
  에 트리거와 투커서를 설정하여 파형이 화면에 보기 좋게 위치하도록 만들어 준다.
⑥ 기록표의 분석항목 3가지가 모두 화면에 나올 수 있도록 인쇄한다.

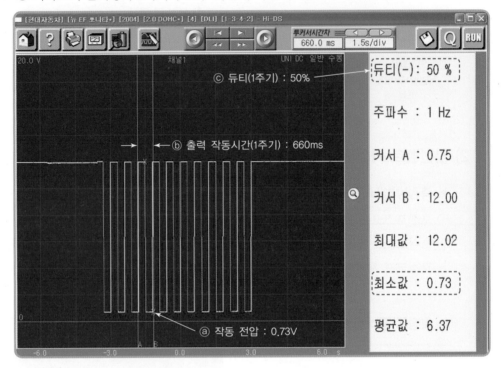

▶ 분석(차종 : 뉴 EF 쏘나타)

① 기록표의 분석항목 3가지를 숙지하고 그 내용에 따라 정상인지 비정상파형인지 분
  석한다.
  ⓐ 작동전압은 IG ON 시 ETACS에서 제어하는 작동전압으로 0.73V이다.
  ⓑ 출력 작동시간(1주기)는 안전벨트 경고등 출력의 1주기를 의미하며 660ms이다.
  ⓒ 듀티(1주기)는 50%이다.
② 위의 안전벨트 경고등 작동파형은 정상파형으로, 판정은 양호이다.

4-5. 감광식 룸램프 작동파형 측정

1) 기록표 작성요령

항목	파형 분석 및 판정		
	분석항목	분석내용	판정(□에 '✔' 표)
도어 스위치 열림/닫힘 시 감광식 룸램프 작동 파형	작동전압	7.22V	분석내용은 출력물에 표시하시오.	☑ 양호 □ 불량
	공급전압	1.09V		
	작동시간	5.4s		

2) 감광식 룸램프 작동파형 측정

▶ 측정방법(HI-DS를 이용한 방법)

① 오실로스코프 1번 채널 흑색 프로브를 배터리 (−)단자에 연결한다.

② 오실로스코프 1번 채널 적색 프로브를 룸램프 DOOR 단자로 연결되는 ETACS 제어
회로에 설치한다.(오실로스코프 채널번호 확인)

▶ 측정(차종 : 뉴 EF 쏘나타)

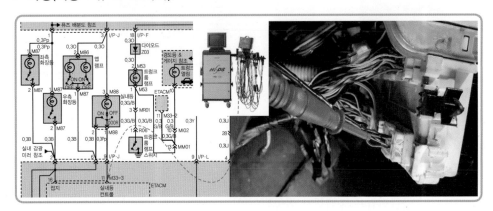

③ HI−DS 초기화면에서 오실로스코프 기능을 선택하고 채널 1번을 클릭하여 연결한다.

④ 오실로스코프 환경설정창에서 화면, 전압, 샘플링 속도 등을 설정한 후 파형의 크기
를 맞춘다.
- 화면 설정 : UNI / DC / 일반
- 전압 설정 : 20V
- 샘플링 속도 : 1.5s/div

⑤ KEY OFF이고 운전석 도어가 열린 상태(나머지 도어는 닫힌 상태)에서 다시 운전석 도어를 닫는 순간부터 측정하여 룸램프가 서서히 감광하여 소등될 때까지 측정한다.

⑥ 화면의 적당한 위치에 트리거와 투커서를 설정하여 파형이 화면에 보기 좋게 위치하도록 만들어 준다.

⑦ 기록표의 분석항목 3가지가 모두 화면에 나올 수 있도록 인쇄한다.

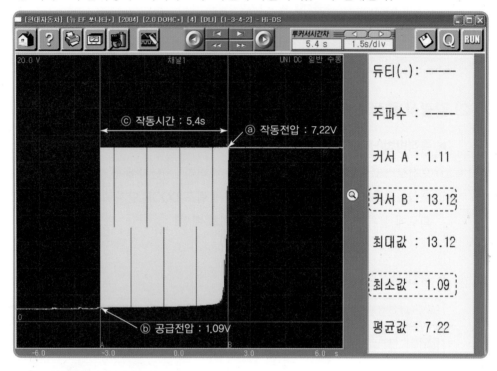

▶ **분석(차종 : 뉴 EF 쏘나타)**

① 기록표에 분석항목 3가지를 숙지하고 그 내용에 따라 정상인지 비정상 파형인지 분석한다.

ⓐ 작동전압은 룸램프가 감광을 시작하여 끝나는 작동시간의 평균전압인 7.22V이다.

ⓑ 공급전압은 룸램프가 점등되어 있는 상태(도어가 열린 상태)인 1.09V이다.

ⓒ 작동시간은 전 도어 닫힘 시 룸램프가 감광을 시작하여 종료될 때까지 시간 5.4s 이다.

② 위의 감광식 룸램프 작동파형은 정상 파형으로 판정은 양호이다.

▶ 측정방법(GDS를 이용한 방법)

① GDS VMI 본체에 채널 프로브(CH-A)를 CH-A 포트에 연결한다.

② 빨간색 채널 프로브(CH-A) 두 가닥 중 흑색 프로브를 배터리 (-)단자에, 적색 프로브를 스마트정션박스에서 맵램프로 연결되는 중간 MR11커넥터 20번 단자에 각각 연결한다.

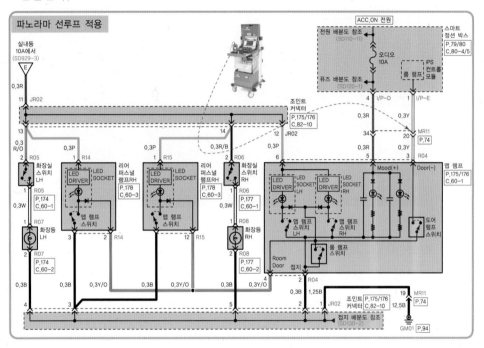

③ GDS 초기화면에서 차종을 선택, 오실로스코프를 클릭한 후 화면 우측 상단의 전체 화면 파형 표시 모드 아이콘을 선택한다.

④ 오실로스코프 메인화면 하단에 2채널 모드로 선택하고 CH-A를 클릭한다.

⑤ 오실로스코프 메인화면 좌측에 "환경설정" 바를 클릭하여 각 채널의 전압, 전류, 샘플링 속도, 피크 등 각각의 측정범위를 설정한다.

  • 화면 설정: UNI/DC/일반
  • 전압 설정: 20V
  • 샘플링속도: 500ms

⑥ KEY OFF이고 운전석 도어가 열린 상태(나머지 도어는 닫힌 상태)에서 다시 운전석 도어를 닫는 순간부터 측정하여 룸램프가 서서히 감광하여 소등될 때까지 측정한다.(KEY ON 시 감광 작동조건이 빨라지므로 측정시간을 줄일 수 있다.)

⑦ 기록표의 분석항목 3가지가 모두 화면에 나올 수 있도록 출력하여 분석항목의 내용을 표시하고 기재하여 제출한다.

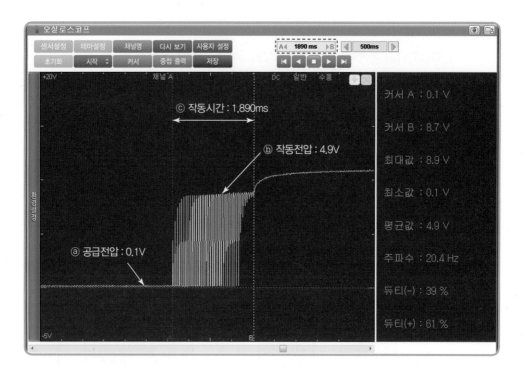

▶ **분석(HG 그랜저)**

① 기록표에 분석항목 3가지를 숙지하고 그 내용에 따라 정상인지 비정상 파형인지 분석한다.

    ⓐ 작동전압은 룸램프가 감광을 시작하여 끝나는 작동시간 내의 전압이다.(평균전압 4.9V)

    ⓑ 공급전압은 룸램프가 점등되어 있는 상태(도어가 열린 상태)인 0.1V이다.

    ⓒ 작동시간은 전 도어 닫힘 시 룸램프가 감광을 시작하여 종료될 때까지 시간 1,890ms 이다.

② 위의 감광식 룸램프 작동파형은 정상 파형으로 판정은 양호이다.

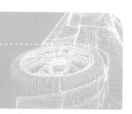

CHAPTER 05 점검 및 측정

02 전기

5-1. 유해가스감지 센서(AQS) 출력전압/핀 서모센서 저항 및 출력 전압 측정

1) 기록표 작성요령

항목	측정(또는 점검)		판정 및 정비(또는 조치)사항	
	측정값	규정값 (정비한계 값)	판정 (□에 '✔' 표)	정비 및 조치할 사항
유해가스 감지 센서(AQS) 출력전압	감지 4.83V	0.74~4.66V	□ 양호 ✔ 불량	AQS 센서 교환 후 재점검
	미감지 4.83V	0.74~4.66V		
핀 서모센서 저항 및 출력 전압	저항 3.83kΩ	3.34~4.03kΩ/25℃	✔ 양호 □ 불량	없음
	전압 1.64V	1.47~1.67V/25℃		

2) 유해가스감지 센서(AQS) 출력전압 측정

▶ AQS 역할 및 동작 특성

AQS(Air Quality System)는 배기가스를 비롯하여 외부 유해가스가 실내로 유입되는 것을 자동으로 차단시켜주는 기능을 선택할 때 사용하며, 스위치를 누르면 인디게이터가 점등되면서 약 35초간 센서 예열모드로 들어간다. 예열 모드 중에는 내기순환 모드로 강제 고정되기 때문에 내외기 선택 스위치의 인디게이터도 동시에 점등된다. 예열이 종료되면 내외기 선택 스위치의 인디게이터는 AQS 센서가 감지한 외부 공기의 유해 정도에 따라 점등 또는 소등된다. AQS 동작 중 다시 한 번 스위치를 누르면 인디게이터는 소등되고 AQS 제어도 중지된다.

▶ AQS 역할 및 동작 특성

구분	출력신호
Normal	5V(Open Collector)
Gas 감지상태	0V

▶ 측정(차종 : 뉴 EF 쏘나타)

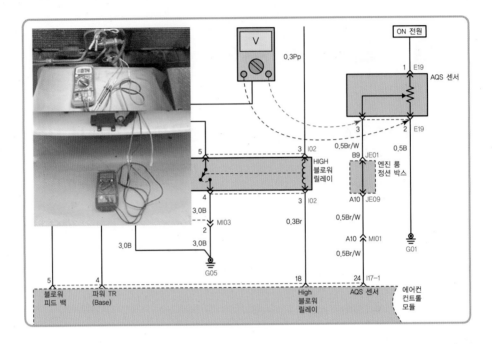

① 준비된 차량에서 엔진 시동 후 AQS를 작동시킨다.(시험장에서는 대부분 IG ON 시 측정한다.)

② 전압계를 사용하여 AQS 센서 커넥터 3번 단자에 멀티미터 (+)리드 선을, 2번 단자에 (−)리드 선을 연결 후 유해가스 미감지 시 출력 값을 측정한다.

③ 차종에 따라 IG ON 후 약 35초간 센서 예열모드가 작동되므로 그 이후 측정하여야 한다.(예열모드에서는 약 0.74V가 출력되고 종료 후 4.83V가 출력)

③ 유해가스 감지 시 측정은 시험장에 따라 부탄가스나 라이터 가스를 사용하게 되며 미량 주입 후 전압을 측정한다.(차종 및 센서에 따라 부탄이나 라이터 가스의 경우 미감지되는 경우도 있다.)

④ 미감지 시 전압은 5V에서 감지 시 0V 쪽으로 측정되며, 센서 고장일 경우는 미감지 시 전압을 유지하게 된다.(4.83V)

3) 핀 서모센서 저항 및 출력전압 측정

▶ 핀 서모센서

핀 서모센서는 에바포레이터 코어의 온도를 감지하여 에바포레이터의 결빙을 방지할 목적으로 에바포레이터에 장착된다. 센서 내부는 부특성 서미스터가 장착되어 있어 온도가 낮아지면 저항값은 높아지고 온도가 높아지면 저항값은 낮아진다.

▶ 측정(차종 : 뉴 EF 쏘나타)

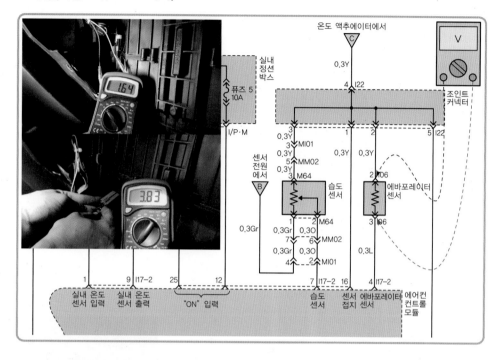

① 준비된 차량에서 IG ON 후 핀 서모센서(에바포레이터 센서) 커넥터 3번 단자에 멀티미터 (+)리드 선을, 2번 단자에 (−)리드 선을 연결 후 출력값을 측정한다.(출력전압)

② 핀 서모센서는 부특성 서미스터로 되어 있어 에바포레이터의 온도가 낮아질수록 출력전압이 상승한다.

③ 센서 저항 측정은 반드시 커넥터를 탈거하고 핀 서모센서 커넥터 양단의 저항을 측정한다.(온도에 따라 측정값이 달라지므로 측정 기준 온도가 필요)

▶ AQS 역할 및 동작 특성

온도(°C)	저항(kΩ)	출력전압(V)	온도(°C)	저항(kΩ)	출력전압(V)
−5	14.23	3.2	15	6	2.14
−2	12.42	3.04	20	4.91	1.9
0	11.36	2.93	25	4.03	1.67
2	10.4	2.83	30	3.34	1.47
5	9.12	2.66	35	2.78	1.29
10	7.38	2.4	40	2.28	1.11

5-2. 도어 S/W 및 도어록 액추에이터 작동 시 전압

1) 기록표 작성요령

항목	측정(또는 점검)		판정 및 정비(또는 조치)사항	
	측정값		판정 (□에 '✔' 표)	정비 및 조치할 사항
도어 S/W 작동 시 전압	열림 시	0.05V	☑ 양호 □ 불량	없음
	닫힘 시	11.81V		
도어록 액추에이터 작동 시	전압	11.79V	☑ 양호 □ 불량	없음
	전류	0.8A		

2) 도어 S/W 작동 시 전압 측정

▶ 측정(차종 : 뉴 EF 쏘나타)

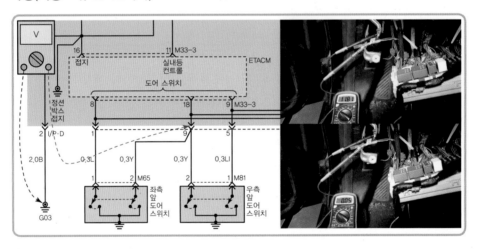

① 도어 S/W 작동 시 전압 측정 전에 도어 개폐 시 룸램프나 계기판을 통해 정상 작동 되는지 아니면 고장 상태인지 반드시 확인 후 측정한다.(도어 S/W 개폐 시 전압변 화 상태 확인)

② 준비된 차량에서 IG OFF 후 ETACM 커넥터 9번 단자에 멀티미터 (+)리드 선을, 차체에 (−)리드 선을 연결 후 전압을 측정한다. 차종 및 회로에 따라 다르지만 대부 분의 차량은 도어 열림 시 0V, 도어 닫힘 시 12V가 측정된다.

③ 시험장 환경에 따라 좌측 앞 도어스위치 커넥터 2번 단자에서 측정해도 무방하다.

3) 도어록 액추에이터 작동 시 전압/전류 측정

▶ 측정(차종 : 뉴 EF 쏘나타)

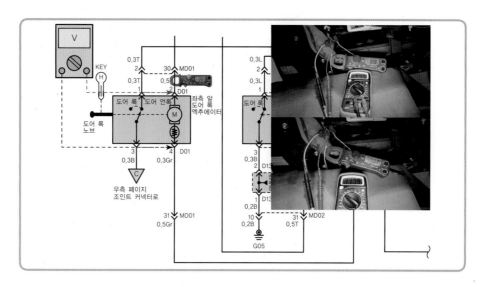

① 준비된 차량에서 측정 위치 및 조건 확인 후(IG OFF) 전압계와 전류계를 동시에 설치한다.

② 좌측 앞 도어록 액추에이터 커넥터 2번 단자에 멀티미터 (+)리드 선과 전류계를 영점 조정하여 동시에 연결하고, 3번 단자(접지)에 (−)리드 선을 연결한다.

③ 측정 조건에 따라 메인 파워 윈도 스위치에 장착된 도어록/언록 노브 스위치를 사용하여 도어록(또는 언록)하여 이때 작동 시 전압과 전류값을 측정하여 기록한다.

④ 시험장 환경에 따라 운전석 도어를 열고 측정해야 할 경우에는 도어스위치를 누른 상태에서 도어록/언록 작동 시 전압과 전류를 측정한다.(작동 시 전압과 전류가 동시 측정되지 않으므로 각각 측정하여 기록한다.)

⑤ 소전류 훅 미터 측정 시 도어록/언록 작동 전류량이 낮으므로 여러 차례 작동하여야 측정값을 확인할 수 있다.(보통 0.6~3A 측정)

5-3. CAN 라인 저항 및 경음기 소음 측정

1) 기록표 작성요령

항목	측정(또는 점검)		판정 및 정비(또는 조치)사항	
	측정값	규정(기준) 값 (정비한계 값)	판정 (□에 '✔' 표)	정비 및 조치할 사항
CAN 라인 저항 (HIGH-LOW 라인 간)	119.3Ω	60Ω	□ 양호 ☑ 불량	60Ω일 경우 : 정상 120Ω일 경우 : CAN 라인 단선 (커넥터 탈거) 체결 후 재점검
경음기(혼) 소음 측정	95dB	110dB 이하	☑ 양호 □ 불량	없음

2) CAN 라인 저항(HIGH-LOW 라인 간) 측정

(1) 종단 저항의 역할

CAN 통신 라인 양 끝단은 저항을 사용하여 종단 처리되어 있다.

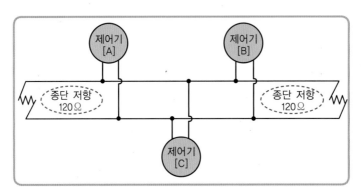

위의 그림과 같이 CAN High/Low 두 단자의 끝단을 각각 120Ω으로 서로 연결하였다. 주로 고속으로 데이터를 전송하는 방식이나 높은 주파수를 사용하는 제어기 통신에 적용된다.

종단 저항의 설치 목적은 크게 두 가지로 볼 수 있다.

첫째, BUS에 일정한 전류를 흐르게 한다.
만일 종단 저항이 설치되지 않으면 제어기가 BUS에 통신을 시도할 때 High/Low 두 라인은 단선이 되므로 전류가 흐르지 못해 올바른 전압 레벨을 만들 수 없다. V=I×R 공식에서 전류 I가 흐르지 않으면 발생되는 전압은 규정된 범위를 벗어나

BUS에서 잡음 및 오신호로 처리될 수밖에 없다.(전류가 0A이면, V=0×R 공식에 대입하였을 때 저항에 관계없이 전압 또한 '0'이 되므로 전압의 의미가 사라진다.)

종단 저항을 설치하면 High와 Low 사이에 회로가 구성된다.

설명된 BUS의 전압레벨에서, High는 2.5V에서 3.5V로 상승하는 비트파형이 발생되고, Low는 2.5V에서 1.5V까지 떨어지는 반대출력이 발생되었다. 즉, 각 제어기의 High에서 발생된 전압은 BUS 라인과 종단저항을 거쳐 Low 측으로 접지된다고 볼 수 있다. 이때 종단 저항을 통한 회로가 구성되고 저항에 맞는 전류가 흐르므로 올바른 비트 전압이 전달된다.

둘째, BUS에 전파되는 신호가 양 끝단에 부딪쳐 반사되는 신호(반사파)를 감소시킨다. 물질은 파동(Wave)의 특성이 각기 다르다. 즉, 물질마다 고유진동 특성이 달라 신호를 전달하는 성질도 달라지며, 이렇게 파동을 매개하는 물질을 '매질'이라 한다. 예를 들어 벽을 향해 소리치면 공기를 통해 전달된 음파가 벽에 반사되어 잔향이 만들어지고, 소리가 반사되어 되돌아온다. 이는 공기와 벽의 매질이 달라 신호전달이 완벽하게 되지 않기 때문에 일어나는 현상이다. 종단 저항이 없다면 BUS에 전달된 신호가 라인의 양 끝단에 도달하면 공기와 만나게 되고, 이때 도선과 공기의 매질이 달라 반사파가 만들어진다.

이러한 반사파는 다시 BUS를 통해 전달되고 새롭게 전송되는 신호와 중첩되어 오신호를 발생시켜 통신 불량 또는 통신 지연을 유발하는 원인이 된다. 이러한 반사 현상을 해결하기 위해 BUS 라인을 무한히 연결하면 반사파가 생기지 않지만, 차량에서는 약 30cm 내외(C-CAN 기준)의 통신 라인만이 허락되기 때문에 불가능하다.

또 다른 방법으로 종단 저항을 설치할 수 있는데, 신호를 전송하는 도선이 갖는 특성 임피던스와 동일한 저항을 BUS 끝단에 연결하면 BUS가 무한히 연결된 것 같은 효과를 나타내어 반사파를 줄일 수 있다. 즉, 종단 저항이 도선과 동일한 매질을 형성하여 반사파 없이 신호를 흘려보내는 것이다.

종단값을 정할 때에는 BUS에 흐르는 일정한 전류값 유지와 반사파가 생기지 않도록 회로의 특성을 고려해야 한다. C-CAN 기준으로 종단저항의 장착 위치를 살펴보면, 통상적으로 BUS를 구성하는 필수 제어기 내부에 적용된다. 주로 BUS 끝단에 위치한 엔진 제어기(EMS)와 스마트 정션박스(SJB)에 적용된다. 최근에는 SJB 대신 클러스터 내부에 적용되는 추세이다.

B-CAN 및 M-CAN의 경우에는 BUS 양단이 아닌 네트워크를 구성하는 모든 제어기 내부에 각각 종단 저항이 내장되어 있다.

(2) 종단 저항 측정(C-CAN)

준비된 차량에서 배터리 (-)단자 탈거 후 디지털 멀티미터를 사용하여 자기진단 점검단자(OBD) 3, 11번에 연결하여 저항을 측정한다.(장착위치 : 운전석 좌측 하단)

차종에 따라서 다기능 체크 커넥터(장착 : 엔진 룸 좌측 또는 우측)를 사용해 점검이 가능하다.(9, 17번 단자)

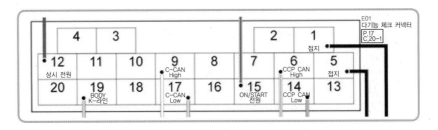

(3) 주선과 종단 저항 측정

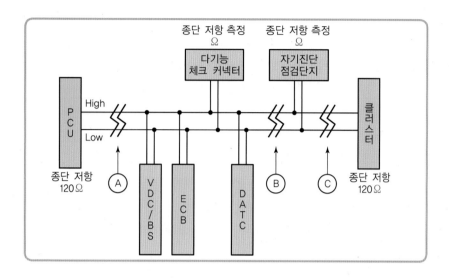

▶ 단선 상태에서 종단 저항

단선 부위	측정저항	
	다기능 체크커넥터	자기진단 점검단자
A	120Ω	120Ω
B	120Ω	120Ω
C	120Ω	120Ω

▶ 단선 상태에서 PCM 또는 클러스터 탈거 후 종단 저항 측정

단선 부위	PCM 탈거 시		클러스터 탈거 시	
	다기능 체크커넥터	자기진단 점검단자	다기능 체크커넥터	자기진단 점검단자
A	120Ω	120Ω	∞	∞
B	∞	120Ω	120Ω	∞
C	∞	∞	120Ω	120Ω

※ 저항값 측정은 IG OFF 상태에서 실시해야 한다. 측정 저항은 반드시 120Ω이 나오
지 않을 수도 있다. 또한 무한대 저항의 경우, 실제로는 다른 제어기에 병렬로 연결
되어 있어 수 kΩ의 저항이 측정될 수도 있다.

3) 경음기(혼) 소음 측정

① 준비된 차량 앞에 설치된 소음측정기의 전원을 켠다.

② A/C 버튼 : C 선택

　• A 버튼 : 환경소음(고주파 대역) 측정 시 사용

　• B 버튼 : 기계소음(저주파 대역) 측정 시 사용

③ MAX MIN INST 버튼 : MAX 선택(최고소음 정지)

④ Leq SEL SPL 버튼 : SPL 선택

　• Leq(등가소음), SEL(단발소음폭로), SPL(순간레벨)

⑤ 측정 준비를 마친 후 준비된 차량의 경음기를 약 5초간
작동시켜 최대치를 측정하여 기록한다.

⑥ 규정값은 자동차의 소음허용기준에 따라 양부 판정한다.

▶ **자동차의 소음허용기준(제29조 및 제40조 관련) [별표 13] 〈개정 2013.3.23〉**

자동차종류	소음항목	배기소음(dB(A))	경적소음(dB(c))
경자동차		100 이하	110 이하
승용 자동차	승용 1 (800cc 이상 9인승 이하)	100 이하	110 이하
	승용 2 (800cc~10인 이상, 2t 이하)	100 이하	110 이하
	승용 3 (800cc~10인 이상, 2~3.5t 이하)	100 이하	112 이하
	승용 4 (800cc~10인 이상, 3.5t 초과)	105 이하	112 이하
소형화물 자동차	화물 1 (800cc~2t 이하)	100 이하	110 이하
	화물 2 (800cc 이상, 2~3.5t 이하)	100 이하	110 이하
	화물 3 (800cc~3.5t 초과)	105 이하	112 이하
이륜자동차		105 이하	110 이하

4) 배기소음 측정

① 측정 대상 자동차의 배기관 끝으로부터 배기관 중심선에 45°±10°의 각(차체 외부면으로 먼쪽 방향)을 이루는 연장선 방향으로 0.5m 떨어진 지점이어야 하며, 동시에 지상으로부터의 높이는 배기관 중심높이에서 ±0.05m인 위치에 마이크로폰을 설치한다.(지상으로부터의 최소 높이는 0.2m이어야 한다)

② 소음 측정기의 A/C 버튼에서 A특성을 선택하여 먼저 암소음을 측정한다.

③ 차량의 시동을 걸고 최고 출력 시의 75% 회전속도로 4초 동안 가속하여 배기소음을 측정한다.(배기음은 Max Hold 하지 않는다.)

④ 측정음과 암소음의 차이가 10dB 이상이면 보정하지 않고, 그 이하일 경우는 보정값을 적용한다.(3 이하 : -3, 4~5 : -2, 6~9 : -1, 10 이상 : 보정 안 함)

5-4. 전조등 광도 및 진폭

1) 기록표 작성요령

위치	측정항목	측정(또는 점검)		판정 및 정비(또는 조치)사항	
		측정값	기준값	판정 (□에 '✔' 표)	정비 및 조치할 사항
☑ 좌 □ 우 전조등	광도	23800cd	3000cd 이상	□ 양호 ☑ 불량	진폭 조정 후 재측정
	진폭	0.09%	−1.0 ~ −2.5%		

2) 전조등 광도 및 진폭 측정(JHT-500CA)

▶ 측정

① 검사차량을 전조등을 끈 상태로 전조등시험기 레일 정면 1m 지점에 진입시킨다.

② 전조등시험기를 측정하고자 하는 위치(좌우 선택) 정면으로 이동시키고, 전조등시험기의 전원스위치를 켠다.

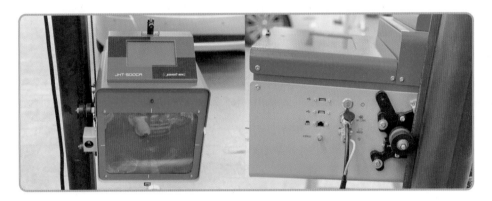

③ 전원스위치를 켜고 나면 자스텍(Jastec) 로고와 함께 초기화면이 나타난다.

측정 버튼

④ 차량의 전조등을 OFF상태에서, 전조등시험기 중앙에 레이저 스위치인 적색 버튼을 눌러서 켠 후 수평레이저를 보면서 차량전조등의 상하 중심에 오도록 전조등시험기 몸체를 누르고 올려서 높이를 조정한다.

레이저 스위치

⑤ 전조등시험기의 수직 십자레이저를 사용하여 적색 수직레이저가 전조등의 좌우 중심에 오도록 전조등시험기를 좌우로 이동하여 정렬시킨다.

⑥ 초기화면에서 측정 버튼을 누른 후 차량의 시동을 건 다음, 측정할 전조등(하향등)을 켜고 화면에서 좌측, 우측의 상향등, 하향등, 안개등 버튼 중 측정해야 할 하향등을 선택하여 터치하면 측정이 진행된다.

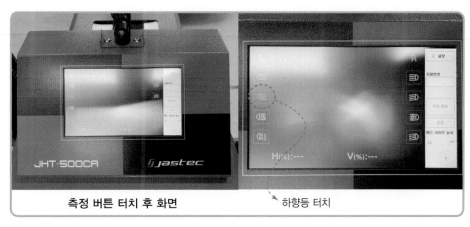

| 측정 버튼 터치 후 화면 | 하향등 터치 |

⑦ 측정이 완료되면 V표시와 함께 화면 상단에 광도가 표시되고, 하단에 수평(H%)과
   수직(V%)의 진폭이 표시된다. 우측의 수직(V%)진폭을 기록표에 작성한다.

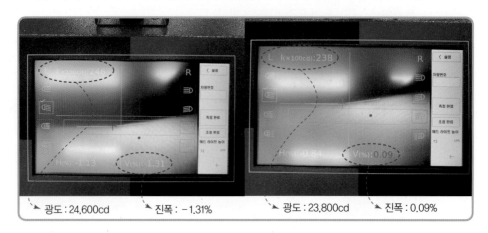

⑧ 위 그림에서 좌측화면의 측정값은 광도: 24,600cd, 진폭은 −1.31%(양호)로 기록
   한다.
   위 그림에서 우측화면의 측정값은 광도: 23,800cd, 진폭은 +0.09%(불량)로 기록
   한다.

5-5. 외기온도센서 저항/출력전압 및 에어컨 냉매 압력

1) 기록표 작성요령

항목	측정(또는 점검)		판정 및 정비(또는 조치)사항	
	측정값	규정 값 (정비한계 값)	판정 (□에 '✔' 표)	정비 및 조치할 사항
외기온도센서 — 저항	27.1kΩ	24~37kΩ/25℃	☑ 양호 □ 불량	없음
외기온도센서 — 출력 전압	2.37V	2~3V		
에어컨 냉매압력 — 저압	1.6kg/cm²	2~4kg/cm²	□ 양호 ☑ 불량	냉매부족 가스보충 후 재점검(재측정)
에어컨 냉매압력 — 고압	6.7kg/cm²	15~18kg/cm²		

2) 외기온도센서 저항 및 출력전압 측정

외기온도센서는 콘덴서 팬 시리우스 앞쪽에 위치해 있고, 외기온도를 감지하여 컨트롤 모듈에 신호를 보내 토출 온도와 풍량이 운전자가 선택한 온도에 근접할 수 있도록 하는 센서이다.

▶ 측정(차종 : 뉴 EF 쏘나타)

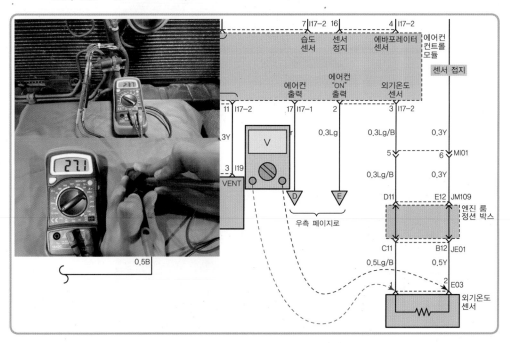

① 준비된 차량에서 IG ON 후 외기온도센서 커넥터 1번 단자에 멀티미터 (+)리드 선을, 2번 단자에 (-)리드 선을 연결 후 출력값을 측정한다.

② 외기온도센서 저항 측정은 센서 탈거 후 단품 양단 간 저항을 측정하면 된다.

③ 정상인 센서의 경우는 수 kΩ이 측정되며, 센서 내부 단선일 경우는 ∞로 기록한다.

▶ 센서 온도별 저항

온도(℃)	저항(kΩ)	온도(℃)	저항(kΩ)
−10	157.84	10	58.75
−5	122.00	20	37.30
0	94.98	30	24.26
5	74.45	40	16.14

3) 에어컨 냉매 압력 측정

① 측정 차량의 기관 정지 후 회수 충전기의 매니폴드 게이지를 연결한다.

② 차량의 저압, 고압 라인을 확인하고 게이지 청색을 저압 라인에, 적색을 고압 라인에 연결한다.

③ 엔진 시동 후 설정온도를 최대냉방(17℃)으로, 송풍팬을 1단으로 에어컨을 가동한다.

④ 엔진 회전수를 1,200~1,800rpm으로 유지시킨 후 고 · 저압 게이지의 눈금을 읽고
기록한다.($1.6kg/cm^2$, $6.7kg/cm^2$)

⑤ 규정(정비한계)값은 정비지침서에서 찾아 기입하고, 지침서가 없는 경우에는 감독위
원에게 물어서 기재한다.

참고 규정값의 압력 단위를 기준으로 하여 회수충전장비의 압력 단위가 다를 경우 단위를 환산하여 기재하여
야 한다.(psi → kgf/cm^2인 경우는 0.07을 곱함, psi → kg/cm^2인 경우는 bar로 환산)

Master Craftsman
Motor Vehicles Maintenance
자동차정비기능장 실기(작업형)

03

새시

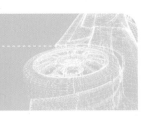
01 부품 탈부착

1-1. 브레이크 마스터실린더

① 에어클리너 어셈블리를 탈거하고, 아래 그림(우)에 따라 브레이크 액 레벨 센서 커넥터(A)를 분리하고 리저버 캡을 연다.

② 브레이크 액 흡입기를 사용하여 리저브 탱크 내의 브레이크 액을 빼낸다.

③ 플레어 너트(그림 좌)를 풀고 마스터 실린더 고정너트(그림 우)를 분리한 후 마스터 실린더를 탈거한다.

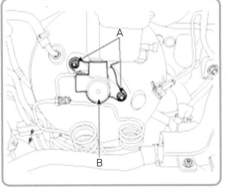

④ 조립은 분해의 역순으로 하고 브레이크 오일을 보충 후 공기빼기를 실시한다.

1-2. 파워스티어링 오일펌프

① 오일펌프에서 압력호스(A)를 분리하고, 석션 파이프에서 석션 호스(B)를 분해하여 오일을 배출시킨다.

② 배터리 (−)단자를 분리한다.

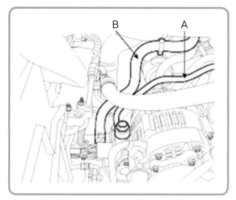 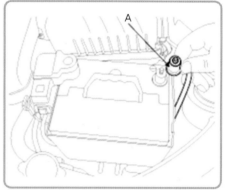

③ 드라이브 벨트를 분리시킨다.

④ 알터네이터 커넥터(A)와 배터리 터미널 케이블(B)을 분리하고 베큠 호스(D)와 오일 튜브(D)를 분리한다.

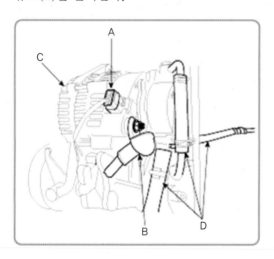

⑤ 알터네이터 장착볼트(A)를 풀고 관통볼트(B)를 빼내어 알터네이터(C)를 분리한다.

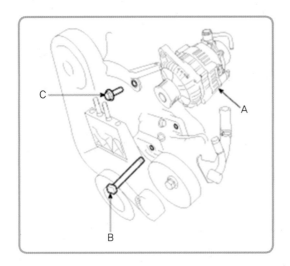

⑥ 파워 스티어링 오일펌프 마운팅 볼트를 푼 후 파워 스티어링 오일펌프 어셈블리(A)를 분리한다.

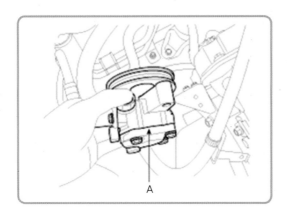

⑦ 조립은 분해의 역순으로 하고 파워펌프 오일을 보충 후 공기빼기를 실시한다.

1-3. 쇼크업소버 코일 스프링

① 프런트 휠과 타이어를 분리한다.

② 볼트(A, B)를 풀고 클립(C)을 제거하여 센서 케이블을 분리한다.

③ 너트를 풀어 스트럿 어셈블리에서 스태빌라이저 링크(A)를 분리한다.

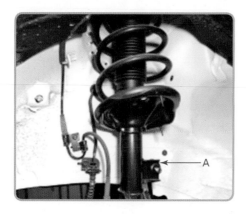

④ 카울 탑 커버(A)를 탈거하고, 아래 그림(우)에서처럼 프런트 스트럿 어퍼 체결너트(A)를 분리한다.

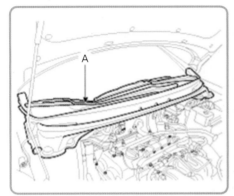 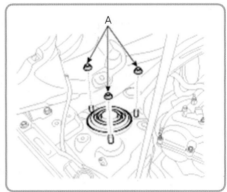

⑤ 볼트와 너트를 풀어 프런트 스트럿 어셈블리(A)를 액슬(B)에서 탈거한다.

⑥ 특수공구를 사용하여 스프링(A)에 약간의 장력이 생길 때까지 스프링(A)을 압축한다.

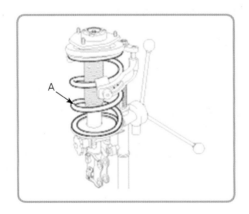

⑦ 스트럿에서 셀프 로킹 너트(A)를 분리한다.

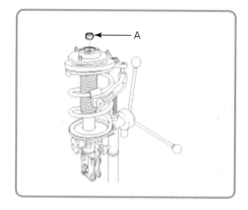

⑧ 스트럿에서 인슐레이터, 스트럿베어링, 코일 스프링 더스트 및 커버 등을 분리한다.

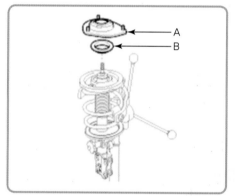 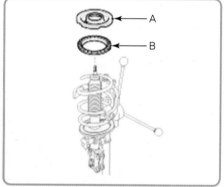

⑨ 더스트 커버(A)와 범퍼 러버(B)를 분리하고 아래 그림(우)처럼 코일 스프링(A)을 분리한다.

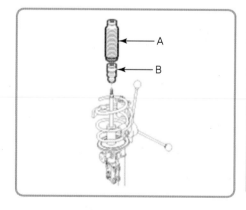 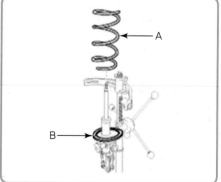

⑩ 조립은 분해의 역순으로 한다.

1-4. 전륜 현가장치 로어암

① 프런트 휠 및 타이어를 프런트 허브에서 탈거한다.

② 고정핀(B)을 제거하고 로어암 체결 너트를 풀고 로어암(A)을 분리한다.

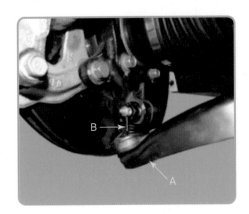

③ 고정볼트(B)를 풀어 서브프레임에서 로어암(A)을 탈거한다.

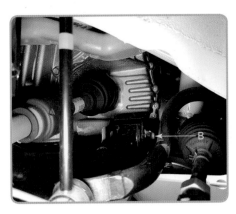 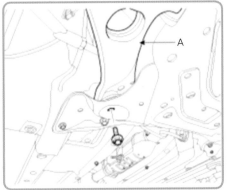

④ 장착은 탈거의 역순으로 진행한다.

1-5. 스티어링 칼럼 샤프트

① 배터리 (−)단자 (A)를 분리한다.

② 그림의 볼트(A)들을 제거한 후 에어백 모듈(B)을 분리한다.

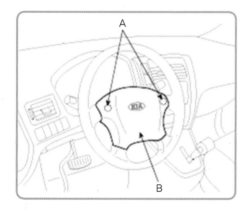

③ 스티어링 휠 로크 너트(A)를 분리한다.

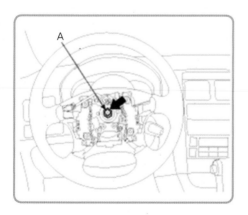

④ 스티어링 샤프트와 휠의 일치표시를 일치시킨 후 특수공구를 사용하여 스티어링 휠 (A)을 분리한다.

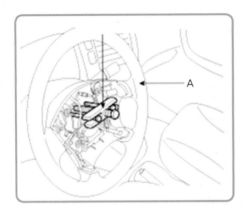

⑤ 3개의 체결볼트를 제거한 후 슈라우드(A, B)를 분리한다.

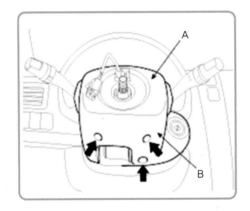

⑥ 2개의 체결볼트(A)들을 제거한 후 로어 크러쉬 패드(B)를 분리한다.

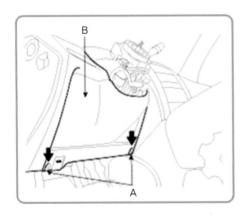

⑦ 다기능 스위치에 부착된 커넥터(A)를 분리한다.

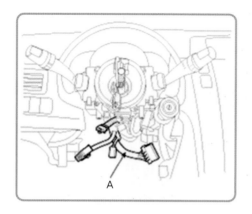

⑧ 그림의 볼트 3개(A)를 제거한 후 다기능 스위치 어셈블리(B)를 분리한다.

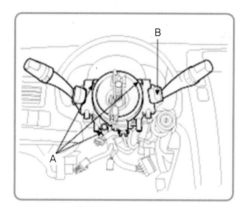

⑨ 스티어링 칼럼 샤프트, 유니버셜 조인트와 피니언을 연결한 볼트들을 제거한다.

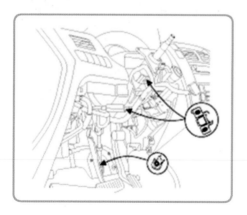

⑩ 스티어링 칼럼 샤프트 어셈블리 장착볼트와 너트를 분리 후 스티어링 칼럼 샤프트
   어셈블리를 분리한다.
⑪ 조립은 분해의 역순으로 한다.

1-6. 쇼크업소버 액추에이터

① 쇼크업소버 상단에서 액추에이터 커버와 커넥터를 탈거한다.

② 쇼크업소버 액추에이터 배선 고정키를 제거하고 고정볼트(+자)를 푼다.

③ 고정볼트를 푼 후 소버에서 액추에이터를 분리하여 탈거한다.

④ 조립은 분해의 역순으로 한다.

1-7. 브레이크 캘리퍼

① 가이드로드 볼트(B)를 풀고 캘리퍼(A)를 위로 젖혀둔다.(아래 그림 좌측)

 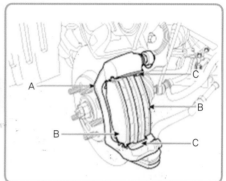

② 캘리퍼 브래킷(A)에서 패드 및 심(B) 패드 리테이너(C)를 탈거한다.(위 그림 우측)

③ 캘리버 어셈블리에서 브레이크 호스 연결 볼트(A) 및 캘리퍼 고정볼트(B, C)를 분리하고 캘리퍼 어셈블리를 탈거한다.

④ 조립은 분해의 역순으로 한다.

1-8. 인히비터 스위치

① 시프트 레버를 "N"단에 위치시킨다.

② 배터리 (+), (−)단자를 탈거한다.

③ 배터리와 트레이를 탈거한다.

④ 인히비터 스위치 커넥터(A)를 분리한다.

⑤ 시프트 케이블 마운팅 너트(B)를 탈거한다.

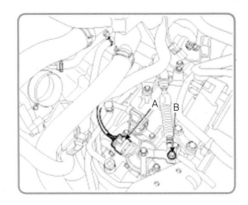

⑥ 너트(A)를 풀고 매뉴얼 컨트롤 레버(B)와 와셔를 탈거한다.

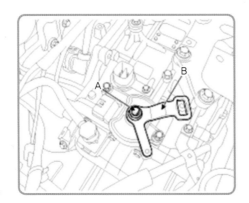

⑦ 볼트를 풀어 인히비터 스위치(A)를 탈거한다.

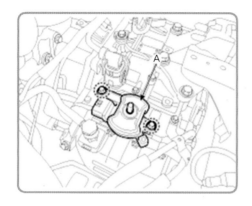

⑧ 조립은 분해의 역순으로 한다.

1-9. 자동변속기(밸브보디 탈착)

① 배터리(−) 터미널을 분리한다.

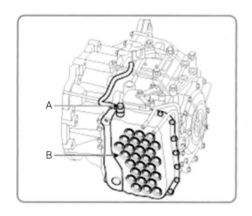

② 볼트를 풀고 디텐드 스프링과 플레이트(A)를 탈거한다.

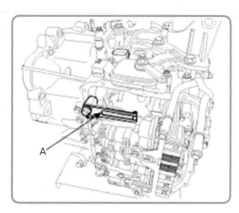

③ 장착된 볼트를 풀고 오일온도센서 커넥터(A)와 솔레노이드 밸브 커넥터 어셈블리
(B)를 분리한다.

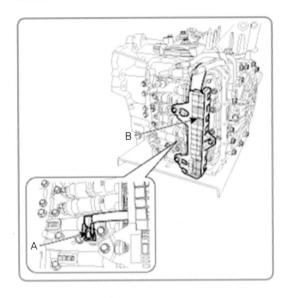

④ 장착된 볼트를 풀고 밸브보디 어셈블리(A)를 탈거한다.

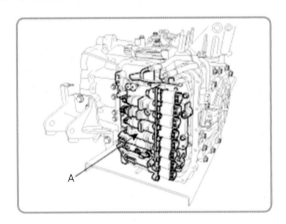

⑤ 조립은 분해의 역순으로 한다.

1-10. 전륜(또는 후륜) 허브베어링

① 프런트 휠 및 타이어(A)를 프런트 허브에서 탈거한다.

② 브레이크 캘리퍼 마운팅 볼트를 푼 후 캘리퍼(A)를 근처 부품에 와이어로 묶어 고정
시킨다.

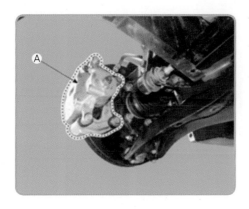

③ 브레이크를 작동시킨 상태에서 프런트 허브에서 코킹 너트(A)를 탈거한다.

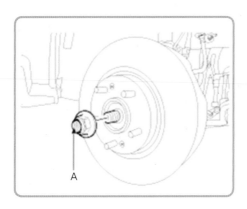

④ 브레이크 디스크 장착 스크류를 풀고 브레이크 디스크를 분리한다.

⑤ 고정볼트(A)를 풀어 허브 베어링을 탈거한다.

⑥ 장착은 탈거의 역순으로 진행한다.

1-11. 조향기어 박스

① 프런트 휠 및 타이어를 프런트 허브에서 탈거한다.

② 분할핀(A)과 캐슬 너트(B)를 탈거하고 너클에서 타이로드 엔드 볼조인트(C)를 탈거한다.

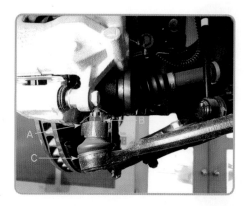

③ 스태빌라이저 링크 너트(A)를 풀고 쇼크업소버에서 탈거한다.

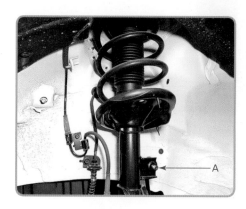

④ 고정핀(B)을 제거하고 로어암 체결 너트를 푼 후 로어암(A)을 분리한다.

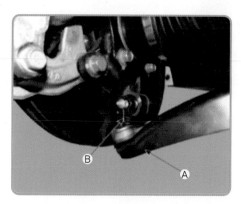

⑤ 프런트 드라이브 샤프트(A)를 너클 어셈블리로부터 분리한다.

⑥ 유니버셜 조인트와 스티어링 기어 연결 볼트(A)를 분리한다.

⑦ 볼트 및 너트를 풀어 롤 로드와 서브프레임 어셈블리를 탈거한다.
⑧ 볼트를 풀어 스티어링 기어박스(A)를 탈거한다.

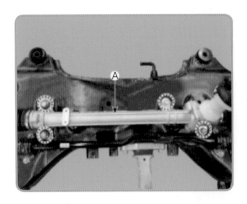

⑨ 장착은 탈거의 역순으로 진행한다.

1-12. ABS 모듈

① 점화 스위치를 OFF하고, 배터리 (−)단자를 분리한다.

② 잠금장치를 당겨 ABS 컨트롤 모듈에서 커넥터(A)를 분리한다.

③ ABS 컨트롤 모듈(HECU)에 연결된 브레이크 튜브 플레어 너트 6개소를 스패너를 사용하여 시계 반대방향으로 회전시켜 분리한다.

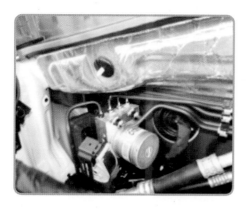

④ ABS 컨트롤 모듈 고정 볼트를 풀고 차체에서 탈거한다.

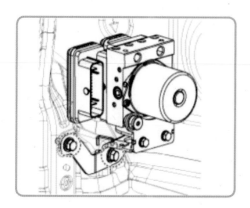

⑤ HECU에 조립된 장착 볼트 3개를 분리하여 브래킷을 분리시킨다.

⑥ 장착은 탈거의 역순으로 진행한다.

1-13. 등속조인트 탈거 & 부트

① 프런트 허브에서 브레이크를 작동시킨 상태에서 코킹 너트(A)를 탈거한다.

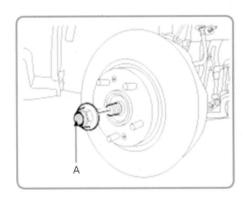

② 분할핀(A)과 캐슬 너트(B)를 탈거하고 너클에서 타이로드 엔드 볼조인트(C)를 탈거한다.

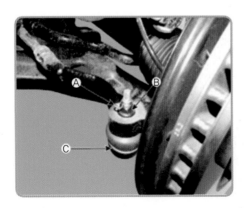

③ 스태빌라이저 링크 너트(A)를 풀고 쇼크업소버에서 탈거한다.

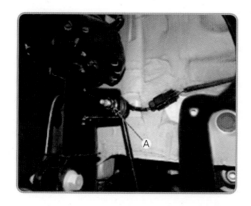

④ 고정핀(B)을 제거하고 로어암(A)을 분리한다.

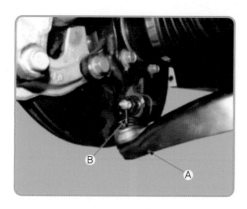

⑤ 프런트 드라이브 샤프트(A)를 너클 어셈블리로부터 분리한다.

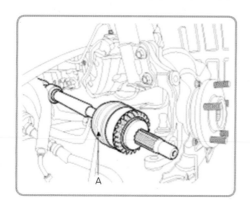

⑥ 프라이 바(A)를 이용하여 드라이브 샤프트(B)를 탈거한다.

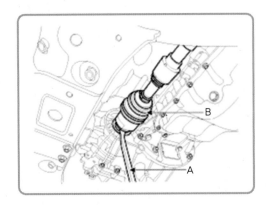

⑦ 트랜스미션 쪽 조인트 스플라인(A) 부에서 클립(B)을 탈거한다.

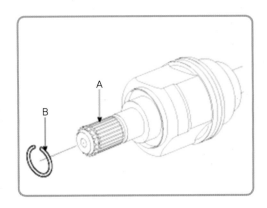

⑧ 트랜스미션 쪽 조인트(TJ) 양쪽 부트 밴드들을 탈거한다.

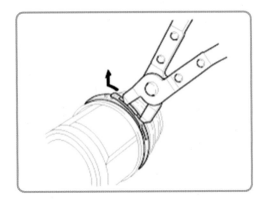

⑨ 트랜스미션 쪽 조인트(TJ) 부트를 당긴다.

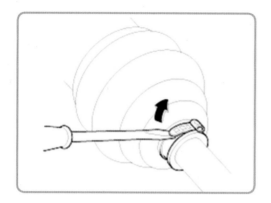

⑩ 클립(C)을 탈거한 후 트랜스미션 쪽 조인트(TJ) 부트(A)와 분리하면서 TJ 외륜(B) 안에 있는 그리스를 닦아내어 따로 모아 놓는다.

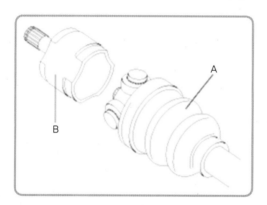

⑪ 아래 그림과 같이 트러니언 어셈블리의 롤러(A)와 TJ 외륜(B), 그리고 스플라인부 (C)에 조립 시를 대비한 마크(D)를 표시해둔다.

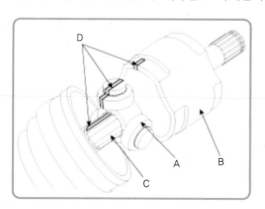

⑫ 스냅링 플라이어와 (−) 드라이버로 클립(A)을 분리하고 드라이브 샤프트에서 스파이더 어셈블리(B)를 탈거하고 트랜스미션 쪽 조인트(TJ) 부트(A)를 탈거한다.

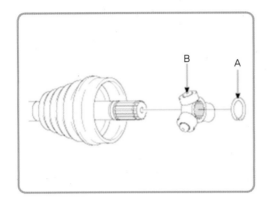

⑬ 장착은 탈거의 역순으로 진행한다.

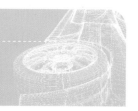
02 측정

2-1. 제동력 측정

1) 기록표 작성요령

항목	측정(또는 점검)						판정 및 정비(또는 조치)사항	
	측정값			규정 값			판정 (□에 '✔' 표)	정비 및 조치할 사항
	제동력	합(%)	편차(%)	해당 축중	합	편차		
제동력 ☑ 앞 □ 뒤 (□에 '✔' 표)	좌 498 우 169	61%	4.8%	600kg	50% 이상	8% 이내	☑ 양호 □ 불량	정상
산출 근거	제동력 합 $\frac{198+169}{600} \times 100 = 61\%$			제동력 편차 $\frac{198-169}{600} \times 100 = 4.8\%$				

2) 제동력 측정(대본)

① 준비된 차량의 위치 확인 후 제동력 시험기 초기화면에 주 항목 선택 화면이 나오면 우측 하단 스위치 패널에서 Enter 버튼을 누른다.

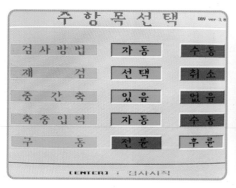 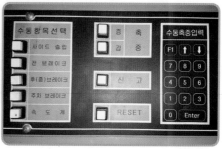

② 5가지 선택 화면이 나오면 우측 그림의 스위치 패널의 수동항목 선택에서 전 브레이
크 스위치를 누른다.

③ 주어진 축중 600kg을 입력한 후 스위치 패널 하단의 Enter 버튼을 누른다.

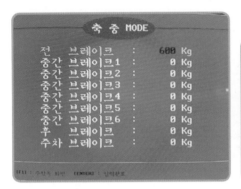

④ 측정 화면이 나오면서 제동력 롤러가 회전하기 시작한다.

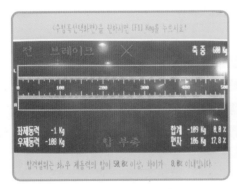

⑤ 브레이크를 힘껏 밟으면 제동력이 측정된다.(시험장에 따라 관리원이 제동하는 경우도 있다.)

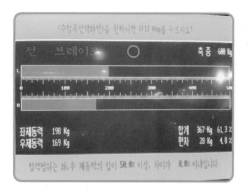

⑥ 화면 하단의 측정항목(좌우 제동력)으로 제동력의 합, 편차를 구하고 검사기준에 의해 판정하고 기록한다.(검정 시 화면 우측과 하단에 표시된 합계와 편차 그리고 검사기준은 보이지 않게 가려 둔다.)

■ 제동력 판정 공식

- 제동력의 총합 : $\dfrac{\text{앞뒤좌우 제동력의 합}}{\text{차량 총 중량}} \times 100$ = 차량 총 중량의 50% 이상 합격

- 앞바퀴 제동력의 총합 : $\dfrac{\text{앞좌우 제동력의 합}}{\text{앞 축중}} \times 100$ = 앞 축중의 50% 이상 합격

- 뒷바퀴 제동력의 총합 : $\dfrac{\text{뒤좌우 제동력의 합}}{\text{뒤 축중}} \times 100$ = 뒤 축중의 20% 이상 합격

- 좌우 제동력의 편차 : $\dfrac{\text{큰 쪽 제동력 − 작은 쪽 제동력}}{\text{당해 축중}} \times 100$ = 좌우 편차 8% 이하 합격

- 주차 브레이크 제동력 : $\dfrac{\text{뒤좌우 제동력의 합}}{\text{차량 총 중량}} \times 100$ = 차량 총 중량의 20% 이상 합격

2-2. 사이드 슬립량 측정 및 타이어 점검

1) 기록표 작성요령

항목	측정(또는 점검)				판정 및 정비(또는 조치)사항	
	측정값			규정(기준) 값 (정비한계 값)	판정 (□에 '✔' 표)	정비 및 조치할 사항
사이드 슬립량	OUT 5.4m/km			IN, OUT 5m/km	□ 양호 ☑ 불량	토인 조정 후 재점검
타이어 점검	타이어 제작시기	트레드 깊이	타이어 최대 하중	트레드 깊이	☑ 양호 □ 불량	
	2011년 9째주	3.2mm	710kg	1.6mm 이상		

2) 사이드 슬립량 측정(대본)

① 사이드 슬립 테스터의 중앙에 있는 답판 잠금장치를 해제한다.

② 테스터의 전원 스위치를 ON시킨다.

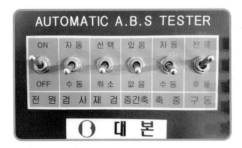

③ 아래 좌측 그림처럼 주 항목 선택 항목이 화면에 표시되면 우측 그림의 작동스위치 패널 아래쪽에 있는 Enter 버튼을 누른다.

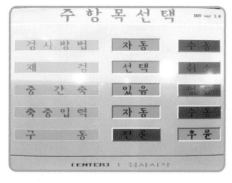 

④ 아래와 같이 5가지 선택 항목이 화면에 표시되면 수동항목 선택(아래 우측)에서 사이드 슬립 버튼을 누른다.

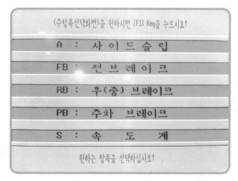 

⑤ 사이드 슬립 측정 전 화면(좌측)이 표시되며, 차량을 답판 위로 통과시키면 사이드 슬립 측정 화면이 표시된다. 검정 시 화면 아래 검사기준은 보이지 않게 가려지고 측정된 값을 기록한 후 검사기준값에 맞춰 판정한다.

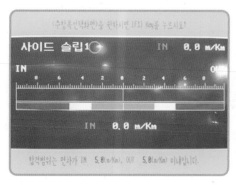 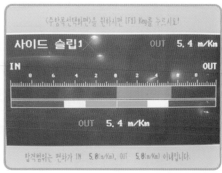

3) 타이어 점검

(1) 타이어 제작시기

아래 그림의 타이어를 보면 '0911'이라는 숫자가 표기되어 있는데 여기서 09는 생산된 주, 11은 2011년을 의미한다.(90년대는 3자리로 표기)

(2) 드레드 깊이 측정

자동차 및 자동차부품의 성능과 기준에 관한 규칙 제12조 1항 [별표1]에는 타이어 트레드의 마모한계를 1.6mm로 규정하고 있다. 시험위원이 지정한 타이어와 측정 위치에서 자 또는 버니어 캘리퍼스로 측정하여 기록한다.

독일의 경우에는 프로필(Profile)은 타이어 트레드 전체에 걸쳐서 1.6mm 이상, 특히 겨울철에는 4mm 이상이어야 한다고 규정하고 있다. 일반적으로 트레드 깊이가 3mm 이하이면, 노면에 약간의 물이 있어도 고속으로 주행할 때는 수막현상이 크게 증대되는 것으로 알려져 있다.

타이어에서 트레드 마모 표시기(TWI ; Tread Wear Indicator)의 위치에는 사이드월에 TWI 또는 삼각형(▲)이 표시되어 있다.

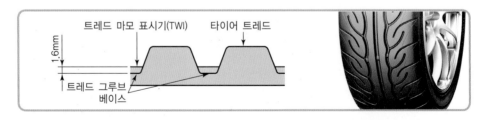

(3) 타이어 최대 하중

타이어 측면에 표시된 기호에서 "245/45R/18 96 V"의 경우 다음과 같은 의미를 가지고 있다.

245	45 R	18	96	V
타이어 단면 너비	타이어 편평비	장착 휠 지름	하중지수	속도지수

※ 타이어의 하중지수는 총 60가지로 구분되어 표시되며, 이들 숫자는 각각 해당되는 최대 허용하중을 의미한다.

하중지수	최대 허용하중(kg)	하중지수	최대 허용하중(kg)	하중지수	최대 허용하중(kg)
91	615	99	775	107	975
92	630	100	800	108	1000
93	650	101	825	109	1030
94	670	102	850	110	1060
95	690	103	875	111	1090
96	710	104	900	112	1120
97	730	105	925	113	1150
98	750	106	950	114	1180

2-3. 변속기오일 온도센서 저항 및 인히비터 스위치 점검

1) 기록표 작성요령

항목	측정(또는 점검)		판정 및 정비(또는 조치)사항	
	측정값	규정(기준) 값 (정비한계 값)	판정 (□에 '✔' 표)	정비 및 조치할 사항
변속기오일 온도센서 저항	8.5kΩ	7~10kΩ	☑ 양호 □ 불량	정상
인히비터 스위치 점검	통전단자	통전단자		
	변속 $(N) \rightarrow (D)$	변속 $(N) \rightarrow (D)$		
	N : 8 → 4번 통전 D : 8 → 1번 통전	N : 8 → 4번 통전 D : 8 → 1번 통전		

2) 변속기오일 온도센서 저항 측정

① 준비된 차량의 변속기(또는 단품)에서 유온센서 및 커넥터 위치를 파악한다.

② 만약 변속기와 회로도가 준비되어 있는 경우라면 커넥터에서 유온센서 핀을 찾아 멀티미터를 사용하여 저항을 측정한다.

③ 저항의 크기에 맞는 멀티미터 레인지의 선택이 필요하고, 만약 단선일 경우 ∞(무한대)로 기록한다.

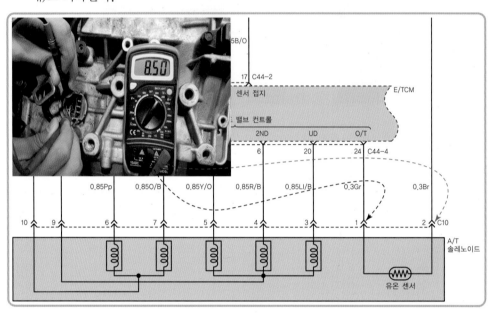

3) 인히비터 스위치 점검

① 시험위원이 제시한 해당 변속단 및 회로를 정확하게 파악한다.

② 인히비터 스위치 회로에서 단품 측 커넥터 단자 배열 순서를 정확하게 숙지한다.

③ 시험위원이 제시한 변속단이 N → D일 경우 N레인지에서 8번과 4번 단자가 통전하는지, D레인지에서는 8번과 1번 단자가 통전하는지 점검한다.

④ 변속기 단품으로 점검할 경우에는 현재 변속단의 위치를 파악하는 것이 중요하다.

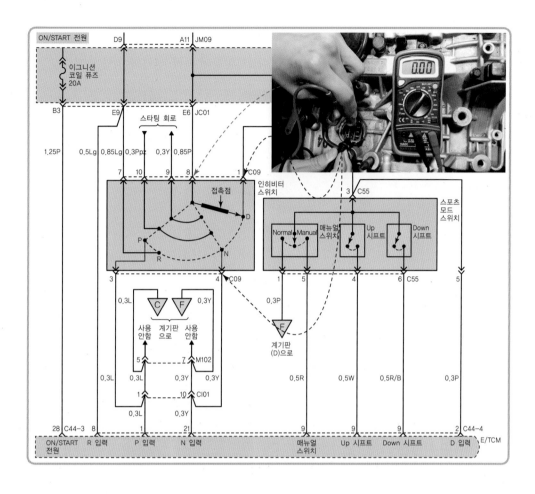

2-4. 회전반경 측정

1) 기록표 작성요령

항목		측정(또는 점검)		기준 값	판정 및 정비 (또는 조치)사항
		측정값			판정(□에 '✔'표)
회전 반경	방향 (□에 '✔'표) □ 좌 ☑ 우	축거	2.55m	최소회전반경	☑ 양호 □ 불량
		조향각	0.5°		
		최소회전반경	5.1m	12m이내	
산출 근거		계산식	$\dfrac{L}{\sin \alpha} + r$ 에서 $\dfrac{2.55}{0.5} = 5.1m$		

2) 최소 회전반경 측정

① 준비된 차량에 턴테이블을 설치한다.(시험장에 따라 설치되어 있는 경우도 있다.)

② 차량의 앞뒤 차축의 거리(축거)를 줄자를 이용하여 측정한다.

③ 시험위원이 제시한 차량의 회전 방향을 확인하고, 우회전 시 좌측 바퀴의 최대 회전 각도를 측정한다.(30°)

④ 최소 회전반경 계산식은 L(축거)/sin α(회전각도)+r(바퀴의 접지면 중심과 킹핀 각의 거리)이다.(r은 대부분 무시함)

⑤ 최소회전반경의 기준값은 12m 이내(법규)이며, 각도별 sin값은 공학용 계산기를 준비하거나 몇 개는 암기하는 것도 좋다.(sin 29° : 0.4848, sin 30° : 0.5, sin 31° : 0.515)

2-5. 파워스티어링 펌프 압력 및 핸들 유격 측정

1) 기록표 작성요령

항목	측정(또는 점검)		판정 및 정비(또는 조치)사항	
	측정값	규정값 (정비한계 값)	판정 (□에 '✔' 표)	정비 및 조치할 사항
파워 스티어링 펌프압력	90kg/cm²	70~100kg/cm²	☑ 양호 □ 불량	없음
핸들 유격	10mm	조향핸들 지름의 12.5% 이내 35×0.12.5 = 43.7mm		

2) 파워스티어링 펌프 압력 측정

① 측정 전 밸트의 장력 및 파워오일펌프의 작동상태를 육안으로 점검한다.

② 오일펌프에서 고압 쪽의 호스를 분리하고 압력측정 게이지를 설치한다.(시험장에 따라 다르지만 실차에 압력게이지를 설치해 놓는 경우도 있다.)

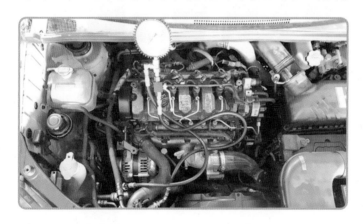

③ 시동을 건 후 공회전 상태에서 압력계의 밸브를 약 3~5초 잠그고 측정값을 읽은 후 밸브를 연다.

④ 압력게이지를 탈거하고 고압호스를 원위치시킨다.

⑤ 에어작업을 실시하고 오일을 규정 라인까지 보충한다.

3) 핸들 유격 측정

① 준비된 차량에서 조향핸들을 움직여 직진상태로 한다.

② 자동차 조향바퀴의 움직임이 느껴지기 전까지 조향핸들을 좌우로 회전시켜 이동한 거리를 준비된 직각자로 측정한다.

③ 핸들 유격 측정값 10mm를 기록하고, 기준값은 핸들 지름의 12.5% 이내이므로 핸들 지름이 35cm라고 하면 35×0.125=4.37cm이므로 기준값은 43.7mm 이내이다.

3-1. MDPS 모터 전류파형

1) 기록표 작성요령

항목	파형 분석 및 판정		
	분석항목	분석내용	판정(□에 '✔' 표)
MDPS 모터 전류파형 (정지 시 측정)	작동전압	12.46V	분석내용은 출력물에 표시하시오.	☑ 양호 □ 불량
	작동 최소전류	-1.34A		
	작동 최대전류	64.24A		

2) MDPS 모터 전류파형 측정

▶ 측정방법(HI-DS를 이용한 방법)

① 준비된 차량과 측정조건을 숙지하고 오실로스코프 1번 채널 흑색 프로브를 MDPS 컨트롤 모듈 접지 및 배터리 (−)단자에 연결한다.

② 오실로스코프 1번 적색 채널 및 대전류 프로브를 영점 조정 후 MDPS 컨트롤 모듈 커넥터 1번 상시전원 단자와 배선에 연결한다.(전압, 전류 동시 측정)

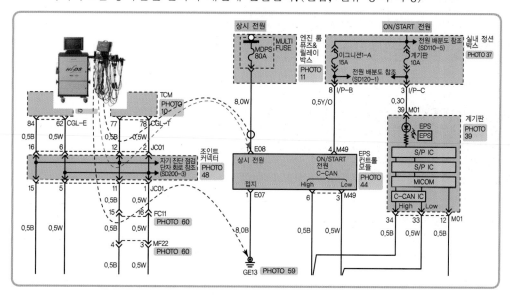

③ 오실로스코프 환경설정창에서 화면, 전압, 샘플링 속도 등을 설정한 후 파형의 크기를 맞춘다.
- 화면 설정 : UNI / DC / 일반
- 전압 설정 : 20V, 100A
- 샘플링 속도 : 150ms/div

④ 엔진 시동 후 스티어링 휠을 한쪽 방향으로 최대로 회전시켜 파형을 측정한다.

⑤ 기록표의 분석항목 3가지가 모두 화면에 나올 수 있도록 인쇄한다.

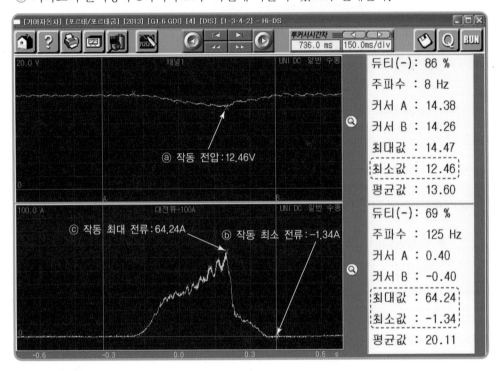

▶ **분석(차종 : 포르테)**

① 기록표의 분석항목 3가지를 숙지하고 그 내용에 따라 정상인지 비정상파형인지 분석한다.

ⓐ 작동 시 전압은 스티어링 최대 회전 시 전압인 12.46V이다.

ⓑ 작동 최소 전류는 스티어링 최대 회전 시 최소 전류인 −1.34A이다.

ⓒ 작동 최대 전류는 스티어링 최대 회전 시 최대 전류인 64.24A이다.

② 위의 MDPS 모터 전류파형은 정상파형으로, 판정은 양호이다.

3-2. ABS 휠 스피드센서 파형

1) 기록표 작성요령

항목	파형 분석 및 판정		
	분석항목	분석내용	판정(□에 '✔' 표)
ABS 휠 스피드센서	주파수　　35Hz	분석내용은 출력물에 표시하시오.	☑ 양호
	전압(Peak to peak)　　1.65V		□ 불량
	파형상태(양호/불량)　　양호		

2) ABS 휠 스피드센서 파형 측정

▶ **측정방법(HI-DS를 이용한 방법)**

① 준비된 차량과 측정조건을 숙지하고 오실로스코프 1번 채널 흑색 프로브에 좌측 휠 스피드센서 커넥터 1번 단자를, 적색 프로브에 커넥터 2번 단자를 연결한다.(커넥터 양단을 측정)

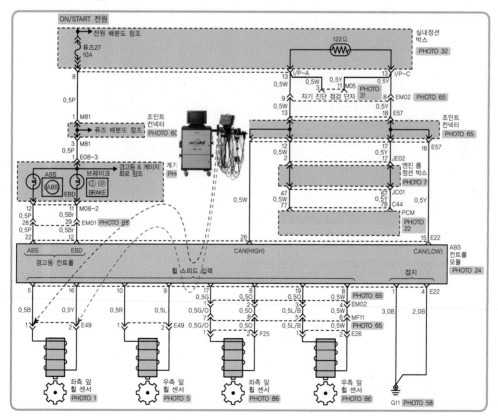

② 오실로스코프 환경설정창에서 화면, 전압, 샘플링 속도 등을 설정한 후 파형의 크기를 맞춘다.
- 화면 설정 : BI / DC / 일반
- 전압 설정 : 1.6V
- 샘플링 속도 : 30ms/div

③ 측정하고자 하는 바퀴가 회전할 수 있도록 차량을 리프팅 후 다음 그림처럼 패시브 타입의 경우는 KEY OFF에서 손으로 타이어를 힘껏 회전시켜 측정한다.(시험장에 따라 동일한 주파수로 측정을 요구하는 경우도 있다.)

④ 기록표의 분석항목 3가지가 모두 화면에 나올 수 있도록 인쇄한다.

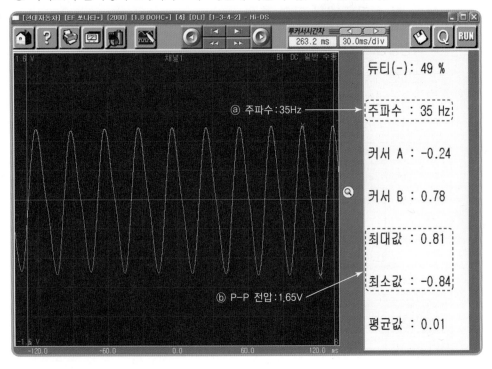

▶ **분석(차종 : EF 쏘나타-패시브 타입)**

① 기록표의 분석항목 3가지를 숙지하고 그 내용에 따라 정상인지 비정상파형인지 분석한다.

ⓐ 주파수는 우측 측정 데이터에 나온 35Hz를 기록한다.

ⓑ 피크(Peak to Peak) 전압이란 최고점과 최저점의 차이를 말한다.P-P 전압은 0.81-(-0.84)=1.65V이다.

ⓒ 파형의 상태는 정상파형으로 체크한다.

② 위의 ABS 휠 스피드센서 파형은 정상파형으로, 판정은 양호이다.

▶ 측정(차종 : HG 그랜저-액티브 타입)

※ 패시브 타입과 달리 KEY ON에서 측정하고 오실로스코프 채널의 접지는 배터리나 차체 접지를 하여 측정한다.

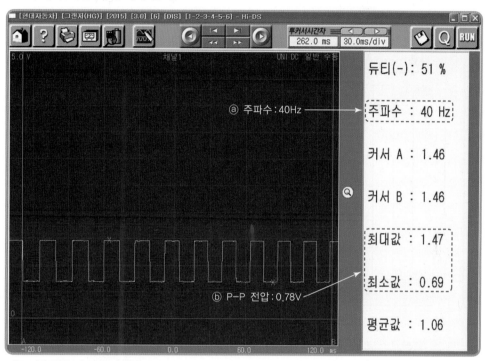

3-3. 자동변속기 입(출)력 센서 파형

1) 자동변속기 입(출)력 센서 파형

항목	파형 분석 및 판정			
	분석항목		분석내용	판정(□에 '✔'표)
자동변속기 입(출)력센서 파형	주파수	40Hz	분석내용은 출력물에 표시하시오.	☑ 양호
	전압(Peak to peak)	4.6V		□ 불량
	듀티	(-)50%		

2) 자동변속기 입(출)력 센서 파형 측정

▶ 측정방법(HI-DS를 이용한 방법)

① 오실로스코프 1번 채널 흑색 프로브를 출력 스피드센서 커넥터 1번 단자(센서 접지 또는 배터리 (-)단자에 연결한다.

② 오실로스코프 1번 채널 적색 프로브를 출력 스피드센서 커넥터 2번 단자 신호선에 연결한다.(오실로스코프 채널 번호 확인)

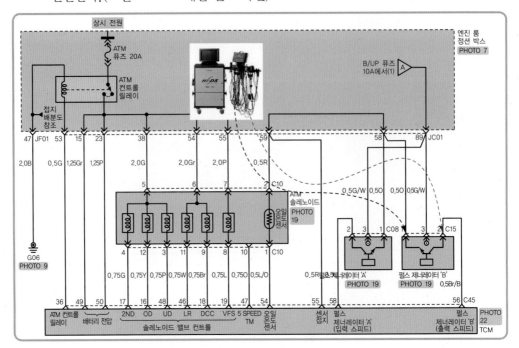

③ 오실로스코프 환경설정창에서 화면, 전압, 샘플링 속도 등을 설정한 후 파형의 크기를 맞춘다.
  • 화면 설정 : UNI / DC / 일반
  • 전압 설정 : 10V
  • 샘플링 속도 : 3.0ms/div
④ 변속레버를 N레인지에서 엔진 시동 후 D레인지로 이동하여 출력 스피드센서 파형을 측정한다.(시험위원에 따라 입, 출력 센서를 선택하여 측정을 요구한다.)
⑤ 기록표의 분석항목 3가지가 모두 화면에 나올 수 있도록 인쇄한다.

▶ **분석(차종 : NF 쏘나타–출력 스피스센서 파형)**

① 기록표의 분석항목 3가지를 숙지하고 그 내용에 따라 정상인지 비정상파형인지 분석한다.
  ⓐ 주파수는 우측 측정 데이터에 나온 355Hz를 기록한다.
  ⓑ 피크(Peak to peak) 전압이란 최대값–최소값을 계산한 값을 뜻한다. P–P 전압은 4.890.29=4.6V이다.
  ⓒ 듀티는 우측 측정 데이터에 나온 50%를 기록한다.

② 위의 자동변속기 출력 스피드센서 파형은 정상파형으로, 판정은 양호이다.

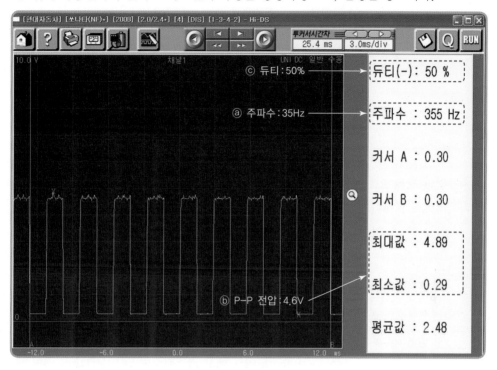

3-4. 레인지 변환 시(N → D) 유압제어 솔레노이드 파형

1) 기록표 작성요령

항목	파형 분석 및 판정			
	분석항목		분석내용	판정(□에 '✔' 표)
레인지 변환 시 (N → D) 유압제어 솔레노이드 파형	주파수	720Hz	분석내용은 출력물에 표시하시오.	☑ 양호 □ 불량
	전압	46.3V		
	듀티	(-)38%		

2) 레인지 변환 시(N → D) 유압제어 솔레노이드 파형 측정

레인지 변속(N → D) 시 솔레노이드 밸브 파형 측정 전 먼저 N과 D레인지에서의 작동 요소를 알아야 한다.

구분	언더 드라이브 클러치(UD)	오버 드라이브 클러치(OD)	세컨드 브레이크 (2ND)	로 & 리버스 브레이크 (L/R)	리버스 클러치 (RVS)
P/N				O	
R				O	O
D1	O			O	
D2	O		O		
D3	O	O			
D4		O	O		

위의 작동 요소 표를 보면 N에서 로 & 리버스 브레이크(L/R)가 작동하고 D에서 로 & 리버스 브레이크(L/R)와 언더 드라이브 클러치(UD)가 작동한다. 이 작동 요소를 이해하고 회로도의 UD와 L/R 솔레노이드 밸브의 파형을 측정하면 된다.

▶ 측정방법(HI-DS를 이용한 방법)

① 오실로스코프 1, 2, 3번 채널 흑색 프로브를 배터리 (−)단자에 연결한다.

② 오실로스코프 1번 채널 적색 프로브를 인히비터 스위치 커넥터 1번 단자(D레인지), 2번 채널 프로브를 ATM 솔레노이드 밸브 커넥터 3번 단자(UD Sol), 3번 채널 프로브에 ATM 솔레노이드 밸브 커넥터 11번 단자(L/R Sol)를 연결한다.(N → D 절환 시 작동되는 요소인 솔레노이드 밸브 UD와 L/R에 연결)

▶ 측정(차종 : NF 쏘나타)

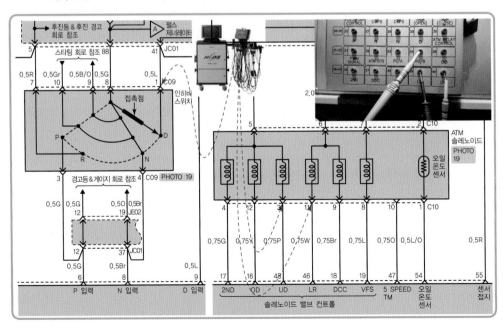

③ 오실로스코프 환경설정창에서 화면, 전압, 샘플링 속도 등을 설정한 후 파형의 크기를 맞춘다.

- 화면 설정 : UNI / DC / 피크
- 전압 설정 : 20V, 60V, 20V
- 샘플링 속도 : 3.0ms/div

④ 변속레버를 N레인지에서 엔진 시동 후 D레인지로 절환 시 파형을 측정한다.

⑤ 기록표의 분석항목 3가지가 모두 화면에 나올 수 있도록 인쇄한다.

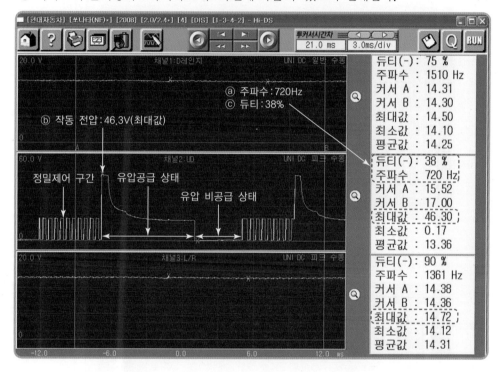

▶ 분석(차종 : NF 쏘나타)

① 기록표의 분석항목은 시험위원이 지정한 작동요소의 파형에서 정상 여부를 분석한다.
　ⓐ 주파수는 시험위원이 요구한 작동요소(UD Sol)에서 파형 및 데이터를 확인하고 기록한다.(720Hz)
　ⓑ 전압은 작동 시 전압을 의미하며, UD 작동 시(유압공급) 최초 전압인 46.3V(최대값)를 기록한다.
　ⓒ 듀티(1주기)는 38%이다.

② 위의 N → D 절환 시 유압제어 솔레노이드 작동파형은 정상파형으로, 판정은 양호이다.

▶ 측정(N레인지)

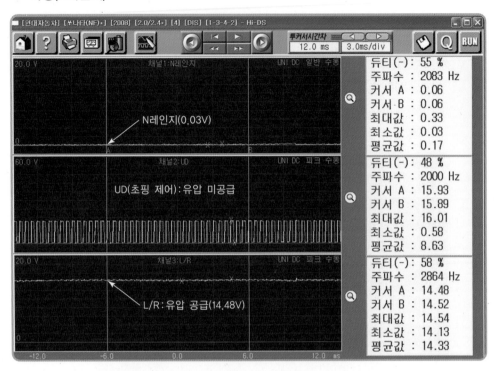

▶ 측정(N → D 절환 중)

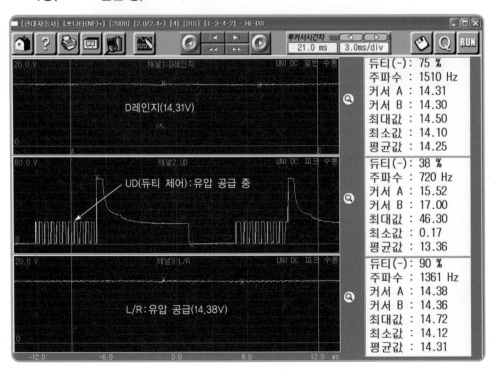

▶ 측정(D-1속 절환 완료)

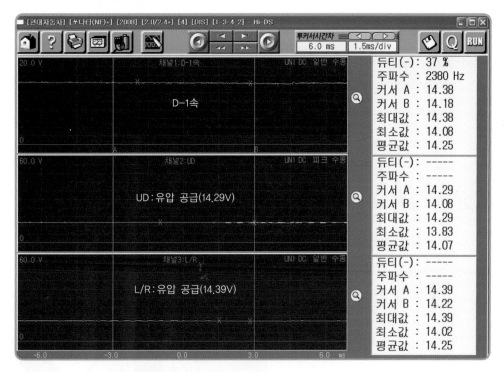

※ NO(Nomal Open) 타입의 하이백 자동변속기 솔레노이드 밸브는 12V가 출력될 때 미작동(유압공급) 상태이다. 초핑 제어를 할 때 솔레노이드 밸브는 작동(유압 미공급) 상태이다. 초핑 제어에서 바로 12V의 전압 파형으로 바로 변화되지 않고 듀티 제어를 거치는 이유는 변속 충격을 방지하기 위함이다.

• 유압 공급 상태 : 솔레노이드 밸브가 작동하지 않는 상태로 배터리 전압이 검출된다.
• 유압 비공급 상태 : 솔레노이드 밸브가 작동되고 있는 상태로 0V가 검출된다.
• 정밀제어구간 : 초기 유압 인가 시 부드러운 변속을 위한 정밀 듀티 제어 구간이다.

3-5. EPS 솔레노이드 밸브 파형

1) 기록표 작성요령

항목	파형 분석 및 판정		
	분석항목	분석내용	판정(□에 '✔' 표)
EPS 솔레노이드 밸브 (밸브 작동 시)	작동전압 −1.21V	분석내용은 출력물에 표시하시오.	☑ 양호 □ 불량
	작동전류 1.10A		
	듀티 (−)38%		

2) EPS 솔레노이드 밸브 파형 측정

▶ **측정방법(HI-DS를 이용한 방법)**

① 오실로스코프 1번 채널 흑색 프로브를 배터리 (−)단자에 연결한다.

② 오실로스코프 1번 채널과 소전류 프로브를 EPS 솔레노이드 커넥터 1번 단자와 배선에 연결한다.(오실로스코프 채널 번호 확인)

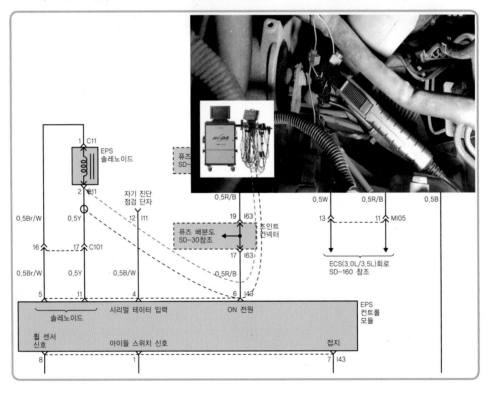

③ 오실로스코프 환경설정창에서 화면, 전압, 샘플링 속도 등을 설정한 후 파형의 크기를 맞춘다.

- 화면 설정 : UNI / DC / 일반
- 전압 설정 : 20V, 3.0A
- 샘플링 속도 : 6.0ms/div

④ 시험장의 측정조건에 따라 엔진 공회전 상태에서 전압, 전류 파형을 측정한다.

⑤ 기록표의 분석항목 3가지가 모두 화면에 나올 수 있도록 인쇄한다.

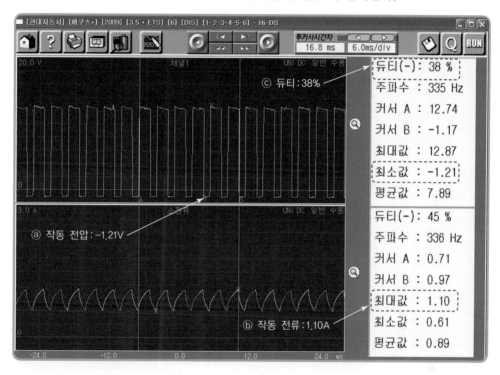

▶ 분석(차종 : 에쿠스 3.5)

① 기록표의 분석항목 3가지를 숙지하고 그 내용에 따라 정상인지 비정상파형인지 분석한다.

- 작동전압은 일반적인 솔레노이드 밸브 파형과 다르게 (−)값이 나오며, 우측 데이터에서 최소값인 −1.21V이 해당된다.
- 작동전류는 최대값 1.10A이고, 듀티는 전압 파형에서의 값인 38%로 기록한다.

② EPS 솔레노이드 전압 전류는 정상파형으로, 판정은 양호로 기록한다.

▶ 측정방법(GDS를 이용한 방법)

① GDS VMI 본체에 채널 프로브(CH-A)와 소전류 센서를 CH-A, AUX 포트에 연결한다.

② 빨간색 채널 프로브(CH-A) 두 가닥 중 흑색 프로브를 배터리 (−)단자에, 적색 프로브를 EPS 솔레노이드 커넥터 1번 제어단자에 각각 연결한다.

③ 전류 프로브(소전류)를 영점 조정 후 EPS 솔레노이드 커넥터 1번 제어단자(배선 한 가닥)에 설치한다.

④ GDS 초기화면에서 차종을 선택, 오실로스코프를 클릭한 후 화면 우측 상단의 전체화면 파형 표시 모드 아이콘을 선택한다.

⑤ 오실로스코프 메인화면 하단에 2채널 모드로 선택하고 CH-A와 AUX(소전류)를 클릭한다.

⑥ 오실로스코프 메인화면 좌측에 "환경설정" 바를 클릭하여 각 채널의 전압, 전류, 샘플링 속도, 피크 등 각각의 측정범위를 설정한다.

  • 화면 설정 : UNI / DC / 일반   • 전압 설정 : 20V
  • 전류 설정 : 2A   • 샘플링속도 : 1.5ms

⑦ 차량의 시동을 걸고 화면의 적당한 위치에 트리거와 투커서를 설정하여 파형이 화면에 보기 좋게 만들어 준다.

⑧ 기록표의 분석항목 3가지가 모두 화면 중앙에 나올 수 있도록 출력하고, 분석항목의 내용을 표시하고 기재하여 제출한다.

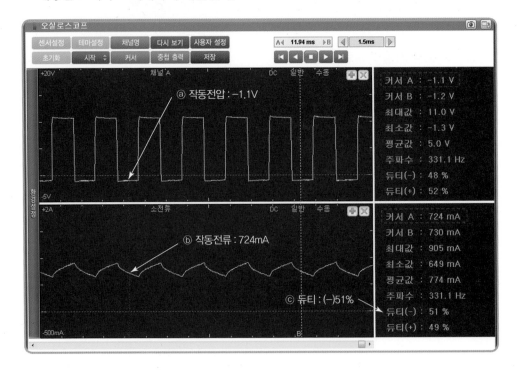

▶ 분석(TG 그랜저)

① 기록표에 분석항목 3가지를 숙지하고 그 내용에 따라 정상인지 비정상 파형인지 분석한다.

- 작동전압은 일반적인 솔레노이드 밸브 파형과 다르게 (−)값이 나오며, 우측 데이터에서 커서 A 값인 −1.1V이다.
- 작동전류는 커서 A 값인 724mA이고, 듀티는 전압 파형에서의 값인 듀티(−) : 48%로 기록한다.

② EPS 솔레노이드 전압 전류는 정상 파형으로 판정은 양호로 기록한다.

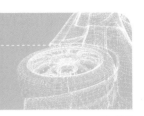
4-1. 오일펌프 배출압력 및 유량제어 솔레노이드 저항

1) 기록표 작성요령

항목	측정(또는 점검)		판정 및 정비(또는 조치)사항	
	측정값	규정값 (정비한계 값)	판정 (□에 '✔' 표)	정비 및 조치할 사항
오일펌프 배출압력	90kg/cm²	70~100kg/cm²	☑ 양호 □ 불량	정상
유량제어 솔레노이드 저항	6.1Ω	5.5~6.5Ω	☑ 양호 □ 불량	정상

2) 파워스티어링 펌프 압력 측정

① 측정 전 밸트의 장력 및 파워오일펌프의 작동 상태를 육안으로 점검한다.

② 오일펌프에서 고압 쪽의 호스를 분리하고 압력 측정 게이지를 설치한다.(시험장에 따라 다르지만 실차에 압력게이지를 설치해 놓는 경우도 있다.)

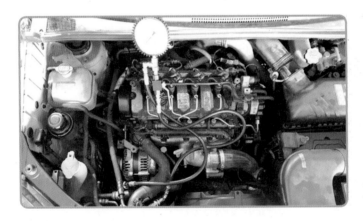

③ 시동을 건 후 공회전 상태에서 압력계의 밸브를 약 3~5초 잠그고 측정값을 읽은 후 밸브를 연다.

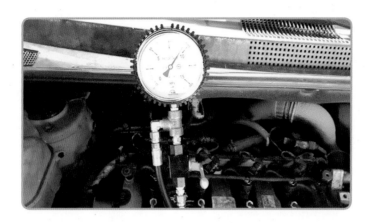

④ 압력게이지를 탈거하고 고압호스를 원위치시킨다.

⑤ 에어 작업을 실시하고 오일을 규정 라인까지 보충시킨다.

3) 유량제어 솔레노이드 밸브 저항 측정

① 준비된 EPS 스티어링 기어에서 디지털 멀티미터를 사용하여 유량제어 솔레노이드 밸브의 저항을 측정한다.

② 대부분의 시험장은 단품에서 측정하는 경우가 많고, 솔레노이드 밸브 내부 단선이면 ∞(무한대)로 기록한다.

4-2. 후륜 토 및 캠버

1) 기록표 작성요령

항목	점검(또는 측정)		판정 및 정비(또는 조치)사항	
	측정값	규정값 (정비한계 값)	판정 (□에 'ㅅ' 표)	정비 및 조치할 사항
토(전륜)	좌 : −5.6mm 우 : −3.5mm	0±1mm	☐ 양호 ☑ 불량	토, 캠버 조정 후 재측정
캠버(전륜)	좌 : −1.25° 우 : −0.04°	0±0.5°		
토(후륜)	좌 : +0.9mm 우 : −1.8mm	2.5±1mm		
캠버(후륜)	좌 : −2.37° 우 : −0.32°	−0.92±0.5		

2) 전(후)륜 토 & 캠버 측정(휠얼라이먼트 측정–Heshbon)

① 준비된 차량을 리프팅하여 턴테이블과 측정기 헤드 & 클램프를 각각의 바퀴에 설치하고, 배선을 연결한 후 PC 전원을 켠다.

② 휠얼라이먼트 초기 화면에서 작업시작(F1) 버튼을 클릭하고 순서에 따라 작업을 시작한다.

③ 차량 선택화면에서 제조회사 및 차종을 선택하여 클릭한 후 고객정보를 입력한다.

④ 화면의 그림을 보면서 진행 순서에 따라 런아웃 보정을 시작한다. 타이어를 180° 회전시키고 수평을 확인한 후 버튼을 누르면 런아웃 보정 화살표가 녹색으로 바뀌면서 보정이 완료된다.(모든 바퀴 실시)

⑤ 런아웃 보정이 끝나면 브레이크 고정대를 장착하고 잭 리프트를 하강한 후 차체를 상하로 흔들어 캐스터 스윙을 진행 순서에 따라 작업한다.

⑥ 계속해서 직진조향, 좌스윙, 좌스윙을 순서에 따라 진행한다. 화면에 STOP 표시가
　나타날 때까지 회전 후 멈춘다.

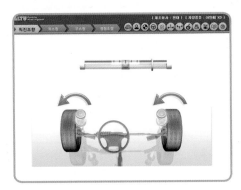 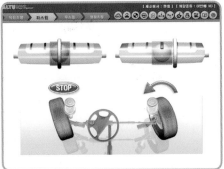

⑦ 우스윙도 좌스윙과 마찬가지로 화면에 STOP 표시가 나타날 때까지 회전 후 멈춘다.

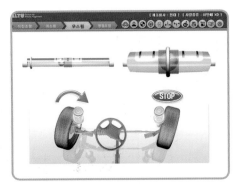 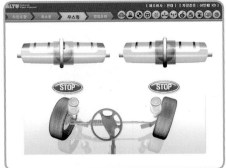

⑧ 다시 중앙으로 돌려 영점 조정을 하면 측정 결과가 화면에 표시된다.

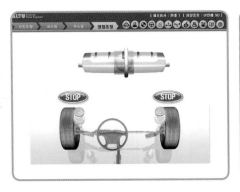 

⑨ 위의 화면을 보고 시험위원이 요구하는 방향의 전(후)륜 토 및 캠버값을 읽고 기준
　값에 의해 판정한다.

4-3. 브레이크 디스크 런 아웃 및 휠 스피드센서 에어 갭

1) 기록표 작성요령

항목	점검(또는 측정)		판정 및 정비(또는 조치)사항	
	측정값	규정값 (정비한계 값)	판정 (□에 '✔' 표)	정비 및 조치할 사항
브레이크 디스크 런 아웃	0.03mm	0.05mm 이하	☑ 양호 □ 불량	정상
휠 스피드센서 에어 갭	0.7mm	0.5~1.1mm		

2) 브레이크 디스크 런 아웃 측정

① 시험위원이 제시한 전륜 브레이크 디스크에 다이얼 게이지를 설치하고 영점 조정을 한다.

② 디스크를 서서히 1회전시키면서 다이얼 게이지 지침의 최고값을 읽고 기록한다.

3) 휠 스피드센서 에어 갭 측정

① 시험위원이 지정한 바퀴의 휠 스피드센서와 톤 휠을 확인한다.

② 톤 휠 간극을 간극 게이지(필러 게이지)로 측정한다.

③ 규정값(정비한계 값)의 경우는 정비지침서를 확인하고 단위는 반드시 기입하도록 한다.

4-4. 작동 시 변속기 클러치 압력 및 솔레노이드 저항

1) 기록표 작성요령

항목	점검(또는 측정)		판정 및 정비(또는 조치)사항	
	측정값	규정값 (정비한계 값)	판정 (□에 '✔' 표)	정비 및 조치할 사항
작동 시 변속기 클러치 압력	$UD : 10.5kg/cm^2$ $L/R : 10.5kg/cm^2$	$10.3~10.7kg/cm^2$	☑ 양호 □ 불량	정상
변속기 솔레노이드 저항	3.4Ω	$3~4\Omega$		

2) 작동 시 변속기 클러치 압력 측정

변속기 유압 측정은 변속레버의 각 위치에서 라인 압력을 측정해서 오일펌프와 밸브 그리고 작동요소가 제 기능을 발휘하는지를 간접적으로 점검하는 데 목적이 있다. 단, 측정 전에 기본점검과 전자제어 계통 이상 유무를 우선적으로 확인해야 한다.

시험장에서 주어진 측정 조건에 맞는 작동요소를 파악하고 정비지침서의 기준유압을 참고하여 측정한다.

▶ 기준유압 사양표(차종 : NF쏘나타)

측정 조건			기준 유압(kg/cm²)				
선택 레버 위치	변속단 위치	엔진 회전수	언더 드라이브 클러치 (UD)	리버스 클러치 (REV)	오버 드라이버 클러치 (OD)	로 & 리버스 브레이크 (L/R)	세컨드 브레이크 (2ND)
P		2500	–	–	–	2.7~3.5	–
R	후진	2500	–	13.0~18.0	–	13.0~18.0	–
N		2500	–	–	–	2.7~3.5	–
D	1속	2500	10.3~10.7	–	–	13.0~10.7	–
D	2속	2500	4.8±0.4	–	–	–	13.0~10.7
D	3속	2500	4.8±0.4	–	4.8±0.4	–	–
D	4속	2500	–	–	4.8±0.4	–	8.0~9.0

▶ 시뮬레이터 측정방법(차종 : NF 쏘나타)

① 준비된 차량(시뮬레이터)에서 엔진 시동 후 변속기 오일 온도가 적정 온도가 되도록 충분히 워밍업시킨다.

② 시뮬레이터의 장착된 계기판 및 각각의 압력게이지의 위치와 작동 전 유압을 확인한다.

③ 시험위원의 측정조건 지시에 따라 계기판을 확인하면서 해당 변속단을 작동시킨다.

④ 이때 변속단의 작동요소를 확인하고 작동클러치의 압력을 읽은 후 판정한다.

⑤ 만약 변속기의 전자제어 계통 고장으로 3속 고정일 경우에는 변속레버 스포츠 모드에서 변속단 확인(3속)이 가능하며, 3속에 해당하는 작동요소에 압력이 발생되나 유압은 기준유압에서 벗어날 수 있다.

▶ 측정조건(D-1속 정상 시)

▶ 측정조건(D-1속 고장 시)

3) 변속기 솔레노이드 밸브 저항 측정

① 변속기의 오일팬을 탈거 후 차종에 따라 밸브보디를 탈거한다.
② 측정하고자 하는 해당 솔레노이드의 위치와 기준 저항을 확인한다.
③ 연결된 커넥터를 탈거 후 디지털 멀티미터를 사용하여 해당 솔레노이드 양단에 걸리
는 저항을 측정하여 기록한다.

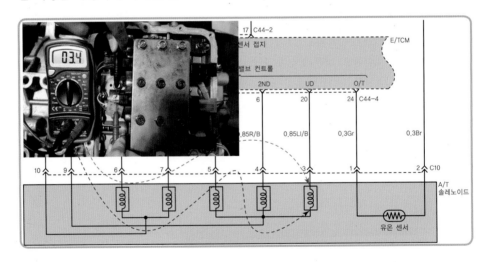

자동차 검사기준(암기)

1. 가솔린 배출가스 측정

차종	적용기간	CO	HC	λ
경자동차	1987.12.31 이전	4.5% 이하	1,200ppm 이하	1±0.1 이내
	1988.1.1 ~ 2000.12.31	2.5% 이하	400ppm 이하	
	2001.1.1 ~ 2003.12.31	1.2% 이하	220ppm 이하	
	2004.1.1 이후	1.0% 이하	150ppm 이하	
승용자동차	1987.12.31 이전	4.5% 이하	1,200ppm 이하	
	1988.1.1 ~ 2000.12.31	1.2% 이하	220ppm 이하(가솔린, 알코올) 400ppm 이하(가스)	
	2001.1.1 ~ 2005.12.31	1.2% 이하	220ppm 이하	
	2006.1.1 이후	1.0% 이하	120ppm 이하	

※ • 운행 차 배출가스 정기검사 기준에 적합할 것
  • CO는 소수점 둘째 자리 이하는 버리고 0.1% 단위로 기록한다.
  • HC는 소수점 첫째 자리 이하는 버리고 1ppm 단위로 기록한다.

2. 축거, 최대조향각 측정

$$R = \frac{L}{\sin \alpha} + r \quad \text{(법규 규정 값 : 12m 이내)}$$

여기서, R : 최소회전반경(m)
$\quad\quad L$: 축거(m)
$\quad\quad \alpha$: 최외측 바퀴 회전각도(°)
$\quad\quad r$: 킹핀과 접지면 사이의 거리(cm)

3. 차대번호 확인

제작회사군			자동차특성군						제작 일련번호							
①	②	③	④	⑤	⑥	⑦	⑧	⑨	⑩	⑪	⑫	⑬	⑭	⑮	⑯	⑰
K	M	H	D	N	4	1	B	P	5	U	1	2	3	4	5	6

연도	부호	연도	부호	연도	부호	연도	부호
1980	A	1991	M	2002	2	2013	D
1981	B	1992	N	2003	3	2014	E
1982	C	1993	P	2004	4	2015	F
1983	D	1994	R	2005	5	2016	G
1984	E	1995	S	2006	6	2017	H
1985	F	1996	T	2007	7	2018	J
1986	G	1997	V	2008	8	2019	K
1987	H	1998	W	2009	9	2020	L
1988	J	1999	X	2010	A		
1989	K	2000	Y	2011	B		
1990	L	2001	1	2012	C		

[사용하지 않는 표기]
- 숫자 : 0
- 알파벳 : I(1과 비슷해서), O(0과 비슷해서), U(0과 비슷해서), Q(0과 비슷해서), Z(2와 비슷해서)
  즉, I, O, U, Q, Z 이 5가지 알파벳은 사용하지 않고 다음 알파벳으로 건너뛴다.

차대번호 연식주기는 30년 A, B, C… 7, 8, 9까지(위 예시처럼 1980년부터 2009년까지 딱 30년이다)
또는 2001년 1부터 2030년 Y까지 30년이 반복된다. 즉, 알파벳과 숫자 1에서 9까지 나열하면 30개

4. 제동력 측정

① 앞바퀴 제동력의 합 : $\dfrac{앞\ 좌측 + 앞\ 우측\ 제동력의\ 합}{앞\ 축중} \times 100 = 앞\ 축중의\ 50\%\ 이상$

② 앞바퀴 제동력의 편차 : $\dfrac{큰\ 쪽 - 작은\ 쪽}{앞\ 축중} \times 100 = 앞\ 축중의\ 8\%\ 이내$

③ 뒷바퀴 제동력의 합 : $\dfrac{뒤\ 좌측 + 뒤\ 우측\ 제동력의\ 합}{뒤\ 축중} \times 100 = 뒤\ 축중의\ 20\%\ 이상$

④ 뒷바퀴 제동력의 편차 : $\dfrac{큰\ 쪽 - 작은\ 쪽}{뒤\ 축중} \times 100 = 뒤\ 축중의\ 8\%\ 이내$

5. 전조등 시험

① 광도 : 3천 칸델라(3,000cd) 이상
② 진폭
- 설치 높이 ≤ 1.0 : −0.5 ∼ −2.5%
- 설치 높이 > 1.0 : −1.0 ∼ −3.0%

6. 조향핸들 유격 점검

지름의 12.5% 이내

예 300mm × 0.125 = 37.5mm 이내

7. 소음허용 기준(2006년 1월 1일 이후에 제작되는 자동차)

차 종	배기소음(dB(A))	경적소음(dB(C))
경자동차	100dB 이하	90∼110dB
승용자동차(소, 중, 중대형)	100dB 이하	90∼110dB

8. 사이드 슬립

① 규정값 ±5m/km 이내
② 규정값 ±5mm/m 이내

MEMO

저자약력

전봉준

- 한국폴리텍대학 명예교수
- 공학박사
- 차량기술사, 자동차정비기능장
- bjchunn@naver.com

임병철

- 한국폴리텍 II 대학 교수
- 공학석사, 자동차정비기능장
- 현대/기아자동차 L4(Master)
- imbc68@kopo.ac.kr

자동차정비기능장 실기
(필답형+작업형)

발행일 | 2017. 2. 25. 초판발행
2018. 4. 20. 개정 1판1쇄
2020. 7. 20. 개정 2판1쇄
2022. 4. 25. 개정 3판1쇄

저 자 | 전봉준 · 임병철
발행인 | 정용수
발행처 | 예문사

주 소 | 경기도 파주시 직지길 460(출판도시) 도서출판 예문사
T E L | 031) 955-0550
F A X | 031) 955-0660
등록번호 | 11-76호

정가 : 34,000원

ISBN 978-89-274-4484-8 13550